油醇电混合动力系统优化设计

陈东东　著

北　京
冶　金　工　业　出　版　社
2025

内 容 简 介

本书系统介绍了混合动力系统设计、试验平台构建、掺混双燃料和油醇双燃料发动机的特性分析、油醇双燃料发动机的优化策略，并探讨了基于规则和瞬时优化的混合动力汽车能量管理策略。

本书可供从事替代燃料和混合动力系统工作的科研人员和工程技术人员阅读，也可供高等院校动力机械及工程、车辆工程等专业的师生参考。

图书在版编目（CIP）数据

油醇电混合动力系统优化设计 / 陈东东著. -- 北京：冶金工业出版社，2025. 4. -- ISBN 978-7-5240-0136-2

Ⅰ. U469.7

中国国家版本馆 CIP 数据核字第 2025WD8926 号

油醇电混合动力系统优化设计

出版发行 冶金工业出版社　　**电　　话** (010)64027926
地　　址 北京市东城区嵩祝院北巷 39 号　　**邮　　编** 100009
网　　址 www. mip1953. com　　**电子信箱** service@ mip1953. com

责任编辑　张佳丽　美术编辑　吕欣童　版式设计　郑小利
责任校对　石　静　责任印制　窦　唯
北京印刷集团有限责任公司印刷
2025 年 4 月第 1 版，2025 年 4 月第 1 次印刷
710mm × 1000mm　1/16；12 印张；232 千字；181 页
定价 72.00 元

投稿电话　(010)64027932　投稿信箱　tougao@ cnmip. com. cn
营销中心电话　(010)64044283
冶金工业出版社天猫旗舰店　yjgycbs. tmall. com
（本书如有印装质量问题，本社营销中心负责退换）

前　言

在全球对低碳和可持续发展的关注和推动下，中国明确提出2030年“碳达峰”与2060年“碳中和”的战略目标。交通运输领域的碳排放大约占全球碳排放的四分之一。因此，持续推进以高效燃烧技术为基础的混合动力电驱系统实现交通运输行业脱碳已迫在眉睫。

我国的能源结构是典型的“富煤、贫油、少气”，化石能源在我国能源消耗中占比达93%，其中煤炭消耗比例高达70%左右。开展煤炭的清洁、高效、可持续开发利用是我国的重大任务，通过煤热解、煤气化，以一碳化学为主线，实现煤炭清洁高效转化十分重要且必要。随着煤化工技术的不断发展，煤制费托合成（Fischer-Tropsch，F-T）柴油作为发动机的代用燃料，是短期内解决石油短缺的最佳途径之一。F-T柴油作为高活性清洁燃料具有十六烷值高、芳香烃含量低、硫含量低、H/C比高的特点。甲醇作为低活性新型清洁燃料，具有低碳、高含氧量、低污染、高辛烷值的特点，并且是可以大规模工业合成的液体燃料，也是少有的可以大规模替代车用燃料的清洁燃料之一。现在的绿色甲醇产业也日渐成熟，这对能源安全和环境保护具有重要的意义。

新型燃烧技术、低碳清洁代用燃料技术以及混合动力技术是改善传统车用动力系统性能的重要方法，其中如何通过F-T柴油和甲醇等清洁燃料，结合反应活性控制压缩着火等新型燃烧模式来降低发动机的油耗和排放，再协同能量管理策略降低整个混合动力系统的能耗和排放是需要关注的问题。油醇电混合动力系统的提出可以为新一代绿色智能车用动力系统提供新的思路，具有重要的科学价值和工程意义。

书中引用了国内外同行们的文献资料，作者在此对他们致以深切的谢意。

由于作者的水平有限，书中不妥之处，敬请广大读者批评指正。

陈东东

2024 年 9 月 20 日

于中北大学

目　录

1 绪　　论

1.1 车用动力系统技术概述

随着社会的发展和科技的进步，汽车已成为人们生活中不可或缺的一部分。随着汽车数量的增加，石油能源的消耗也不断加大，而石油能源是一种不可再生的能源，若不加节制地开采和使用，将会导致石油能源危机。此外，传统汽车的排放物也会对环境造成不可逆的损害[1-2]。

纯电动汽车（Electric Vehicle，EV）、混合动力电动汽车（Hybrid Electric Vehicle，HEV）和燃料电池混合动力汽车（Fuel Cell Hybrid Vehicle，FCHV）等新能源汽车可以缓解石油压力，使交通能源多元化[3-4]。纯电动汽车存在着动力电池技术尚不完善的问题，一些纯电动车型已经发生了电池自燃的安全事故，在电池技术取得突破性进展之前，电动汽车的续航里程受限于有限的车载能源和较长的充电时间，限制了电动汽车的大规模普及[5]。燃料电池汽车仍然需要在关键零部件和核心技术上实现突破，而且购置和使用成本仍然偏高，同时，市场车用氢能供应链条尚未形成。相比之下，混合动力汽车可以有效地解决传统内燃机汽车所面临的能源消耗和环境污染的问题[6]。此外，混合动力汽车也没有像电动汽车那样受到电池续航里程短和充电基础设施不完善等缺点的限制。相对于燃料电池汽车，混合动力系统可以直接在传统汽车上加以改装，不需要对汽车结构做大的变动。

我国是能源消耗大国，每年石油进口对外依存度不断攀升，2022 年就已经达到71.2%，其中消耗的柴油约占全部汽柴商品油的三分之二。因此发展甲醇替代柴油，建立我国独立自主、符合国情的能源体系刻不容缓。甲醇燃料的原料来源十分广泛，技术成熟，煤炭、天然气、石油、生物质资源、二氧化碳（CO_2）等均可以用于合成甲醇燃料，且天然气和煤生产甲醇燃料技术成熟，均已大规模工业化，其他原料合成甲醇技术也在不断发展中。我国具有较为丰富的煤炭资源，其中有近一半无法用于发电，工业生产的高硫、劣质煤，通过现代技术可将其用于生产甲醇。按照现有技术，制取 1 t 甲醇需要不到 2 t 煤炭，如果是优质煤炭仅需 1.5 t。已有应用结果表明，应用于同等动力的柴油发动机时，只需要 1.5 份甲醇就能替代 1 份柴油，如果全部替换进口的 3 亿吨石油，约需 8 亿吨煤炭，仅占目前全年煤炭总量的六分之一。我国煤炭资源丰富，发展煤基替代燃料具有一定的优势。甲醇作为一种新型高效的替代燃料，广泛应用于汽车、船舶、工程机械等重要领域，可极大缓解我国石油能源高度依赖进口的现状，解决我国能源安全问题。煤制油产业是对炼油工业的重要补充，“十四五”规划更是明确提出做好煤制油气战略基地规划布局和管控。我国的煤直接液化、间接液化技术处于国际领先水平，F-T柴油是煤间接液化法合成油品的主要产品之一，属于煤化工过程中的低附加值产品，高附加值产品已提取利用。该产品硫含量和芳香烃含量极低，运动黏度低、十六烷值高达70以上，是一种清洁高效环保的液体燃料。

由工业和信息化部指导，中国汽车工程学会牵头组织编制的《节能与新能源汽车技术路线图2.0》提到，中国应当同时促进新能源汽车和节能汽车的发展，目标是到2035年，节能汽车和新能源汽车的比例各占50%。其中，混合动力是最有效的内燃机汽车节能技术，应积极推广传统汽车的混动化[7]。

中国汽车工程学会所著的《商用车碳中和技术路线图1.0》提到，未来20年内，传统能源内燃机依然是商用车的重要技术路线，效率提升与HEV技术应用是内燃机的主要发展方向。据预测，2025年后HEV技术将开始普及，结合热效率提升，能耗在2030年实现25%~30%降幅，2040年达到35%以上的降幅。商用车是交通领域碳排放的重要组成部分，商用车保有量只有汽车保有量的12%，但是碳排放贡献率达到了55.4%，要研究解决汽车碳中和、碳达峰问题，一定要解决好商用车碳排放问题。2030年前，商用车以传统燃料内燃机节能低碳为主，新能源商用车逐步渗透；2030年后，新能源商用车将快速发展，最终形成以新能源商用车为主，零碳燃料内燃机富能区域发展、传统燃料内燃机少量存在的发展格局。

如何尽快提高内燃机节能和高效利用水平，是内燃机科研工作者必须思考的首要问题。近些年来，可变配气机构、超高压燃料喷射、高增压等大量先进技术得以应用，使得内燃机热效率得到较大提升。但是，采用传统燃烧方式的内燃机进一步节能减排接近极限，新概念燃烧技术已显示出高效低排放的潜力，但还无法在全工况范围内高效运行。

HEV的优势在于其包含两种或两种以上的动力源。通过利用电动机工作灵活的特性改变发动机的工作范围，HEV可以保持发动机在高效能区间工作，从而改善其排放性能和经济性能。此外，HEV在制动时，电机制动可以把机械能转换成电能并储存在动力电池中。为了保证HEV既能满足驾驶性能的要求，又能保证低排放和高效率运行，能量管理的优化控制至关重要。能量管理的主要任务是，在满足驾驶员动力需求的前提下，通过对动力源功率或转矩优化分配来实现最佳整车性能。在混合动力系统中，发动机和电机可以优势互补，组成高效的车用动力系统。

新型燃烧技术、代用燃料技术和混合动力技术是提高内燃机性能，实现清洁高效燃烧的3种重要的方法。这3种方法在混合动力系统体系下有着深刻的内在联系[8]。对于新型燃烧模式，混合动力技术可以有效地解决其工作工况范围局限性的问题。

在全球对低碳和可持续发展的关注和推动下，中国明确提出2030年“碳达峰”与2060年“碳中和”的战略目标[9]。交通运输领域的碳排放大约占全球碳排放的四分之一[10]。因此，持续推进以高效燃烧技术为基础的混合动力电驱系统实现交通运输行业脱碳已迫在眉睫[11-12]。

1.2 内燃机先进燃烧技术概述

1.2.1 内燃机先进燃烧方式

目前，汽油机和柴油机是内燃机应用最广泛的两种类型。相较于汽油机，柴油机在热效率上具有更大的优势，因为它采用更高的压缩比且不存在节流损失。然而，柴油机却面临着氮氧化物（NO_x）和碳烟排放过高的问题，这促使传统柴油机必须依赖尾气后处理系统以满足排放法规。然而如今的排放法规越来越严格，后处理的成本越来越高，因此，需要从根本上改善柴油机缸内燃烧状况，减少NO_x和碳烟的生成，从而使柴油机减少对尾气后处理系统的依赖。为了达到这个目的，研究人员提出了新的燃烧模式，如均质充量压缩着火模式（Homogeneous Charge Compressed Ignition，HCCI）[13-15]、预混合压缩燃烧模式（Primixed Charge Compression Ignition，PCCI）[16-18]、反应活性控制压燃模式（Reactivity Controlled Compression Ignition，RCCI）[19-21]等。图1-1展示了不同燃烧方式的优缺点，从左往右也是内燃机的发展历程，燃料从单燃料向多元燃料进化。

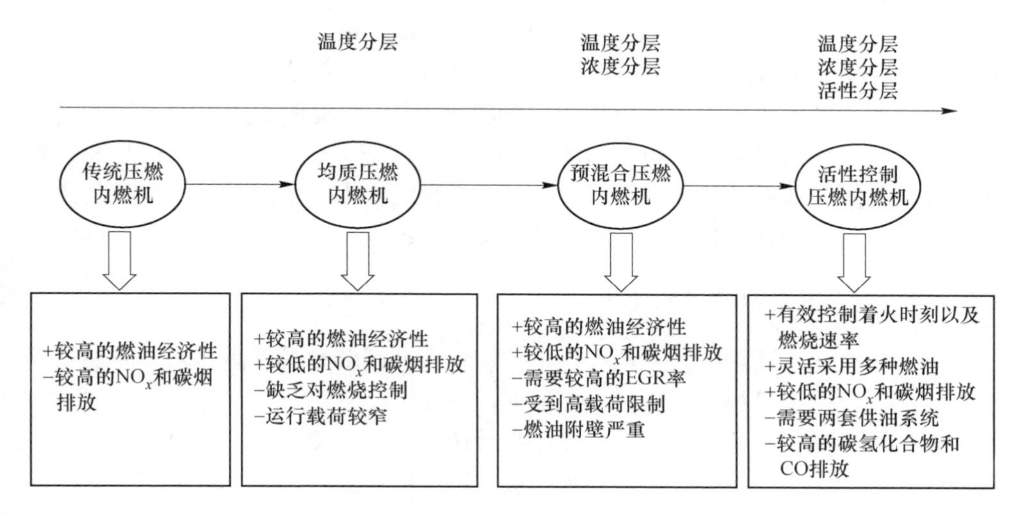

图1-1 不同燃烧方式的优缺点

HCCI是一种将传统汽油机和柴油机特点相结合的技术[22]。燃料使用的是辛烷值高的汽油，而着火方式是柴油机的压燃，这种方式可以让燃料几乎同时着火，不发生扩散燃烧，同时缸内温度较低，所以碳烟和 NO_x 不易生成。HCCI发动机压缩比比普通汽油机大，这也导致发动机具有更高的热效率。随着代用燃料技术的发展，一些学者也展开了代用燃料对HCCI影响的研究。与汽油相比，宽馏程燃料可以在确保原机低排放的情况下，实现更广负荷范围的稳定运行[23-25]。醇类、醚类和天然气也可以影响HCCI的燃烧和排放[26-28]。目前HCCI模式在发动机上大规模应用还需要解决许多技术难题。

低温燃烧最早是由Sasaki等提出的[29]。低温燃烧一般通过提高喷射压力缩短喷油持续期，同时采用大比例废气再循环（Exhaust Gas Recirculation，EGR），延长滞燃期并降低燃烧温度，从而形成预混合可燃气体[30]。这种燃烧方式的滞燃期较长且混合速率较快，可以降低缸内的当量比，从而有效地抑制 NO_x 和碳烟的生成[31-32]。与HCCI燃烧相比，低温燃烧具有显著优势[33-35]。首先，低温燃烧可以在较浓和较稀的混合气条件下运行，从而扩展了工况运行范围[36]。其次，低温燃烧混合气体分层度较高，可以通过控制喷油参数来增强燃烧过程的可控性。最后，低温燃烧的喷油时刻与传统柴油机类似，可以避免HCCI燃烧中由于早喷或晚喷所带来的问题[32,37]。因此，低温燃烧是基于HCCI燃烧理论的新型燃烧概念[36,38]。近年来，大量研究显示低温燃烧能够在燃烧性能和燃烧可控性之间取得良好的平衡，应用前景广阔[39-42]。

随着研究的不断深入，为了更好地利用混合气分层来控制燃烧，专家学者们从“完全均质”转向“适度分层”。在这个过程中，提出了一系列新型的燃烧技术，这些技术都具有混合气分层的特点，主要包括预混合充量压燃[43-44]、预混合分层充量压燃[16-18]、部分预混合燃烧[45]、分层充量压燃[46]、调制动力学燃烧[47-48]、多阶段柴油直喷燃烧[49-50]、MULINBUMP复合燃烧[51-52]等。

缸内直喷柴油机可以通过喷油策略和高EGR率来实现上述多种不同的燃烧模式。这些新型的燃烧模式可以改善HCCI燃烧性能[53]，但是，高EGR率的使用，使得燃烧不能精准控制，同时柴油机的低温燃烧由于柴油的低挥发性始终存在高负荷拓展的问题，这导致高效清洁燃烧难以在全工况范围内实现[54]。

1.2.2 双燃料发动机的研究现状

随着研究的不断深入，发现相比单一燃料，使用双燃料低温燃烧技术具有明显的优势，如燃烧可控性和运行工况扩展性方面[55]。

双燃料发动机技术是多元燃料发展的载体，在一台发动机上同时使用两种燃料以优化其燃烧和排放特性。两种燃料进行混合燃烧的方法主要有掺混、缸内双喷和进气预混。掺混燃料的本质是燃料改性，两种燃料的互溶性是掺混燃料需要考虑的问题，互溶性不好的燃料需要通过助溶剂来促进两种燃料相溶[56]。比如柴油和甲醇的互溶性较差，需要借助丁醇、正癸醇等助溶剂才可以配成柴油/甲醇掺混燃料。柴油中掺混含氧燃料可以减少碳烟排放[57-58]，掺混高辛烷值燃料可以延长滞燃期[59]。从代用燃料的角度来说，掺混燃料无法实现大比例的替代，其应用范围受限。

西港公司的天然气/柴油缸内双喷发动机是一种典型的缸内双喷法双燃料发动机，它能够独立自动控制天然气和柴油的喷射参数，实现多种燃烧模式，从而在不同工况下实现高效的燃烧。但是缸内双喷法有一定的缺点，如改造成本大，过程复杂，不适合高汽化潜热的液体燃料如甲醇、乙醇等低碳清洁燃料[60]。

进气预混是双燃料燃烧模式的主要方法，在只改变发动机进气管结构的情况下，实现高比例预混燃烧，而且不需要考虑两种燃料的互溶性问题。因此，大多数新型燃烧方式都使用这种方法来实现双燃料燃烧。需要注意的是，本书之后所提到的油醇双燃料发动机是指进气预混双燃料发动机。目前，双燃料发动机主要形式为进气预混高辛烷值低活性燃料，缸内直喷高十六烷值高活性燃料[61]，喷射示意图如图 1-2 所示。在 2000 年左右，高海洋[62]和汪洋[63]等在双燃料发动机上实现了汽油/柴油双燃料准均质充量压燃燃烧，改善了发动机的燃油经济性和排放性能。自 2002 年起，姚春德等开始研究柴油/甲醇双燃料燃烧方式[64-68]，发现在实现高效低排的同时可以降低燃料的使用成本。王建昕等发现采用汽油均质充量柴油引燃燃烧技术能够有效地控制发动机的颗粒物和 NO_x 排放[69-72]，能够在较低的 EGR 率和喷油压力下实现以上控制效果，同时能够提高发动机的热效率。黄震等提出了一种燃料设计与管理的思路[73-75]，以此来控制着火相位和燃烧速率。Reitz 等[76-77]在 HCCI 燃烧模式的理论基础上，通过双燃料模式实现了 RCCI 燃烧概念，并进行了大量的研究。

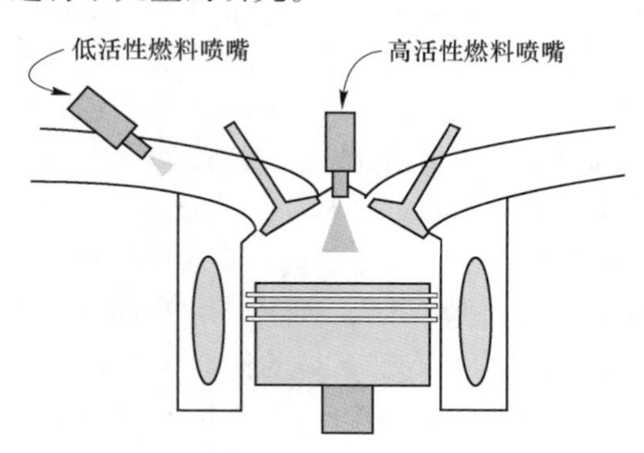

图 1-2　进气道预混喷射示意图

近年来，RCCI 燃烧技术备受内燃机学术界关注并成为研究热点。国内外的研究者们进行了很多相关工作[78-81]。RCCI 的燃烧过程通过在进气道中喷射汽油、甲烷、甲醇、乙醇等低活性燃料，形成预混合气，并通过缸内直喷柴油等高活性燃料引燃来实现[82]。RCCI 通过改变两种高低活性燃料的喷射量来调整缸内活性，实现可控的高效清洁燃烧。研究表明，RCCI 燃烧不仅 NO_x 排放低，颗粒物排放也低，同时指示热效率较高[82-85]。相比之下，RCCI 可以拓宽发动机高效运行的工况范围，但是燃烧稳定性较低以及高负荷拓展困难等问题仍有待解决[80,86]。

RCCI 燃烧模式的独特之处在于其出色的燃料适应性。通过结合优化的燃油喷射策略，该模式具备比传统柴油机更高的热效率和更低的排放性。因此，它在燃料替代和实现高效清洁燃烧方面有着巨大的应用潜力。此外，一些学者也对在 RCCI 燃烧模式下使用高低活性替代燃料进行了深入研究。Li 等[87]对汽油和生物柴油燃料的 RCCI 发动机中两个关键的喷射参数进行了数值研究，结果表明，双喷射策略导致了更长的滞燃期。Yang 等[88]研究了柴油/天然气双燃料发动机中的颗粒排放，试验结果表明，颗粒数和质量受先导喷射压力、制动平均有效压力和能量替代百分比的影响很大。Pan 等[89]发现异丁醇/柴油双燃料比汽油/柴油双燃料模式的动力性更好，同时拥有更低的 CO、碳氢化合物、NO_x 和颗粒物排放。Wei 等[90]研究了乙醇替代率和 EGR 对高负荷 RCCI 发动机的燃烧和废气排放的综合影响，结果表明，由于乙醇替代率的增加，缸内压力、燃烧温度和最大压力升高率明显增加。

大多数 RCCI 研究将柴油用作高反应活性燃料。然而，由于石油燃料的消耗，一些学者探寻用于发动机 RCCI 燃烧的高活性清洁代用燃料。Gharehghani 等[91]在他们的研究中探讨了压缩天然气/生物柴油双燃料 RCCI 发动机的燃烧和排放特性。他们发现，在 RCCI 模式下缸内压力更大同时燃烧持续期变短。Zhou 等[92]研究了生物柴油/甲醇双燃料 RCCI 发动机的燃烧和排放特性，结果表明随着甲醇替代率的增大，碳烟排放降低。Zheng 等[86]对正丁醇/生物柴油双燃料 RCCI 模式的燃烧和排放进行了研究，结果表明，在高负荷工况下，RCCI 燃烧模式的热效率比混合燃料的缸内直喷压燃模式更高。Okcu 等[93]发现以生物柴油为燃料的 RCCI 发动机在所有负荷下产生的碳烟最低。童来会等[94]研究了高活性燃料聚甲氧基二甲醚（Polyoxymethylene Dimethyl Ethers，PODE）对 RCCI 双燃料发动机燃烧和排放的影响，结果表明，相比柴油燃料，高活性燃料使用 PODE 可以提高热效率，同时生成更少的碳烟排放。Wang 等[95]对 PODE 喷射策略对 PODE/甲醇 RCCI 模式的高负荷扩展的影响进行了系统的研究，发现在适当的负荷与优化的 PODE 喷射策略相结合的情况下，PODE/甲醇 RCCI 发动机的有效热效率达到 48.68%，平均有效压力从 0.77 MPa 扩展到 1.08 MPa。Park 等[96]研究乙醇对双燃料 RCCI 发动机的燃烧和废气排放特性的影响。发现二甲醚/乙醇双燃料燃烧的排放低于生物柴油/乙醇和柴油/乙醇双燃料燃烧的排放。

将煤炭分解成一氧化碳和氢气，然后利用费托技术合成 F-T 柴油[97]。使用

F-T 柴油有利于缓解常规石油燃料短缺的压力，并且 F-T 柴油的低价也有利于大规模推广[98-99]。F-T 柴油的性质具有以下特点：十六烷值高、芳香烃含量低、硫含量少、H/C 比高等[97,100-101]。因此，F-T 柴油是一种非常有前途的高活性代用燃料[102]。研究人员对 F-T 柴油作为柴油机的代用燃料进行了许多研究，并取得了令人鼓舞的结果。Cai 等[103]发现柴油/F-T 柴油混合燃料具有更好的点火性能和更小的气缸压力峰值变化系数，同时可以明显减少碳烟的排放。Geng 等[100]发现使用 F-T 柴油有助于实现发动机更平稳的运行，并具有更低的燃烧噪声。Wu 等[104]发现当使用 F-T 柴油燃料时，滞燃期更短，预混燃烧峰值更低，振动加速度比柴油燃料略微增加。Zhang 等[105]进行了缸内直喷 F-T 柴油和常规柴油，进气道喷射汽油的试验。结果表明，在双燃料发动机上使用 F-T 柴油作为引燃燃料可以进一步提高热效率，降低预混汽油比、压力升高率和循环变动。

在双燃料模式下增加两种燃料之间的反应活性差异有利于控制燃烧和热量的释放，从而提高热效率并减少污染物排放。随着煤化工技术的不断发展，煤制甲醇和煤制 F-T 柴油可以作为发动机的代用燃料，这对能源安全和环境保护具有重要的意义。由于甲醇的辛烷值较高和 F-T 柴油的十六烷值较高，在双燃料燃烧中利用甲醇和 F-T 柴油的组合燃料特性可能会实现更好的反应活性梯度和燃烧控制。然而，在双燃料发动机上应用 F-T 柴油作为高活性燃料的相关研究鲜有报道。

尽管此前已针对 RCCI 新型燃烧模式进行了大量研究，但是目前仍面临一些问题亟待解决。之前双燃料燃烧的研究主要涵盖汽油/柴油、天然气/柴油和液化石油气/柴油等燃油配比方案，而基于煤基替代燃料的研究较少，特别是针对煤制 F-T 柴油/甲醇双燃料燃烧模式的研究。之前的研究对预混甲醇和 F-T 柴油共同燃烧模式缺乏深入了解，对甲醇和 F-T 柴油的缸内活性分层效应缺乏本质理解，对 F-T 柴油/甲醇双燃料发动机的性能缺乏全面系统的优化。

1.2.3　甲醇作为低活性燃料的研究现状与优势

1.2.3.1　研究现状

甲醇作为低活性新型清洁能源，具有低碳、高含氧量、低污染、高辛烷值的特点[106-107]，受到越来越多的关注。近年来，许多学者针对柴油/甲醇双燃料燃烧模式展开研究。Wei 等[108]发现随着甲醇比例的增加，滞燃期延长，燃烧持续时间缩短，随着柴油喷射正时的延迟，滞燃期延长，燃烧持续时间在开始时基本保持不变，随后略有下降。Jia 等[109]发现甲醇进气歧管喷射可以实现 NO_x 和碳烟的超低排放。Pan 等[110]发现进气温度和甲醇含量对排放的影响在较高的甲醇含量和进气温度时更为显著。Wei 等[111]发现在甲醇中添加二氧化硅纳米颗粒可以改善燃烧特性，并抑制双燃料发动机的排放。宋宇等[112]发现喷射时刻对柴油/甲醇燃烧的循环变动系数没有影响，随着甲醇替代率的增加，在低负荷下，最高温度和最大压力循环波动显著增加。Li[113]研究表明与单次喷射模式相比，两次喷射模式的放热率和最高气缸温度均降低，而指示平均有效压力的循环波动更大。在双喷射模式下，碳氢化合物排放降低，而CO、NO_x和颗粒物排放增加。现有RCCI研究表明，甲醇是合适的双燃料RCCI燃烧的预混合低反应活性燃料[80,109]。甲醇较高的汽化潜热和辛烷值有助在高负荷工况下实现低燃烧温度，在无EGR的情况下更好地减少NO_x。此外，甲醇燃料的单碳和简单分子结构减少了碳烟的形成[114]。

1.2.3.2 优势

A 甲醇燃料优势

甲醇相较于柴油和汽油的优势：

（1）高含氧量，燃烧热值低，EGR耐受性好；

（2）单碳结构，不含碳碳键，燃烧过程不易产生碳烟[115]；

（3）高汽化潜热，可以降低进气温度，提高充气效率[116]；

（4）着火边界宽，燃烧速度快，能够在较稀的混合气下燃烧；

（5）燃点高，不易发生火灾，使用安全；

（6）甲醇来源广泛，包括煤制甲醇、生物质甲醇、天然气制甲醇、二氧化碳合成的绿色甲醇等。

B 双燃料模式下的技术优势

（1）灵活性。

首先是应用灵活性，将双燃料技术应用于不同的发动机上，只需要对进气道进行加装甲醇喷嘴的改装。其次是控制灵活性，不同运行状态，甲醇所占能量的比例是不同的，依据车辆的运行状况，标定喷油Map图[117]。

（2）安全性。

首先是设计安全性，双燃料发动机的标定程序旨在确认气缸内的最高压力和最大压力升高率均低于设计极限，同时保持其他参数与原机一致。其次是使用安全性，甲醇以准气态形式进入气缸，从而避免甲醇浸泡式腐蚀。

（3）经济性。

经济性优势体现在两个方面，分别为初装成本和使用成本。双燃料发动机中进气道喷射燃油系统要求的喷射压力只需要0.3～0.5 MPa，因此结构简单、价格低廉。而直接喷射系统可以采用原机的共轨喷射系统。甲醇热值为19.7 MJ/kg，柴油热值为42.5 MJ/kg，则相当于2.24 L甲醇的热值等于1 L柴油的热值，所以从能量效率角度来分析的话，则甲醇对柴油的理论替换比为2.24（实际替换比为1.5～2.4）。燃油费用节省比例是根据原机所消耗纯柴油的价格与双燃料所消耗甲醇和柴油的价格和作比较，以现在的柴油价格和甲醇价格计算，柴油按7.58元/L，甲醇按2500元/t，即1.97元/L。按甲醇能量替代率按40%计算，原机消耗1 L燃料的费用是7.58元，双燃料发动机发出相同能量的费用是6.31元，燃油费用下降16.7%，用甲醇来替代石油燃料，柴油/甲醇双燃料车辆的燃油费用大幅下降，同时相比于纯柴油发动机其燃油经济性可提升10%左右[118]，而用F-T柴油代替常规柴油，经济性还会进一步提升。而且最主要的是可以简化后处理设备，经过标定喷油策略，应用高低压EGR后，除了柴油机氧化催化转换器（Diesel Oxidation Converter，DOC）和催化型颗粒物捕集器（Catalyst Diesel Particulate Filter，CDPF）外，双燃料发动机可以不需要其他任何后处理装置就可以满足国Ⅵ排放标准，即《重型柴油车污染物排放限值及测量方法（中国第六阶段）》（GB 17691—2018）。

1.2.3.3 甲醇利用与碳达峰碳中和的关系

乔治 A. 奥拉，一位荣获2006年度诺贝尔化学奖的科学家，提出了解决全球能源危机的一个方案——甲醇经济[119]。该方案旨在通过发展可再生甲醇产业，替代化石能源，实现能源供应端的非碳氢能源战略目标，并在动力和热力燃烧领域推广甲醇燃料应用，从而替代化石能源的消费。甲醇是真正意义上的“碳中和”能源。通过碳捕捉技术收集二氧化碳，利用可再生能源制取氢气，两者再合成绿色甲醇，那么这个甲醇就可以被纳入新能源体系中，成为真正的甲醇循环经济。施春风、白春礼、张涛、李静海4位院士联合评估了使用醇作为能量载体来实现全球3E目标（经济增长、环境保护和能源安全）和解决相关挑战的重要性，提出“液态阳光”的概念，甲醇是最佳候选燃料之一[120]。液态阳光的循环可视化如图1-3所示。

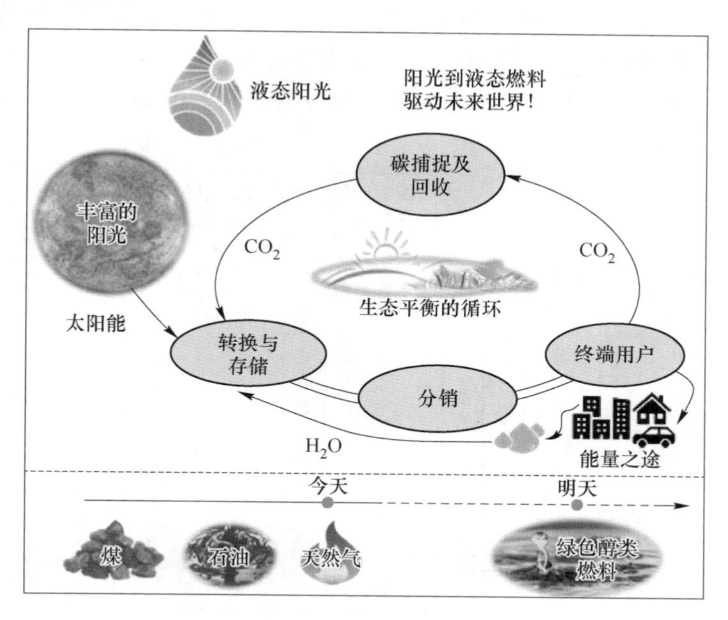

图1-3 液态阳光的循环可视化[120]

甲醇经济的发展有 4 个显著优点：

（1）甲醇在制氢过程中可捕捉二氧化碳，生成符合“碳中和”要求的清洁能源。

（2）由于甲醇为常温常压下的液态燃料，现有的液体燃料运输、加注、配送体系可以轻松实现供应。

（3）甲醇可广泛应用于现有的内燃机动力装备中，具备低碳低排放的优势。

（4）作为最佳氢能载体，随着甲醇重整制氢燃料电池及甲醇燃料电池技术发展成果的规模应用，不需要高压输配送、加注复杂的载氢系统等，甲醇燃料电池展现出了强大的市场应用潜力。

1.3 混合动力汽车能量管理策略

1.3.1 混合动力汽车能量管理问题概述

混合动力汽车的攻关研究集中在几个关键技术方面，包括能量管理策略、动力系统匹配以及动力电池等。其中，能量管理策略对整车的燃油经济性、排放性以及驾驶平顺性等特性产生直接影响。因此，设计和开发混合动力汽车的关键任务是制定高效合理的能量管理策略，实现预期的控制目标。

混合动力汽车的控制主要包括两组任务。一是底层或部件级控制任务，其中每个动力总成部件都通过经典的反馈控制方法进行控制；二是高级或监测控制，负责优化车辆的能量流，同时将电池的充电状态保持在一定范围，称为能量管理系统，其接收并处理来自车辆的信息，驱动器输出最优设定值，发送给执行器，由底层控制层执行。混合动力汽车的基于任务的控制方案如图 1-4 所示。

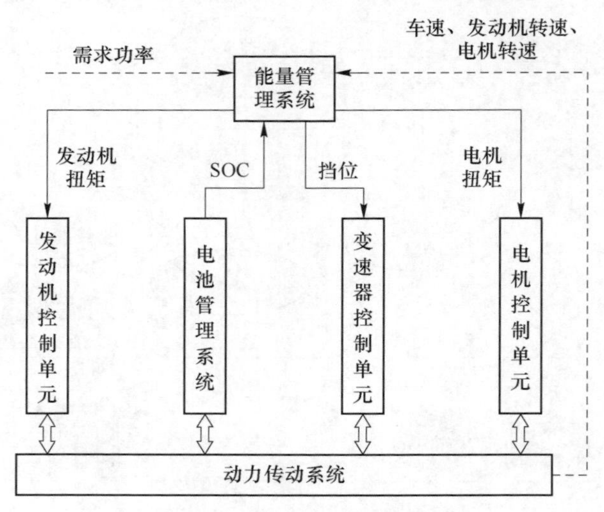

图 1-4　混合动力系统两层控制结构

混合动力汽车的能量管理主要负责车辆行驶过程中总需求功率或总扭矩在不同动力源之间的分配问题，分配是否合适直接决定车辆的性能。不同的系统、不同的电机布置方式及不同的目标追求都对应不同的能量管理策略。

混合动力汽车与传统内燃机车相比，可以显著提高燃油经济性，轻微混合动力车可提高10%，深度混合动力车可达到30%以上。但是，要实现这一潜力，需要一个可以优化汽车能量流的复杂控制系统。

1.3.2 混合动力汽车能量管理策略

为了提高混合动力汽车的整体效率，在考虑动力电池、传动系统、发动机、电动机和发电机的综合运行效率的前提下，人们开发制定了不同的能量管理策略，使得发动机能够高效运行。按照控制方法的不同，混合动力汽车的能量管理策略可以分为3类：基于规则（逻辑门限、模糊逻辑）、基于优化（全局优化、瞬时优化和模型预测控制）和基于学习[121]。

1.3.2.1 基于规则的能量管理策略

A 基于逻辑门限的能量管理策略

目前，在实际汽车中广泛使用的能量管理策略是基于规则的，它主要有逻辑门限值控制策略和模糊逻辑控制策略两种。逻辑门限值控制策略主要是根据车辆的需求功率或需求扭矩，根据预先设置边界，对发动机和电机进行功率分配，以保证发动机高效运行。1987年，Bumby等[122]首次提出基于逻辑门限的能量管理策略，通过逻辑门限值的设置，达到改善车辆燃油经济性的目的。Banvait等[123]认为混合动力汽车在运行过程中有电量消耗和电量维持两种模式，以动力电池的电池荷电状态（State of Charge，SOC）值作为模式切换的边界参数。

B 基于模糊逻辑的能量管理策略

模糊逻辑控制策略是一种利用模糊集合和模糊规则进行推理的方法，用于表达渐进性的界限，模拟人脑的决策方式，并实现模糊综合判断。将模糊控制与逻辑门限值相结合可以更好地解决模式切换时的过渡问题。在1998年，Lee等[124]将模糊控制思想应用于混合动力汽车的能量管理策略中，制定了相应的模糊控制规则。王伟[125]基于模糊控制理论提出了发动机性能最优运行控制策略，相较于传统控制算法，其节油率明显提高。陈瑞增[126]提出了基于转矩分配的模糊能量管理策略，并使用遗传算法对隶属度函数进行优化，并将其应用于并联式混合动力汽车。模糊逻辑控制策略与逻辑门限值控制策略相比，其鲁棒性和适应性较好，但隶属度函数的设计严重依赖开发人员的工程经验。

总的来说，基于规则的能量管理是根据经验制定控制规则，其优点在于算法设计简单，易于实现，有利于实时控制，具有较强的鲁棒性，并且受到外界干扰的影响较小。缺点是规则是否制定合理取决于设计者的经验，难以获得最佳的控制效果。

1.3.2.2 基于优化的能量管理策略

A 基于全局优化的能量管理策略

基于全局优化的能量管理策略，旨在整个行驶工况下优化燃油经济性。应用最优控制理论动态进行动力分配，以实现整车性能的最优化。动态规划算法（Dynamic Programming，DP）是一种用来求解多阶段决策过程全局最优化问题的数学方法，在优化范围的先验信息已知的情况下，可以提供最优解。在DP算法中，最优策略的特点是从最优路径上的任意一点开始，其余路径必须是最优的，针对混合动力汽车的能量管理问题，可以通过将问题离散化、确定参数和状态变量等方式，使用DP算法求解最优能量分配，但在现实车辆行驶中，行驶工况的变化无法提前获得，因此DP并不能用于实时优化控制。然而，由于DP可以获得全局最优解，可以作为其他能量管理策略的参考值，众多学者做了大量探索。例如，Vinot等[127]通过离散DP算法求解能量管理问题。Uebel等[128]为了缩短DP算法的计算时间，设计了一种基于离散庞特里亚金极小值原理和DP的能量管理策略。冯坚等[129]则研究了行驶工况对基于DP能量管理策略的汽车能耗的影响，表明该策略比传统方法更节油。

B 基于模型预测控制的能量管理策略

基于模型预测控制（Model Predictive Control，MPC）的能量管理策略，将整个行驶过程的全局最优问题转化为预测时域内的局部优化问题，并通过滚动优化不断更新预测时域内未来行驶状态，从而实现预测控制。这种方法具有鲁棒性强、稳定性高的优点。Zhang等[130]提出了一种基于指数变化的车速预测方法，并使用MPC去进行转矩分配。孟凡博等[131]提出了一种基于马尔科夫链的模型预测控制方法，将加速踏板信号视为概率分布，通过随机马尔科夫链模型获取车辆在未来预测时域内的需求扭矩。Yu等[132]开发了一种考虑坡度信息的MPC能量管理方法。Chen等[133]提出了一种上下分层的能量管理策略，其中上层控制基于二次规划算法求解电池状态参考轨迹，下层控制基于MPC实现动力分配。唐小林等[134]也开发了一种分层式MPC优化算法，考虑多车协同控制和节能降耗的问题，在保证跟车稳定性的同时，优化了行车燃油经济性。余开江等[135]提出了一种能够考虑交通信号灯信息的预测控制策略，能够显著提高整车燃油经济性。

C 基于瞬时优化的能量管理策略

基于瞬时优化的能量管理策略主要包括庞特里亚金极小值原理（Pontryagin's Minimum Principle，PMP）和等效油耗最小化策略（Equivalent Consumption Minimization Strategy，ECMS）两种。该策略可以在未知工况的情况下实现瞬时燃油消耗或排放的优化。与基于规则的能量管理方法相比，此类方法是基于驾驶工况信息，采用瞬时优化算法可以实时进行转矩分配。相较于需要提前知道全部路况信息的全局优化算法，将全局问题转为局部问题，其计算量小、易于在线实现。

a 基于庞特里亚金极小值原理的能量管理策略

PMP 策略的核心思想是在控制作用范围内通过最优控制规律确定最优轨迹，使得该轨迹在整个作用范围内达到最小值。PMP 策略通过计算哈密顿函数最小值来求解最优控制变量[140]。在求解过程中，如果最小原理只产生一个极值解，则该极值解可视为最优解；如果存在多个极值解，则对它们进行比较，评估每个极值解的应用所产生的总成本，并选择产生最低总成本的极值解。

解少博等[141]在设计中使用了双环优化流程，其中外环作为选择电池组的步骤，而内环则是在外环选定电池组的基础上，通过基于 PMP 的能量管理系统进行优化。Tribioli 等[142]则通过 PMP 算法在不同行驶工况下进行优化，对优化结果进行回归分析，制定实时控制的规则。虽然 PMP 控制策略可实现接近全局最优的结果，但该策略需要建立精确的协同状态预估模型。

b 基于等效油耗最小的能量管理策略

ECMS 也是实现瞬时扭矩分配的一种方法，源于 PMP 理论，并将电能消耗转化为等价的发动机燃油消耗，通过一个等效因子来匹配不同工况。该方法利用哈密顿函数，通过求解燃油消耗与等价燃油消耗和的最小值来得出最优的控制量。为了获得最佳结果，算法需要选取合适的等效因子来适应不同的工况。叶晓等[143]通过比较不同的能量管理策略，发现基于 ECMS 的优化结果与全局最优解非常接近。

传统 ECMS 认为等效因子是一个定值，而自适应等效因子会随着 SOC 值和工况的变化而变化，常用罚函数保证整个循环工况下 SOC 的收敛性，罚函数可分为有 S 型拟合曲线、分段函数和正切函数 3 种，调节等效因子实现对 SOC 参考轨迹的跟踪。基于 ECMS 的能量管理策略的研究主要是针对等效因子的优化，其优化脉络如图 1-5 所示，主要是通过 SOC 反馈、历史工况识别和工况预测 3 种来进行等效因子的自适应。

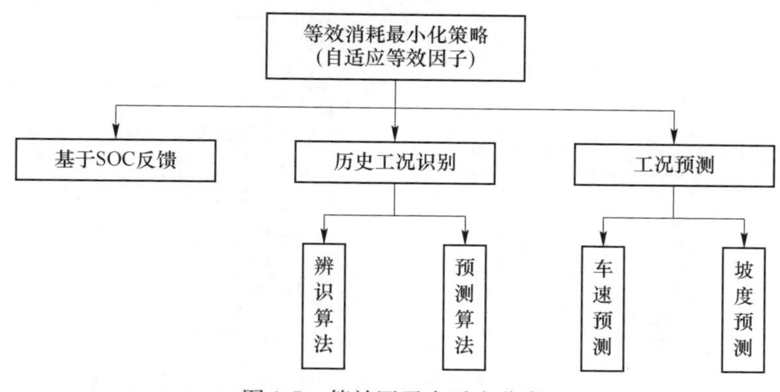

图 1-5 等效因子自适应分类

通过分析历史工况的方法被称为辨识算法。Han 等[144]用粒子群优化算法和真实历史交通数据离线建立 SOC 和电力需求的映射表，通过电池 SOC 和递归神经网络得到 SOC 最优轨迹的等效因子。李萍等[145]利用自适应神经网络模糊推理系统的预测功能，通过历史交通信息提前估计 SOC 曲线，粒子群算法被应用于 ECMS 控制策略，以优化等效因子的初始值和相关控制参数。邓涛等[146]通过提取不同的工况特征参数，建立工况库，计算出各工况对应的最优等效因子，提出一种根据工况变化在线调整等效因子的自适应 ECMS。在 ECMS 模型基础之上，赵竞园[147]利用聚类分析方法，提取出不同道路行驶工况的运动学特征，并运用遗传算法进行迭代求解等效因子，从而建立了基于行驶工况运动学特征的等效因子 Map 图。李扬[2]在传统 ECMS 基础上，利用通勤车采集的数据将整个行程分成八段，使用优化算法求解等效因子。贺晓[148]使用聚类分析得到 6 类典型工况并将其随机组合建立各典型工况下的 SOC 轨迹，引入 ECMS。

基于 K-均值聚类分析工况识别算法的能量管理策略如图 1-6 所示。巴懋霖[149]根据得到的行驶数据，利用相关系数分析法、主成分分析法、K-均值聚类分析法构造该驾驶员的典型工况，提出自适应随机动态规划-ECMS 能量管理策略。Zhang 等[150]在主成分分析方法提取工况特征参数的基础上，用糊 C-聚类分析识别驾驶条件，通过实际工况自动调整在线当量因数，即建立了基于车辆行驶状态在线识别的 I-ECMS 策略。欧阳等[151]选取标准工况的特征参数，并用其参数训练 BP（Back Propagation）神经网络，实现路径识别，识别的结果输入到 ECMS 中。韩海硕等[152]利用 DP 算法来优化 ECMS 的等效因子，选择 16 种标准工况作为样本库。挑选出工况异化显著的特征参数，并通过聚类分析将样本库分为 6 种典型代表工况，计算出每种典型工况下的最优等效因子。接着，他们使用样本工况库数据来训练神经网络识别器，并实时调整等效因子。詹森等[153]使用

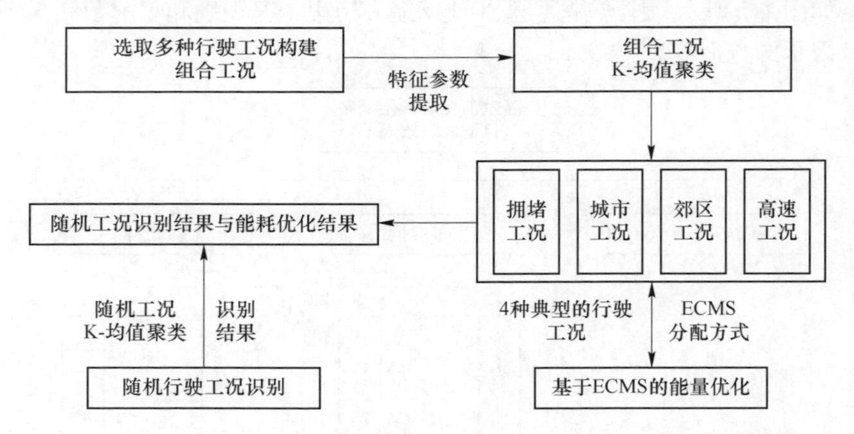

图 1-6　基于 K-均值聚类分析工况识别算法的能量管理策略

K-均值聚类算法来进行工况识别，有效地解决了当前工况识别算法存在的问题。

驾驶员的行为模式对能量管理策略的影响非常重要。在研究混合动力汽车能量管理策略时，许多研究考虑到了驾驶员的行为。考虑驾驶模式的 ECMS 也是一种优化策略，属于基于历史工况的 ECMS，多种算法可以求解其与等效因子的关系。遗传算法应用较为广泛，遗传算法的流程如图 1-7 所示。Lin 等[154]用遗传算法解出最优等效因子，建立等效因子、SOC 和行驶里程的 Map 图，提出了一种基于驾驶模式识别的自适应能量管理控制策略，根据基于学习矢量化的算法识别驱动模式更新等效因子。Guo 等[155]在驾驶行为和等效因子之间进行了混合粒子群遗传算法优化，通过对行驶工况进行分类识别，分析了油门踏板开度和变化率在不同行驶工况下的变化，并建立了模糊逻辑识别器以识别行驶工况。Yang 等[156]提出了一种面向驾驶风格的自适应等效油耗最小化策略。Li 等[157]基于遗传优化 K-均值聚类算法的驾驶状态识别算法与 ECMS 相结合，提出了一种能量管理策略。Haußmann 等[158]提出一种新的驾驶行为识别方法，该方法利用长-短期记忆递归神经网络和 ECMS 相结合，提出了一种 P1-P2 串并联混合动力汽车的多模式自适应 ECMS，新颖之处在于注重高效的驱动模式切换，而不是单一模式优化。Tian 等[159]基于混合算法准确识别驾驶员的驾驶风格，将驾驶风格纳入 ECMS 中，确定等效因子的自适应调整规则。Zeng 等[160]提出了一种基于统计分

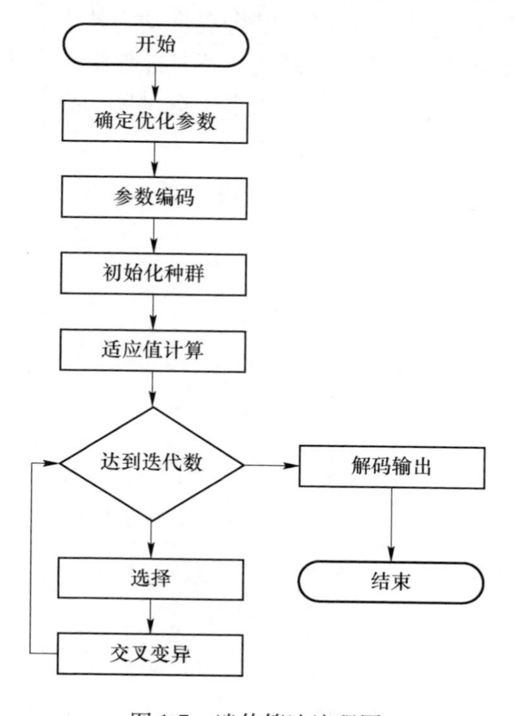

图 1-7 遗传算法流程图

析的驾驶模式识别方法，应用粒子群优化算法对等效因子进行优化，得到特定行驶循环下，SOC 和行驶距离分别垂直和水平索引的等效因子三维 Map 图。Qi 等[161]提出了一种基于 DP 组合模型的 ECMS，根据开发出的典型驾驶模式生成了 6 张地图。在行驶循环的每个距离段，可根据识别的驾驶模式和当前车辆运行情况，从 6 张地图中的一张中获得适当的等效因子。

1.3.2.3　基于学习的能量管理策略

基于学习的能量管理策略是一种有前途的新型能量管理策略，可以为混合动力汽车的运行提供解决方案，并满足不同行驶工况的需求。基于学习的能量管理策略主要是通过学习历史数据和预测信息来优化控制参数。李家曦等[136]采用深度确定性策略梯度算法进行调整等效油耗最小策略中的等效因子，在 SOC 保持稳定的前提下降低了油耗。韩少剑等[137]通过深度学习网络来探究目标车速与外部信息及历史数据的关系，进而预测车辆的行驶工况。周哲[138]首先通过神经网络算法提取典型工况下车辆的最优分配规律，然后与工况识别策略相结合，设计了基于工况识别的能量管理策略。郑春花等[139]设计并证明了基于强化学习的控制策略比基于 DP 和规则的策略更有效。

目前，需要进一步开发在全工况下实现以油醇双燃料燃烧为代表的高效燃烧技术，充分利用低碳清洁能源以降低运行成本。本书旨在探索 F-T 柴油/甲醇双燃料发动机实现高效清洁燃烧的途径，结合混合动力技术，调节发动机的运行工况，开发高效清洁的油醇电混合动力系统，使其能够满足未来车用动力系统超低排放的要求，为新一代绿色智能车用动力系统提供新的思路。

2 混合动力系统设计及试验平台

混合动力汽车的构型较多，在设计和开发混合动力汽车时，首先需要确定混合动力汽车的构型，其次进行动力匹配，选择合适的动力组件，如发动机、电动机和动力电池等，动力组件的选择和匹配与车辆能否满足设计要求息息相关，选型匹配过程需要进行大量的计算和对比分析。本章先对不同混合动力汽车构型进行对比分析，然后根据目标车型进行选型匹配，最后对研究中使用的试验装置、主要测试设备和搭建的多功能动力总成试验平台进行详细说明。

2.1 混合动力汽车构型介绍

2.1.1 串联式混合动力构型

图 2-1 所示为串联式混合动力构型。该构型与纯电动汽车较为相似，车辆只通过电动机进行驱动。该构型由发动机和发电机组成发电系统，将化学能转化为电能，所生产的电可以直接供给电动机，也可以用于动力电池充电，其内燃机的转矩只用于驱动发电机发电，不能直接用于车辆的驱动。

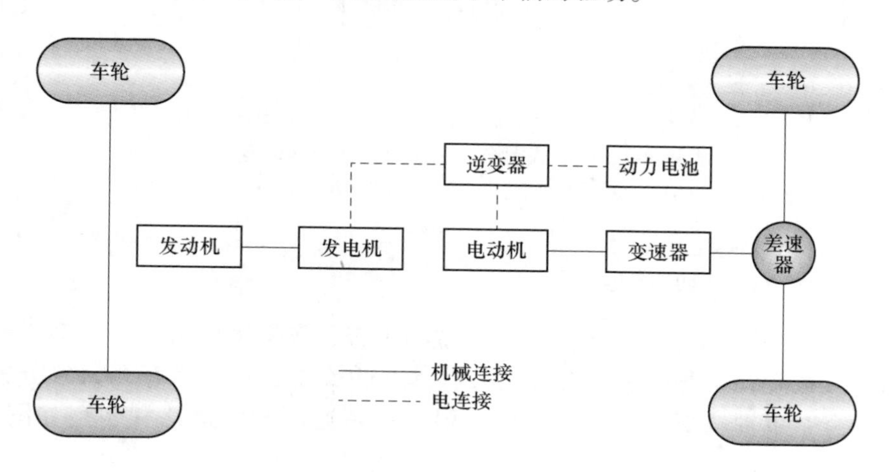

图 2-1　串联式混合动力汽车

串联式混合动力构型的发动机在低油耗和低排放的区间下运行，其运行范围较窄。在车辆减速时，电动机可以回收能量进行发电并存储在动力电池中。在车辆需要频繁起动和低速行驶的城市环境中，串联式混合动力汽车是一种理想选择。但该构型的劣势在于驱动系统使用能量转化器件进行机械能转换，经过两次转换后会出现能量损失。

串联式混合动力汽车的工作模式主要有纯电动驱动模式、串联驱动模式、联合驱动模式和制动能量回收模式，不同模式下的能量流动如图 2-2 所示。

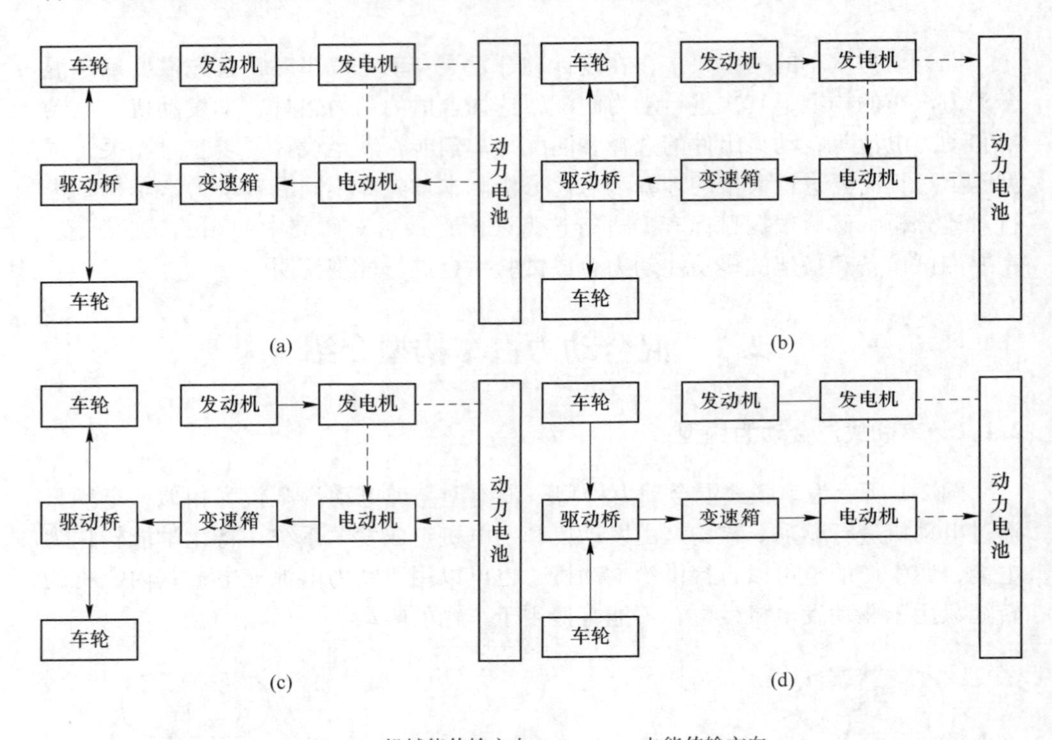

图 2-2 串联式混合动力汽车工作模式能量流
(a) 纯电动模式；(b) 发动机单独驱动模式；(c) 联合驱动模式；(d) 制动能量回收模式

2.1.2 并联式混合动力构型

并联式混合动力是基于汽车传动系统的组合，车辆可以由一个或多个动力源驱动。从发动机与电机耦合方式来看，并联式混合动力汽车可大致分为驱动力耦合、单轴转矩耦合、双轴转矩耦合和转速耦合，这几种构型如图 2-3 所示。

并联式混合动力汽车的优点在于发动机和电机都直接连接到传动轴，从而实现了较高的能源利用率。在混合动力模式下，电动机可以调节发动机负荷，使其运行在高效区。通常情况下，系统使用的发动机和电动机功率较低。在极端工作

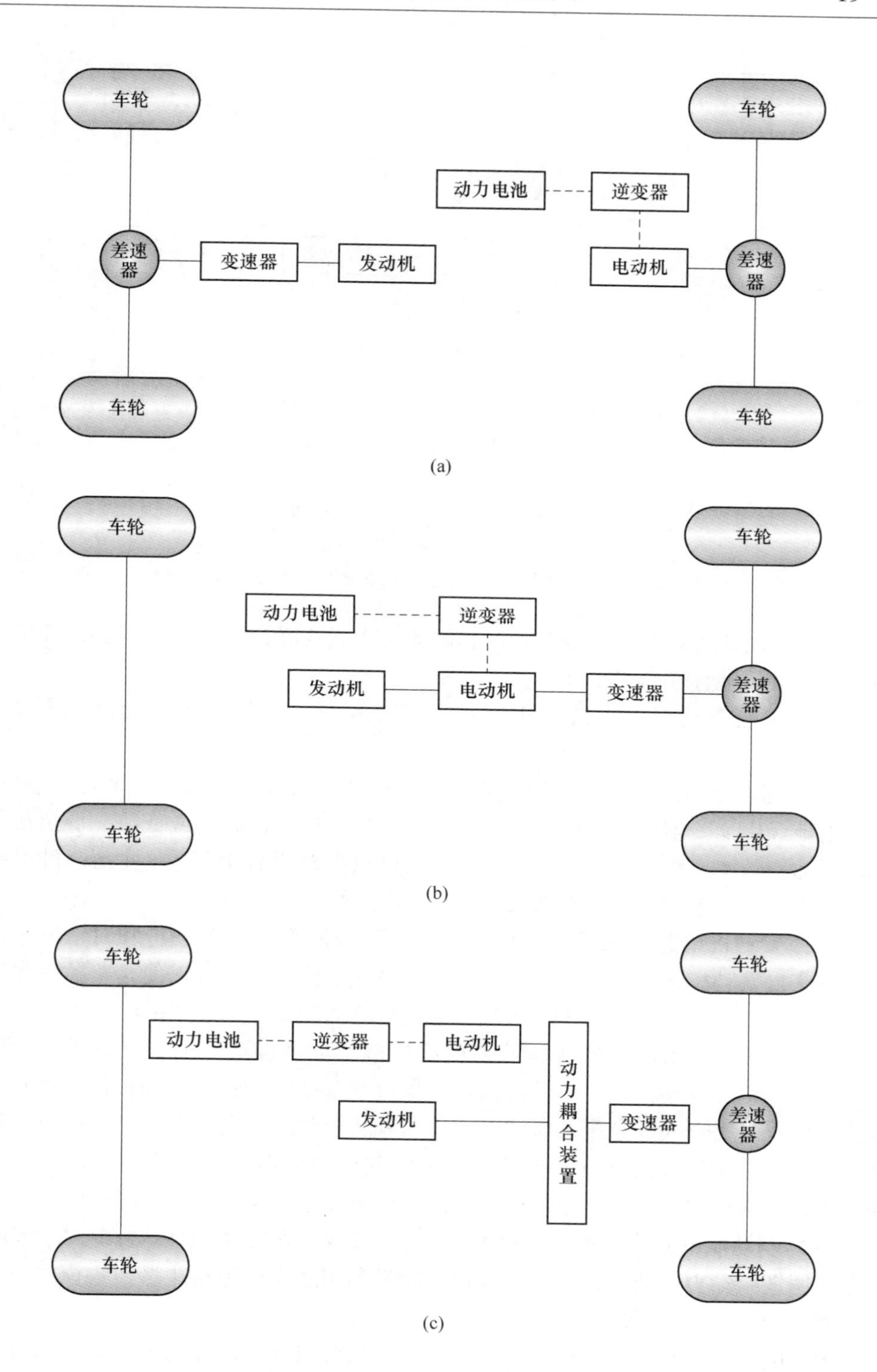
车轮
动力电池
逆变器
车轮
差速器
变速器
发动机
电动机
差速器
车轮
车轮
(a)
车轮
车轮
动力电池
逆变器
发动机
电动机
变速器
差速器
车轮
车轮
(b)
车轮
车轮
动力电池
逆变器
电动机
动力耦合装置
发动机
变速器
差速器
车轮
车轮
(c)

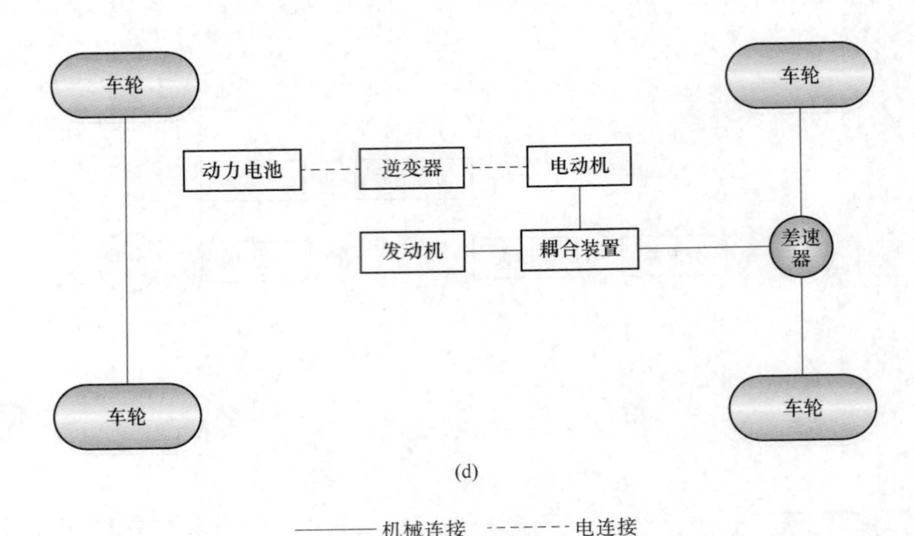

(d)

——— 机械连接 - - - - - - - 电连接

图 2-3 并联式混合动力汽车

(a) 驱动力结合式；(b) 单轴转矩结合式；(c) 双轴转矩结合式；(d) 转速结合式

条件下，发动机可能脱离高效工作区，因此与串联式混合动力汽车相比，其经济性和排放性可能存在差异。

并联式混合动力汽车的工作模式主要有 4 种，工作模式能量流如图 2-4 所示。

(1) 纯电驱动模式：当车辆起动或低速行驶时，汽车的动力只来自电动机。动力电池经由逆变器向电机传送电能。该模式通常在车辆起动或低速、低负荷等发动机运行效率不高的行驶工况中使用，可以减少燃油消耗和尾气排放。纯电驱动模式下的能量流如图 2-4 (a) 所示。

(2) 发动机单独驱动模式：当汽车在高负荷的稳定工况下行驶时，汽车的动力只来自发动机，此时发动机持续运行在最优工作曲线，可以使整车达到较高的燃油经济性。发动机单独驱动模式下的能量流如图 2-4 (b) 所示。

(3) 联合驱动模式：当车辆需要更高功率（如急加速）时，汽车的动力同时来自发动机和电动机，二者动力耦合后提供整车动力，此时发动机仍工作在高效运行区，电机介入补充剩余所需动力，二者联合驱动以满足整车动力需求，同时发动机持续运行在最优工作曲线上，电机起到“填谷”的作用，此时汽车的动力性处于最佳状态。联合驱动模式下的能量流如图 2-4 (c) 所示。

(4) 制动能量回收模式：在汽车减速或制动停车时，电动机会产生负扭矩，将电能回馈给动力电池进行充电，以提高能量利用效率。制动能量回收模式下的能量流如图 2-4 (d) 所示。

根据电机与发动机、变速箱、车轴之间的相对位置，混合动力汽车可以分为

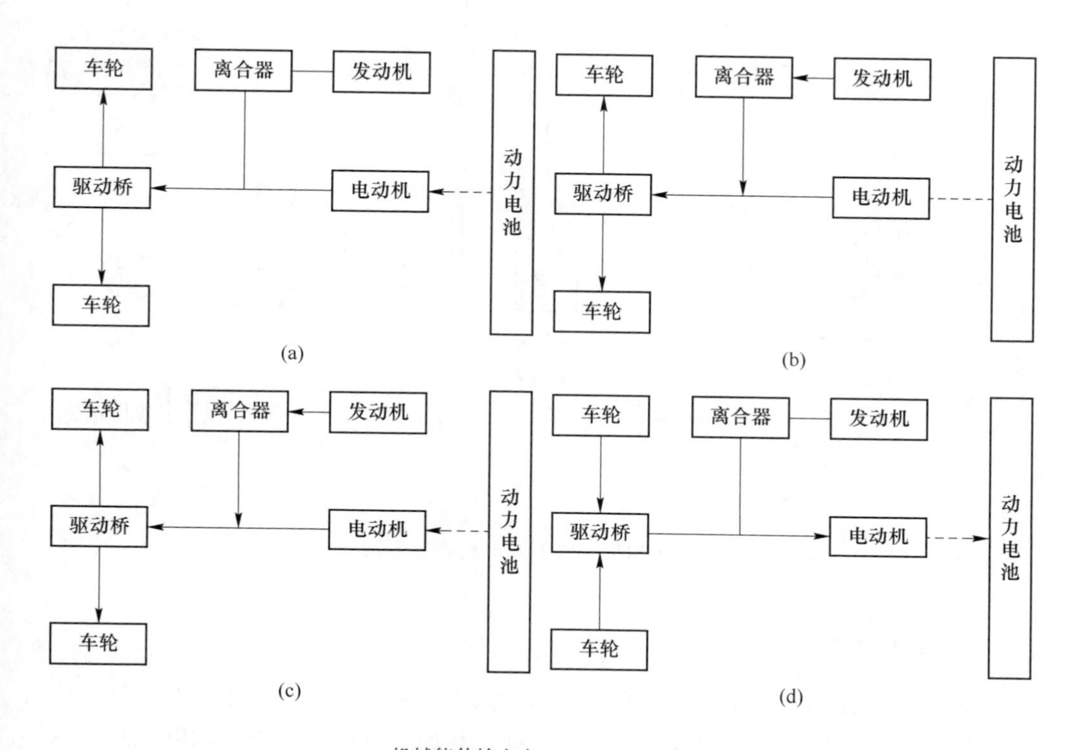

图 2-4 并联式混合动力汽车工作模式能量流

（a）纯电驱动模式；（b）发动机单独驱动模式；（c）联合驱动模式；（d）制动能量回收模式

5 种构型，分别为 P0、P1、P2、P3 和 P4，如图 2-5 所示。

P0：皮带传动起动发电机（Belt Driven Starter Generator，BSG）通过皮带连接发动机前端，只能提供电能辅助发动机起动，无法单独驱动车辆；

P1：起动/发电一体机（Integrated Starter and Generator，ISG）电机和发动机的飞轮盘结为一体，位于发动机后端，可实现怠速起停，但对发动机工作点调节有限；

P2：ISG 电机通过离合器连接在发动机后变速器前，在发动机负荷点调节方面表现良好，它在怠速和低速行驶时可以直接使用电机，提高了燃油经济性；

P3：电机连接在变速器的输出轴上，发动机和电机可工作于不同转速下，但是电机无法用于启动发动机；

P4：电机安装在车的后桥上，与传统动力总成可兼容。也可以采用双电机组合系统，形成 $Px_1 + Px_2$ 的组合构型。

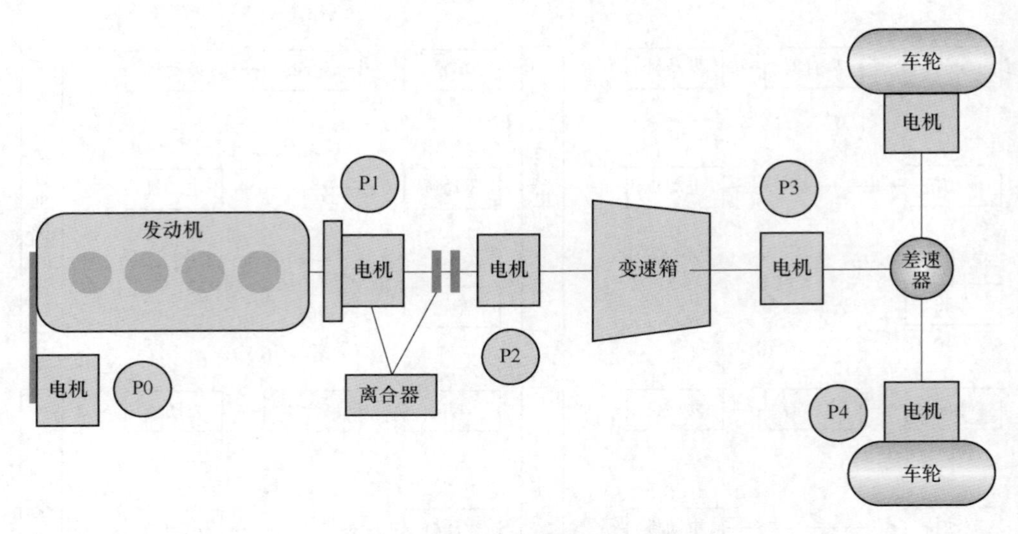

图 2-5　P0 ~ P4 不同电机布置方案

2.1.3　混联式混合动力构型

混联式混合动力汽车是一种效率较高的汽车，它可以最大化燃油经济性。该车型将并联式和串联式混合动力结合在一起，从而充分发挥两种构型的优点。这种汽车具有 3 个动力源之间的多种动力匹配组合特性，因此可以在多种驾驶模式下运行，以实现最佳功率分配。其构型如图 2-6 所示。

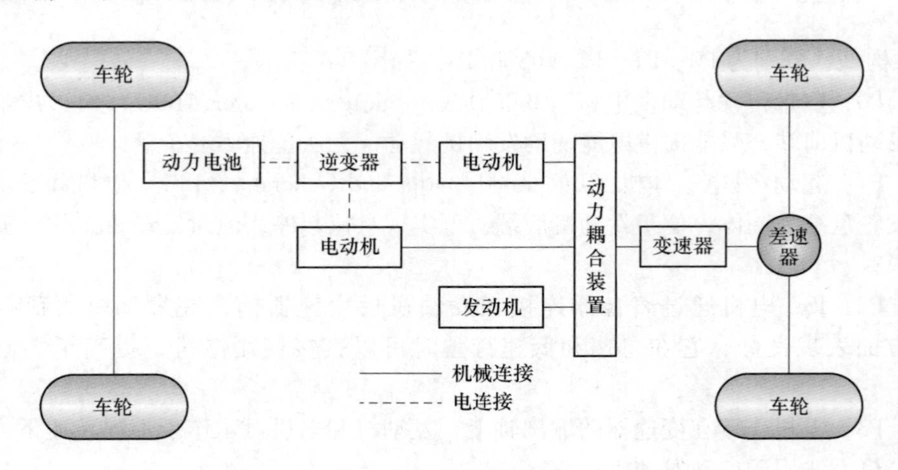

图 2-6　混联式混合动力汽车

综上可知，相比串联式混合动力汽车，并联式混合动力汽车的发动机可以直接用来驱动车辆，没有能量转换，能量损失小；发动机与电机功率可叠加，动力更强；电机可作电动机又可作发电机，故可采用单电机降低重量和成本。混联式混合动力构型由于成本高和专利限制，存在技术壁垒。相较于其他混合动力构型，单轴并联式混合动力汽车具有设计简单、结构紧凑和动力性能优异等优点。其只在一根轴上集成了发动机、电机和传动装置，使得系统设计更为简单，而且可以节约空间，提高车辆的稳定性和操控性。P2 构型相较于 P0 和 P1 构型，具有更好的燃油经济性和更高的综合动力性能。此外，P2 构型具有较强的兼容性，可以在现有的动力结构下，只需在变速箱的输入端加装电机，即可实现相应功能，降低了系统改造的难度和成本。因此，单轴并联 P2 构型的混合动力系统在节能减排、驾驶舒适度和性能方面表现出色，本书选定该构型为油醇电混合动力汽车的构型。

2.2 动力部件选择

本书以大运某轻型卡车为原型车，车辆实物图如图 2-7 所示。在不改变原型车外观参数和传动系统的情况下，在变速箱输入端增加了 ISG 电机，形成了 P2 构型的混合动力系统。该系统的发动机和电机均集成在同一根传动轴上，分别布置在液压离合器的输入和输出端，液压离合器负责两个动力源的耦合和解耦，根据不同的行驶工况，在能量管理策略的控制下切换动力系统的工作模式。结合设计参数对动力系统的各部件（发动机、电动机和动力电池）进行匹配。设计参数如表 2-1 所示。

图 2-7 车辆实物图

表 2-1 混合动力轻型卡车设计参数

参 数 名 称	数 值
整备质量/kg	2500
满载质量/kg	4500

续表 2-1

参数名称	数值
轴距/mm	3300
轮胎滚动半径/mm	402.5
迎风面积/m^2	4.6
滚动阻力系数	0.015
风阻系数	0.7
主减速比	4.875
自动变速器	5.67/2.97/1.67/1/0.76/倒挡 5.11
最高车速/$km \cdot h^{-1}$	120
最大爬坡度/%	30
百公里加速时间/s	15
纯电动最高车速/$km \cdot h^{-1}$	40
纯电动最大爬坡度（10 km/h）/%	30
纯电动 0~40 km/h 加速时间/s	10
纯电动续航里程（满载 30 km/h）/km	30

2.2.1　发动机选型及匹配

本章的发动机匹配方法以发动机的最大功率为主要参考依据。其中，式（2-1）可用于计算发动机单独驱动车辆在最高车速下所需的功率（P_{emax1}），而式（2-2）则用于计算发动机单独驱动车辆在最大爬坡度上爬坡所需的功率（P_{emax2}）。选取以上两种情况下所需功率中的最大值作为评估发动机匹配的最低标准。

$$P_{emax1} = \frac{v_{max}}{3600\eta_t}\left(Mgf + \frac{C_D A v_{max}^2}{21.15}\right) \tag{2-1}$$

$$P_{emax2} = \frac{v_a}{3600\eta_t}\left(Mgf\cos\alpha_{max} + Mg\sin\alpha_{max} + \frac{C_D A v_a^2}{21.15}\right) \tag{2-2}$$

式中，v_{max}为最高车速，km/h；η_t 为整车传动效率；M 为满载质量，kg；g 为重力加速度；f 为滚动阻力系数；C_D 为风阻系数；A 为迎风面积，m^2；v_a 为汽车爬坡时车速；$\alpha_{max} = \tan^{-1}(30\%)$。

发动机除了直接输出驱动力外还需要提供诸如水泵之类的附件所需的能量。因此，应该将计算得出的最低标准功率增加 10%。柴油机的燃油经济性高于汽油机，这也是商用车使用柴油机的主要原因之一，以此来降低使用成本，因此本章选择了云内动力某 105 kW 柴油机，参数如表 2-2 所示。

表 2-2 发动机参数

项 目	参 数
缸数×缸径×行程/mm×mm×mm	4×92×94
燃烧室型式	直喷 ω 型
活塞总排量/L	2.499
压缩比	16.6
额定转速/r·min⁻¹	3600
额定功率/kW	105
最大转矩/N·m	360
最大转矩转速/r·min⁻¹	1600~2600
冷却方式	强制水循环冷却

2.2.2 电机选型及匹配

车载电动机的类型主要有直流电机、交流感应电机、开关磁阻电机和永磁同步电机，其中本章选用的永磁同步电机具有功率密度高、调速范围广、效率高、寿命长、维护成本低等优点，备受新能源汽车的青睐。

本章以电机的最大功率为依据进行电机匹配。式（2-3）用于计算纯电驱动模式下在最高纯电动车速下所需的功率（P_{mmax1}），式（2-4）用于计算纯电驱动模式下在纯电最大爬坡度爬坡下所需的功率（P_{mmax2}），式（2-5）用于计算纯电驱动模式下 0~40 km/h 加速时间下的需求功率（P_{mmax3}）。在 3 种功率中选取最大值作为最低标准，用于进行电机匹配。

$$P_{mmax1}=\frac{u_{max}}{3600\eta_t}\left(Mgf+\frac{C_D A u_{max}^2}{21.15}\right) \tag{2-3}$$

$$P_{mmax2}=\frac{u_a}{3600\eta_t}\left(Mgf\cos\alpha_{max}+Mg\sin\alpha_{max}+\frac{C_D A u_a^2}{21.15}\right) \tag{2-4}$$

$$P_{mmax3}=\frac{Mg}{3600\eta_t t}\left(\frac{2}{3}fu_b t+\delta\frac{u_b^2}{2g\sqrt{t}}+\frac{0.4C_D A u_b^3}{21.15Mg}t\right) \tag{2-5}$$

式中，u_{max} 为纯电动最高车速，km/h；u_a 为汽车纯电动爬坡时车速，km/h；u_b 为纯电动预定的末速度，km/h；t 为纯电动 0~40 km/h 加速时间，s；δ 为旋转质量系数，取值为 1.06。

最终确定电机的额定功率为 50 kW，最大功率为 67 kW。电机参数如表 2-3 所示。

表 2-3　电机参数

项　目	数　值
额定功率/kW	50
最大功率/kW	67
额定转矩/N · m	300
最大转矩/N · m	380
最大转速/r · min^{-1}	6000
电压等级/V	380

2.2.3　动力电池选型及匹配

动力电池种类主要有铅酸电池、镍镉电池、镍氢电池和锂离子电池。本章选择的锂离子电池具有比功率能量高、循环寿命长、工作效率高、自放电率低等优点。

本章以动力电池的容量为依据进行动力电池匹配。式（2-6）用来计算纯电驱动模式下以 30 km/h 的车速行驶 30 km 路程所需要的能量（E_b），式（2-7）用来计算纯电驱动模式下以 30 km/h 的车速行驶时所需要的功率（P_m），式（2-8）用来计算动力电池的容量（C）。

$$E_b = P_m t = \frac{P_m S}{u_e} \tag{2-6}$$

$$P_m = \frac{u_e}{3600\eta_t\eta_m\eta_b}\left(Mgf + \frac{C_D A u_e^2}{21.15}\right) \tag{2-7}$$

$$C = \frac{1000E_b}{U} \tag{2-8}$$

式中，E_b 为动力电池所储存的能量，kW · h；S 为纯电动续航里程；u_e 为纯电动模式续航里程测试时车速；η_m 为电机效率；η_b 为动力电池效率；C 为动力电池容量，A · h；U 为动力电池输出电压。

最终确定的动力电池的电压为 380 V，容量为 85 A · h，其参数如表 2-4 所示。

表 2-4　动力电池参数

项　目	数　值
电池容量/A · h	85
电池电压/V	380
电池 SOC 范围	0.2 ~ 0.8

2.3 多功能动力总成试验平台

2.3.1 后处理设备

DOC 主要通过催化氧化 CO 和碳氢化合物以降低柴油机的气相排放物。颗粒物捕集器（Diesel Particulate Filter，DPF）通过目孔表面的拦截方式，将颗粒物过滤捕集起来，并通过再生方式来清除这些颗粒物。而 CDPF 带有贵金属催化剂，这使得它可以在较低的温度下完成再生。CDPF 安装在 DOC 的后方，前端 DOC 将发生氧化反应，产生大量热量，可以为 CDPF 的再生提供高温环境[162]。

本章所用的后处理设备为 DOC 和 CDPF 设备，具体参数如表 2-5 所示。

表 2-5 DOC 和 CDPF 的参数

项 目	DOC	CDPF
载体直径/mm	267	267
载体长度/mm	75	200
孔密度/cpsi	200	200
催化剂成分	Pt/Pd/Rh	Pt/Pd/Rh
贵金属剂量/$g \cdot ft^{-3}$	55	35
助剂成分	$Fe_2O_3 + ZrO_2 + ZSM_5$	$Fe_2O_3 + Ce_2O_3$

注：cpsi 指每平方英寸截面上的孔道数，1 cpsi = 0.00064516 孔/m^2。g/ft^3 指克每立方英尺，1 $g/ft^3 \approx$ 0.035 kg/m^3。

2.3.2 主要测试设备

试验所用测试设备主要有：四川诚邦 ET4000 发动机测控系统，160 kW 电力测功机，AVL SES-AM i60 FT 多组分尾气排放分析仪，AVL Micro Soot Sensor 483 微碳烟排放测试系统，Kistler 燃烧分析仪，Kistler 2614C 角标仪，Kistler 6125B 缸压传感器。排放设备的实物图如图 2-8 所示，测试设备的运行范围和准确度如表 2-6 所示[163]。

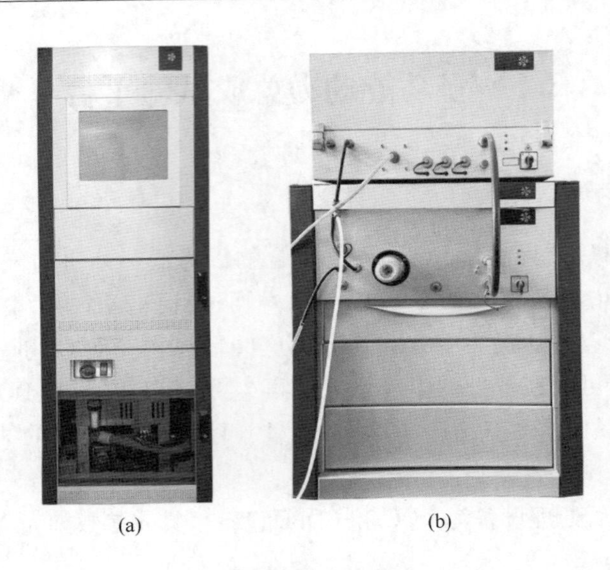

图 2-8　排放设备实物图

（a）AVL SES-AM i60 FT 多组分尾气排放分析仪；（b）AVL Micro Soot Sensor 483 微碳烟排放测试系统

表 2-6　测试设备的运行范围和准确度

设　备	测 量 参 数	范围	准确度
电力测功机	转速/r · min^{-1}	0 ~ 8000	±0. 1% F. S
	转矩/N · m	0 ~ 500	±1% F. S
Kistler 燃烧分析仪	缸内压力/MPa	0 ~ 25	±0. 0005
柴油质量流量计	柴油消耗量/kg · h^{-1}	0 ~ 250	0. 2% F. S
AVL SES-AM i60 FT 多组分尾气排放分析仪	NO_x	0 ~ 0. 01	$\pm 1.5 \times 10^{-6}$
	CO	0 ~ 0. 01	$\pm 1.2 \times 10^{-6}$
	甲醇	0 ~ 0. 01	$\pm 2 \times 10^{-6}$
	甲醛	0 ~ 0. 001	$\pm 3 \times 10^{-6}$
	NO	0 ~ 0. 01	$\pm 1.5 \times 10^{-6}$
	NO_2	0 ~ 0. 001	$\pm 1.5 \times 10^{-6}$
AVL 483 微碳烟排放测试	碳烟/mg · m^{-3}	0. 001 ~ 50	±0. 005

2. 3. 3　多功能动力总成试验平台

与传统动力总成的台架测试不同的是，多功能动力总成试验平台新增了一台电机，在电机测试方面需要添加电池模拟器来为电机供电，并且还需要一台功率分析仪来对电机进行测试分析。在测试方法方面，台架方案可以支持实现传统发动机台架、驱动电机台架、单轴并联 P2 构型混合动力台架 3 种不同类型的测试。多功能动力总成台架系统部件主要参数如表 2-7 所示，系统布置如图 2-9 所示。

表 2-7 台架部件主要参数

项 目	参 数	项 目	参 数
系统总功率/kW	155	直流电源（电池模拟器）功率/kW	50
发动机功率/kW	105	电力测功机/kW	160
电动机功率/kW	50		

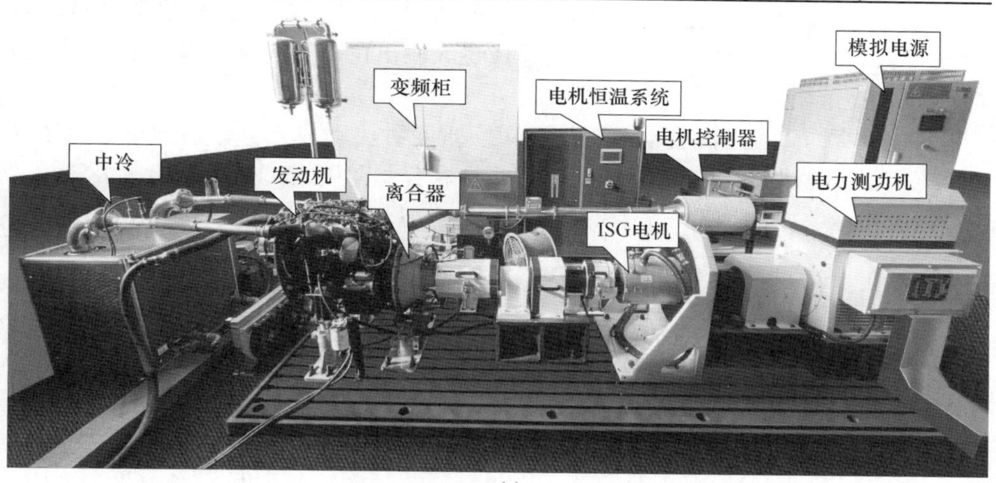

(a)

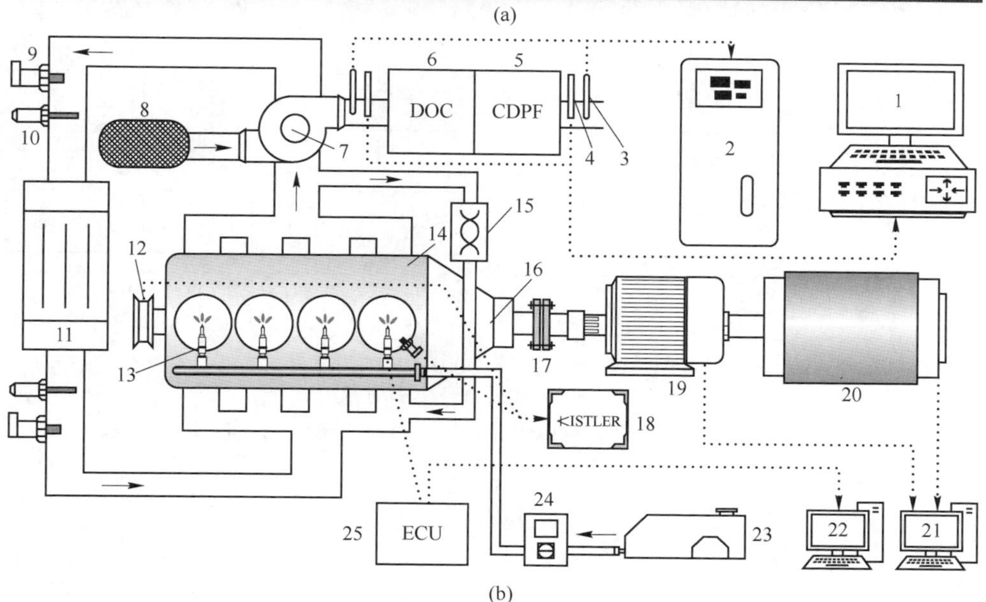

(b)

图 2-9 试验台架布置图

（a）台架实物图；（b）台架示意图

1—AVL 483 烟度计；2—AVL i60 排放仪；3—i60 探头；4—483 探头；5—CDPF；6—DOC；7—涡轮增压；8—空气滤清；9—压力传感器；10—温度传感器；11—中冷器；12—光电编码器；13—高活性燃料喷嘴；14—双燃料发动机；15—EGR；16—液压离合器；17—联轴器；18— KiBOX 燃烧分析仪；19—ISG 电机；20—电力测功机；21—测控系统；22—ECU 上位机；23—高活性燃料箱；24—高活性燃料流量计；25—ECU

多功能动力总成试验平台可以做的试验项目有 3 种：（1）发动机试验项目（发动机最低空载稳定转速试验、发动机速度特性试验、发动机负荷特性试验、发动机功率试验、发动机耐久性台架试验）；（2）驱动电机试验项目（系统最高工作转速及超速试验、电机转矩特性及效率试验（电机高效区试验）、电机及其控制器的过载能力、电机控制器的保护功能）；（3）混合动力总成试验项目（混合动力总成最大输出转速、混合动力总成最大输出扭矩、混合动力系统的控制策略研究试验）。

单轴并联 P2 构型混合动力台架可以实现 4 种驱动模式，分别为单电机驱动模式、单发动机驱动模式、行车充电模式、联合驱动模式，如图 2-10 所示。

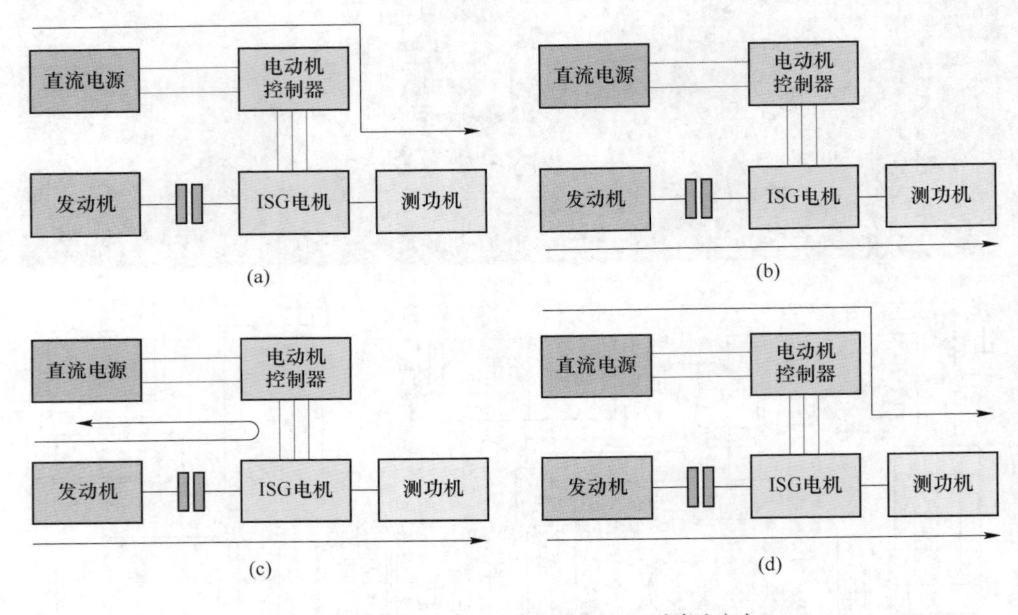

图 2-10　混合动力台架驱动模式

（a）单电机驱动模式；（b）单发动机驱动模式；（c）行车充电模式；（d）联合驱动模式

3 掺混双燃料发动机特性

发动机是混合动力汽车最重要的动力源之一，发动机的优化匹配也是混合动力汽车的关键技术，根据混合动力汽车运行工况的特点对发动机进行专门研究具有重要的意义。在混合动力汽车的发动机介入过程中，发动机需要快速起动，这也带来了起动过程中的排放控制难题。混合动力技术是内燃机汽车最有效的节能技术，清洁代用燃料结合混合动力技术综合提升混合动力系统的燃油经济性和排放性能，对缓解我国日益严峻的环境危机和石油对外依存度意义重大。掺混燃料是实现双燃料发动机的一种方法，其本质是燃料改性，不需要对发动机进行任何改动，为了研究燃料参数对发动机稳态和瞬态特性的影响，本章基于自行搭建的多功能动力总成试验平台展开试验研究。

3.1 试验方法

3.1.1 试验燃料

石油类液体燃料的性质主要受烃类分子的化学结构与所含氢原子和碳原子的数量等因素影响。本章所涉及的试验中使用的柴油为中石油国Ⅵ 0 号柴油，F-T柴油为山西某公司生产，PODE 为山东某化工厂生产，甲醇为纯度 99.9% 的工业甲醇，燃料的理化性质如表 3-1 所示。掺混燃料的主要特征是燃料改性，所以本章对掺混燃料的命名方式为主燃料/副燃料掺混燃料，如 F-T 柴油/甲醇掺混燃料。

表 3-1 燃料理化指标

理化指标	0 号柴油	F-T 柴油	PODE	甲醇	正癸醇
氧含量/%	0	0	47.1	50	—
$c(H)/c(C)$	1.85	2.15	2.2 ~ 2.4	4	2.2
十六烷值	>45	79	78	<5	—
密度/$g \cdot mL^{-1}$	0.831	0.758	1.03	0.79	0.829
运动黏度/$mm^2 \cdot s^{-1}$	2.5 ~ 8.9	3.28	1.05	0.55	13.8
低热值/$MJ \cdot kg^{-1}$	42.6	43.07	19.0	19.89	41.84
闪点/℃	>65	69	>62	12	82

F-T 柴油/甲醇混合溶液在不添加任何助溶剂的情况下，甲醇的添加比例超过3%则无法互溶，需要助溶剂。而0号柴油和F-T柴油与PODE混合时，表现出良好的互溶性，无需添加助溶剂。根据团队前期研究，使用一元醇作为助溶剂时，碳原子个数不超过十的情况下，随着碳原子个数的增加，助溶能力增强，且所需滴加量减少。而当碳原子个数超过十时，随着碳原子个数的增多，助溶能力反而减弱[164-165]。其中助溶能力最强的是正癸醇，故本章在配制F-T柴油/甲醇掺混燃料时选用的助溶剂为正癸醇，其理化特性参数如表3-1所示。

3.1.2　主要工作指标定义

（1）燃烧特性参数。

燃烧始点（CA05）、燃烧重心（CA50）和燃烧终点（CA90）分别为燃烧积分热值占总放热量的5%、50%和90%时对应的曲轴转角；喷油正时（Start of Injection，SOI）是指喷油器电磁铁通电的时刻，在本章双喷策略下是指缸内直喷时刻，即主喷时刻；滞燃期是燃烧始点与主喷时刻的曲轴转角差值；燃烧持续期是燃烧终点与燃烧始点之间的曲轴转角差值。

（2）平均有效压力的循环变动率（Coefficient of Variation of Indicated Mean Effective Pressure，COV_{IMEP}）按下式计算：

$$COV_{IMEP} = \frac{\sigma_{IMEP}}{IMEP} \times 100\% \tag{3-1}$$

式中，IMEP为指示平均有效压力的平均值，MPa；σ_{IMEP}为IMEP的标准差。

（3）最大缸内压力的循环变动率（Coefficient of Variation of Peak Cylinder Pressure，$COV_{p_{max}}$）按下式计算：

$$COV_{p_{max}} = \frac{\sigma_{p_{max}}}{p_{max}} \times 100\% \tag{3-2}$$

式中，p_{max}为最大缸内压力的平均值，MPa；$\sigma_{p_{max}}$为p_{max}的标准差。

（4）废气再循环率（Exhaust Gas Recirculation，EGR）按下式计算：

$$EGR = \frac{CO_{2,intake}}{CO_{2,exhaust}} \times 100\% \tag{3-3}$$

式中，$CO_{2,intake}$为进气中的CO_2体积分数；$CO_{2,exhaust}$为排气中的CO_2体积分数。

（5）有效燃油消耗率（Brake Specific Fuel Consumption，BSFC）为单位功率在单位时间内所消耗的燃料量，单位为g/(kW·h)，按下式计算：

$$BSFC = \frac{B}{P_e} \times 10^3 \tag{3-4}$$

式中，P_e为有效功率，kW；B为燃油消耗量，kg/h。

（6）有效热效率（Brake Thermal Efficiency，BTE）为发动机有效功率与所消

耗燃料总热值的比值，单位为%，按下式计算：

$$BTE = \frac{3.6 \times 1000P_e}{m_{LRF} \times h_{LRF} + m_{HRF} \times h_{HRF}} \times 100\% \tag{3-5}$$

3.1.3 消除误差

为了保证试验的可靠性和结果的准确性，在试验前所有测试仪器都进行标定和校准。在稳态试验过程中，发动机测控系统和 AVL SES-AM i60 FT 多组份尾气排放分析仪每0.2 s采集一组数据，共采集20 s，取其平均值；燃烧分析仪记录210个循环的数据，取其平均值；AVL Micro Soot Sensor 483 微碳烟排放测试系统（采样频率5 kHz）持续测量30 s，取其平均值，试验结果除去无效值。瞬态试验过程中，发动机测试系统和排放仪持续测量；燃烧分析仪自动记录起动前10 s和后200个循环的数据。

3.2 发动机快速起动特性研究

3.2.1 试验方案

本次试验选用0号柴油作为燃料。试验过程中，采用原机24 V起动方式以及电力测功机的电机转速800 r/min、1000 r/min和1200 r/min拖动发动机。根据国家标准《汽车发动机性能试验方法》（GB/T 18297—2001）的规定，热机起动试验前，在40%~80%额定转速下运转。当冷却液温度达到（87.85 ±5）℃后，怠速10 s，停车10 min即可开始热车起动。在试验中，发动机水温为（85 ±2）℃。试验的主要内容为测量发动机燃烧特性和排放特性参数。高速拖动的设备为电力测功机，当达到设定的速度时断开驱动转为无负荷模式。

3.2.2 起动瞬态特性

图3-1为不同起动方式下的瞬时转速随时间的变化关系。从图3-1可以看出，随着拖动转速的升高，达到怠速的时间越长；拖动到怠速800 r/min起动时，发动机转速达到怠速转速的时间最短，约为1 s，但未达到稳定怠速。24 V原机起动与1000 r/min拖动起动时达到稳定怠速的时间基本相等。1200 r/min拖动起动时达到稳定怠速的时间最长，约为5 s。单从起动时间来看，800 r/min拖动起动是较好的起动方式。

3.2.3 拖动转速对燃烧特性的影响

3.2.3.1 缸压峰值

采用不同的拖动转速起动时的瞬态特性不同，瞬态特性的改变造成发动机起

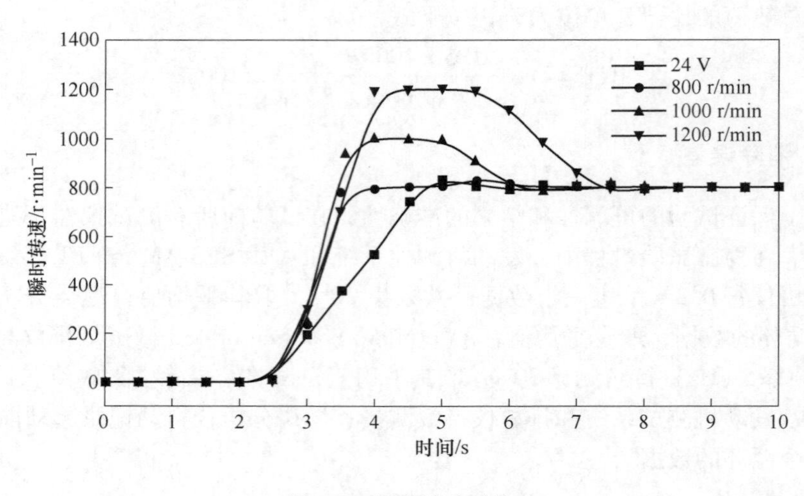

图 3-1 起动转速对比

动时的控制策略有所改变，进而导致燃烧的边界条件发生了变化，燃烧特性也发生改变。

缸内压力峰值是表征发动机缸内燃烧状况的重要参考指标，压力峰值越高，发动机的动力性能就越好，但是压力峰值过高会导致一系列严重的后果，影响发动机的性能、寿命和安全性，如活塞、曲轴或气门变形，燃油经济性下降，排放增加，发动机过热等问题。图 3-2 为不同拖动转速时起动过程中的各循环爆发压力峰值的对比曲线。从图 3-2 中可以看出，随着拖动转速的升高，使缸内压力峰值趋于稳定的循环数越多；随着循环数的增大，24 V 原机起动时，缸压峰值先

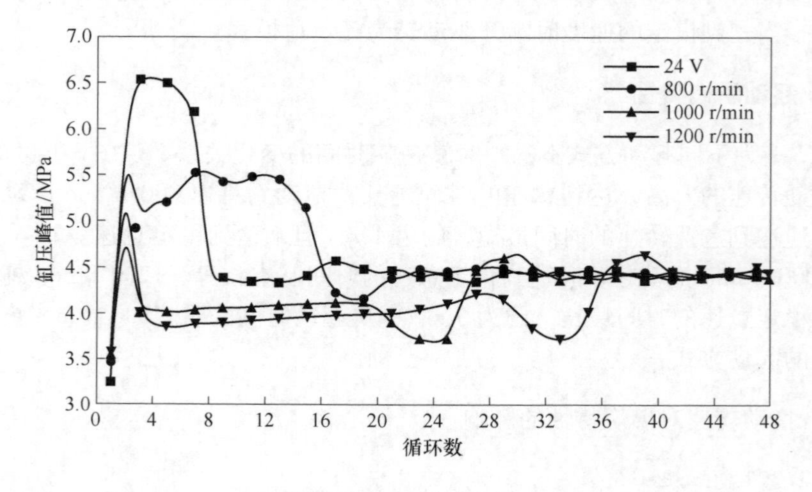

图 3-2 缸压峰值对比

升高后降低，然后在第 8 个循环的时候趋于稳定。800 r/min 拖动起动时，缸压峰值先升高后降低再升高，然后在第 23 循环的时候趋于稳定；1000 r/min 和 1200 r/min 拖动起动时，缸压峰值在第 2 循环的时候升高后迅速回落，分别在第 32 个循环和第 41 个循环的时候趋于稳定。主要是因为在第 2 循环的时候达到起动条件，开始喷油着火，着火后又因为转速迅速升高使其脱离着火条件，停止喷油，然后一直处于电机拖动但不燃烧的状态，这与原机发动机控制单元的起动策略有关，这也说明，混合动力柴油发动机与常规柴油发动机的控制策略是不同的，需要开发专门的混合动力柴油发动机控制系统。

高速起动的时候，缸压峰值都会有回落和超调的情况发生，主要是拖动电机脱开瞬间，负荷加大，喷油量不变，缸压峰值会瞬间降低，然后加大喷油量，缸压峰值增大，然后速度回调趋于稳定。缸内喷油量、进气量和发动机转速都会影响燃烧始点和燃烧放热率。

3.2.3.2 平均有效压力

平均有效压力的主要影响因素是缸内参与燃烧做功的工质的量。图 3-3 为平均有效压力随循环数的变化规律。由图 3-3 可以看出，随着拖动转速的升高，使平均有效压力趋于稳定的循环数越多。高速拖动起动时，在第 2 循环达到峰值，主要是此循环喷油量大，燃烧剧烈；1000 r/min 和 1200 r/min 拖动起动时，在第 3 循环开始停止喷油，发动机失火，电机拖动发动机运转，分别在第 24 循环和第 34 循环开始喷油，工质开始参与燃烧。怠速时平均有效压力均值在 0.15 MPa 左右。800 r/min 拖动起动时，从第 2 循环开始喷油，一直持续到稳定燃烧怠速工况。前 15 个循环波动较大，主要是因为喷油量不同。

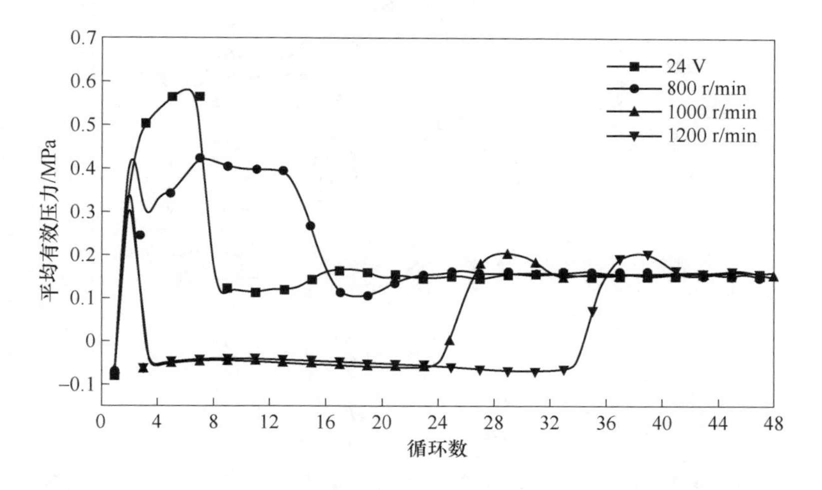

图 3-3 平均有效压力对比

3.2.4 拖动转速对排放特性的影响

发动机排气中的 CO 是烃燃料在燃烧过程中生成的中间产物，是燃油在气缸中不充分燃烧所致。由于柴油机具有燃油与空气混合不均匀的特性，其燃烧时总有局部缺氧和低温的区域，并且燃烧时间较短，导致不充分燃烧，从而生成 CO。

图 3-4 为不同拖动转速起动时 CO 排放随时间的变化曲线。由图 3-4 可以看出，随着拖动转速的升高，起动过程中的 CO 排放值降低，4 种起动策略的 CO 排放稳定值都是 135×10^{-6}，24 V 原机起动的 CO 排放峰值是 218×10^{-6}，800 r/min 拖动起动时的 CO 排放峰值是 202×10^{-6}，1000 r/min 和 1200 r/min 拖动起动过程中 CO 排放始终低于稳定值。主要原因是原机起动瞬态特性强，发动机需要通过加浓喷射来保证起动成功，起动早期混合气过浓，CO 排放增加。24 V 原机起动和 800 r/min 拖动起动时的 CO 排放值随着时间的变化先升高后降低，两者的变化规律一样，1000 r/min 和 1200 r/min 拖动时，CO 排放值随着时间的变化而升高，在第 5 s 的时候，突然升高，可能是由于此时对应的是起动后的第 2 个循环，由前述的燃烧特性可知，在第 2 循环的时候喷油着火，然后失火拖动，之后再喷油燃烧起动到达怠速。24 V 原机起动和 800 r/min 拖动起动过程中的 CO 排放量明显高于 1000 r/min 和 1200 r/min 拖动起动，且比怠速时的 CO 排放量高。当发动机进入稳定的怠速工况后，不同起动方式的发动机喷油量都是一样的，且进气质量也几乎一样（相对于早期都有所减少），因此 CO 排放量相近。

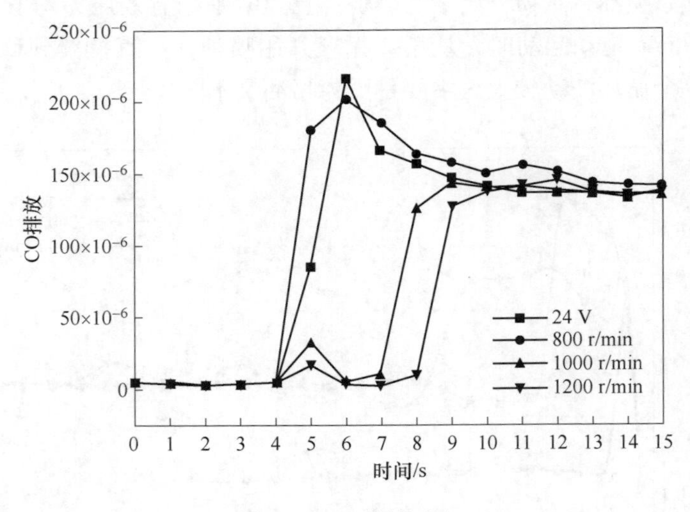

图 3-4 CO 排放对比

图 3-5 为不同拖动转速起动时 NO_x 排放随时间的变化曲线。由图 3-5 可知，随着拖动转速的升高，起动过程中的 NO_x 排放值降低，4 种起动策略的 NO_x 排放

稳定值都是 150×10^{-6}，原机 24 V 起动的 NO_x 排放峰值是 685×10^{-6}，800 r/min 拖动起动时 NO_x 排放峰值为 220×10^{-6}，降低 68%。1000 r/min 和 1200 r/min 拖动起动过程中 NO_x 排放始终低于稳定值。24 V 原机起动和 800 r/min 拖动起动时的 NO_x 排放值随着时间的变化先升高后降低然后趋于平稳，起动过程中的 NO_x 排放高于怠速时的排放值。1000 r/min 和 1200 r/min 拖动时，NO_x 排放值随着时间的变化而逐渐升高然后平稳变化，第 5 s 的时候升高，同样是因为第 2 循环喷油着火。

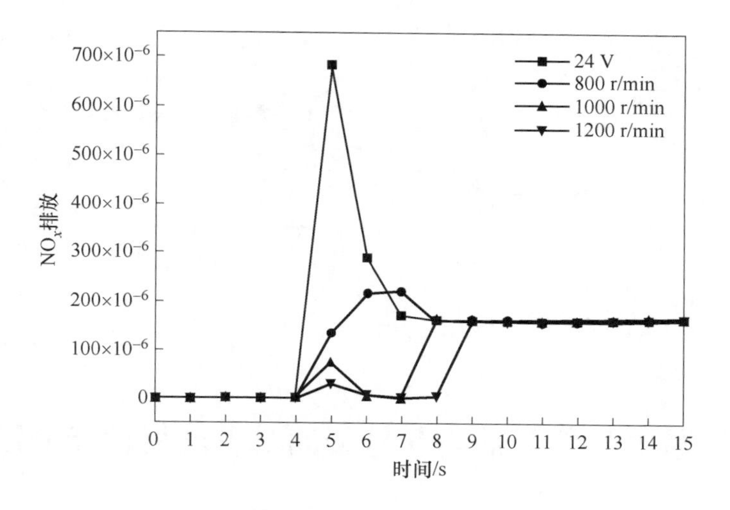

图 3-5 NO_x 排放对比

相比原机 24 V 起动，高速拖动起动的瞬态 NO_x 排放明显减少。其原因是 24 V 原机起动时需要缸内燃烧做功使得转速达到怠速，而高速拖动起动时不需要缸内燃烧做功。在起动初期，24 V 原机起动时缸内燃烧的混合气质量大，初期燃烧放热多，缸内温度高，产生较多的 NO_x 排放。当发动机达到稳定怠速工况后，缸内喷油量和进气量趋于稳定，NO_x 排放也趋于稳定。

颗粒物的主要成分是碳烟，碳烟主要是长碳链分子在特定环境下裂解形成的，产生碳烟的条件是高温缺氧的环境。

图 3-6 为不同拖动转速起动时碳烟排放随时间的变化曲线。由图 3-6 可以看出，随着拖动转速的升高，起动过程中的碳烟排放值降低，但降低幅度变小。随着时间的变化，碳烟排放先升高后降低然后趋于平缓。24 V 原机起动的碳烟排放峰值是 1.897 mg/m^3，800 r/min 拖动起动时的碳烟排放峰值是 0.999 mg/m^3，1000 r/min 拖动起动时的碳烟排放峰值是 0.444 mg/m^3，1200 r/min 拖动起动时的碳烟排放峰值是 0.198 mg/m^3，4 种起动策略的碳烟排放稳定值都在 0.423 mg/m^3 附近。相比原机 24 V 起动，800 r/min、1000 r/min 和 1200 r/min 起动过程中的

碳烟排放峰值分别降低 47%、77% 和 90%。这主要是因为 24 V 原机起动需要缸内燃烧做功来加速发动机起动。

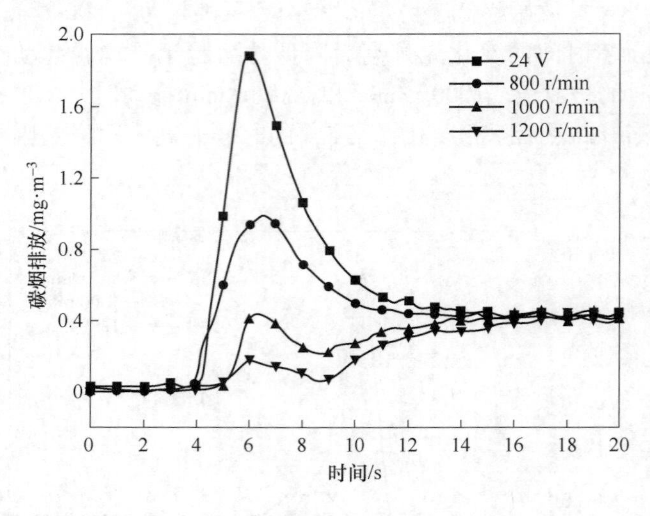

图 3-6 碳烟排放对比

3.3 燃用 F-T 柴油与 0 号柴油对发动机性能的影响

3.3.1 试验方案

试验所用的基础燃料包括 0 号柴油和 F-T 柴油。根据《汽车发动机性能试验方法》（GB/T 18297—2001），分别在稳态工况和瞬态工况进行试验。发动机的工作条件如表 3-2 所示。

表 3-2 发动机工作条件

转速 /r · min⁻¹	负荷/%	扭矩 /N · m	预喷时刻 /(°CA BTDC)	主喷时刻 /(°CA BTDC)	预喷脉宽 /μs	喷油压力 /MPa
2000	20	66	15.1	4.4	260	128
2000	40	132	17.2	5.5	256	135
2000	60	198	18.6	5.8	249	140
2000	80	264	20.8	6.4	248	150
2000	100	330	21.8	6.5	247	153

稳态工况分为外特性工况和 2000 r/min 负荷特性工况，负荷分别为 20%、40%、60%、80% 和 100%；瞬态工况为 800 r/min 拖动快速起动工况，其中快速

起动工况分为冷起动和热起动，冷起动时发动机水温为试验环境温度。发动机中冷恒温系统控制进气温度，冷后温度控制在（35 ±1）℃。涡轮增压器提供进气压力。试验期间的环境温度为（22 ±2）℃，发动机水温约为（80 ±2）℃。

3.3.2 燃烧特性分析

本节在 2000 r/min 转速 80% 负荷工况下对比分析 0 号柴油和 F-T 柴油的燃烧特性。图 3-7 为双喷策略下 0 号柴油和 F-T 柴油的燃烧特性对比。由图 3-7 可知，双喷策略下，相比燃用 0 号柴油，燃用 F-T 柴油时，其缸内压力和瞬时放热率有所提高，对应的燃烧相位提前。发动机的滞燃期缩短，CA50 提前，燃烧持续期延长。

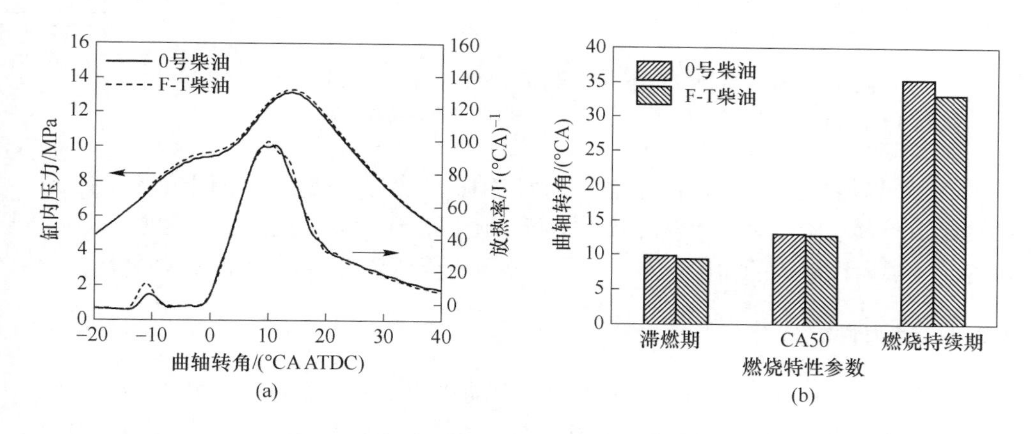

图 3-7 80% 负荷工况下 0 号柴油和 F-T 柴油燃烧特性对比（双喷）
（a）缸内压力及放热率；（b）燃烧特性参数

为了排除双喷策略下预喷对发动机燃烧特性的影响，进一步在单喷策略下分析燃料特性对发动机燃烧特性的影响。喷射时刻为上止点前 8.4° 曲轴转角（8.4°CA Before Top Dead Center，8.4°CA BTDC），喷油压力为 150 MPa。图 3-8 为单喷策略下 0 号柴油和 F-T 柴油的燃烧特性对比。由图 3-8（a）可知，单喷策略下，相比燃用 0 号柴油，燃用 F-T 柴油时，其缸内压力和瞬时放热率峰值有所降低，对应的燃烧相位延迟，原因在于正构直链烷烃是组成 F-T 柴油的主要成分，导致其十六烷值和 H/C 比较高，着火性能好，滞燃期短，预喷放热有所提前；另外，由于 F-T 柴油密度较小，同一工况下每循环需要的燃料减少，导致主喷阶段的缸内压力峰值和放热率略有降低。由图 3-8（b）可知，相比 0 号柴油，燃用 F-T 柴油时，滞燃期缩短，CA50 提前，燃烧持续期延长。主要是因为正构直链烷烃是组成 F-T 柴油的主要成分，其化学键相比环烷烃更容易断裂，导致其燃烧速度更快，同时 F-T 柴油的十六烷值高，燃烧的定容性较差，导致其燃烧持续期延长。

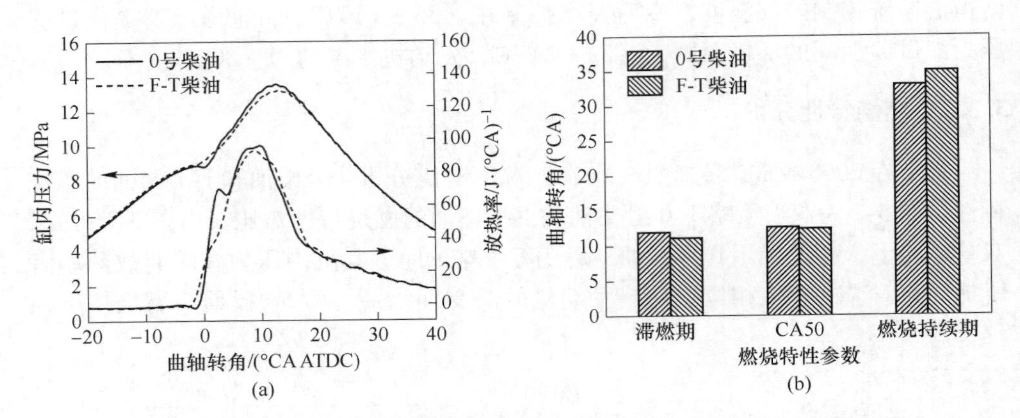

图 3-8　80% 负荷工况下 0 号柴油和 F-T 柴油燃烧特性对比（单喷）
（a）缸内压力及放热率；（b）燃烧特性参数

在不同喷油策略下，燃料理化性质对发动机的燃烧特性表现出不同的影响，这主要是由于预喷阶段对缸内燃烧状态进行了调控，预喷燃油提高了缸内燃烧温度，改变了主喷阶段燃烧的初始状态，单喷策略下更能体现出 F-T 柴油的燃烧特性。

3.3.3　动力性能分析

图 3-9 为燃用 0 号柴油和 F-T 柴油时发动机的动力性能对比。由图 3-9 可知，外特性工况下，相比 0 号柴油，燃用 F-T 柴油时其扭矩更高，动力性更好，功率略高。这主要是因为 F-T 柴油的低热值比 0 号柴油略高，外特性工况下，油门全开，相同的燃料注入量可以释放更多的能量。动力性没降反增，这也说明 F-T 柴油作为 0 号柴油的替代燃油是具有一定优势的，不需要牺牲发动机的动力性能。

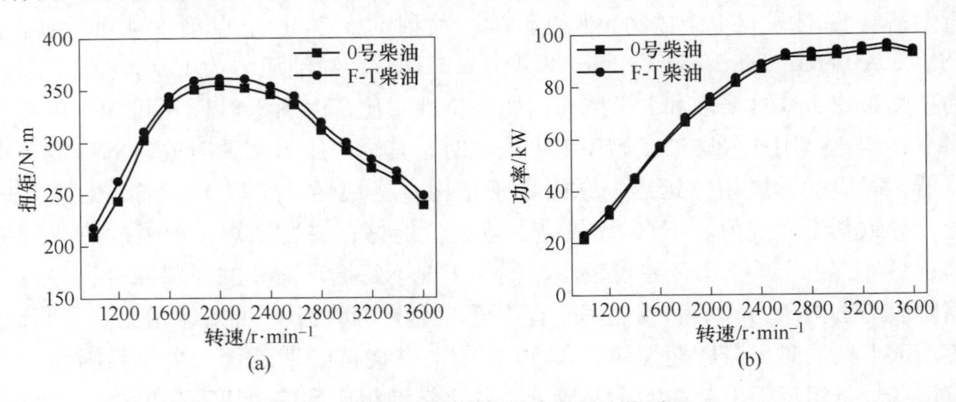

图 3-9　0 号柴油和 F-T 柴油动力性能对比
（a）扭矩；（b）功率

3.3.4 经济性能分析

图 3-10 为燃用 0 号柴油和 F-T 柴油时发动机的有效燃油消耗率对比。由图 3-10（a）可知，在外特性工况下，相比燃用 0 号柴油，燃用 F-T 柴油时，发动机的有效燃油消耗率降低。由图 3-10（b）可知，在负荷特性工况下，相比燃油 0% 柴油，燃用 F-T 柴油时在低负荷工况下相差不大，在中高负荷下，F-T 柴油的有效燃油消耗率减小。这主要是因为 F-T 柴油具有较高的十六烷值和较低的蒸发温度，这可以改善燃烧过程。此外，F-T 柴油的低热值比 0 号柴油略高，因此它以较少的燃料注入量释放更多的能量，以达到指定工况。在高负荷工况下，F-T 柴油的节油性能更强。

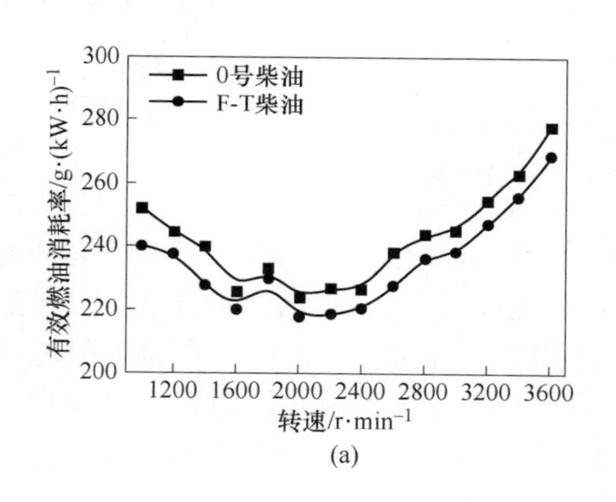

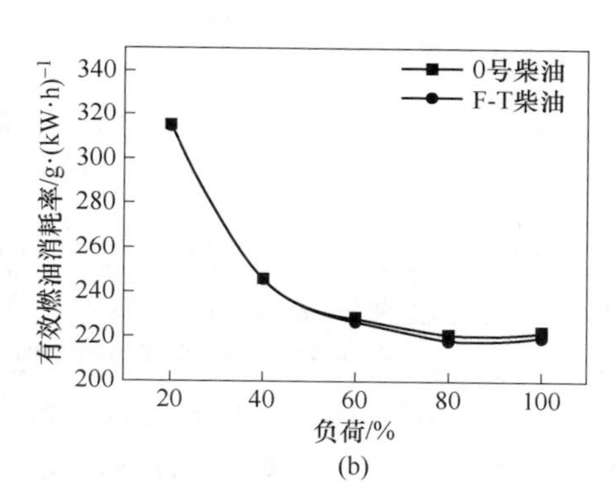

图 3-10 0 号柴油和 F-T 柴油有效燃油消耗率对比
（a）外特性；（b）负荷特性

3.3.5 排放特性分析

图 3-11 为燃用 0 号柴油和 F-T 柴油时发动机的 CO 排放对比。由图 3-11（a）可知，稳态工况下，随着负荷的增加，CO 排放降低。相比燃用 0 号柴油，燃用 F-T 柴油时，CO 排放明显降低。F-T 柴油的终溜温度较低，燃油蒸发较快，从而减少过浓混合区的形成，芳香烃含量低，燃烧更完全也促使 CO 降低。同时由于其低热值较高，相同转速的相同负荷率下喷油量较少，过量空气系数大，从而缸内燃烧更加充分，使更多的 CO 转化为 CO_2；另外，F-T 柴油具有较高的十六烷值，着火性能好，易于自燃，滞燃期短，也可降低柴油机的 CO 排放量，所以 CO 排放较低。

由图 3-11（b）可知，冷起动工况下，CO 排放对燃油的理化特性较为敏感，相比燃用 0 号柴油，燃用 F-T 柴油时，起动过程中 CO 排放峰值降低 50.9%。这是因为 0 号柴油的黏度较 F-T 柴油高，雾化性能较差，浓度较大的区域较多，此区域的 CO 氧化不完全。热起动工况下，相比燃用 0 号柴油，燃用 F-T 柴油时，CO 排放峰值降低 57.0%。

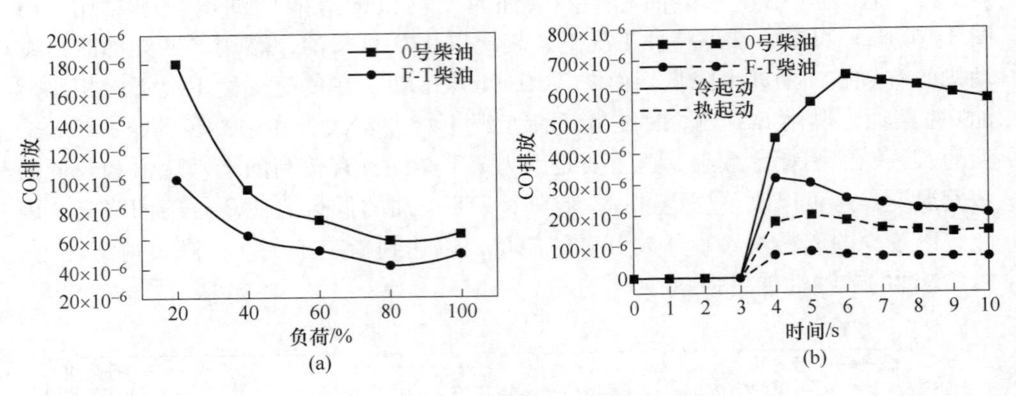

图 3-11 0 号柴油和 F-T 柴油 CO 排放对比

（a）稳态工况；（b）瞬态工况

相比热起动方式，冷起动方式 CO 排放量增大 3 倍。这主要是因为冷起动的时候阻力矩较大，发动机过浓喷射，且缸内温度较低，导致燃料不能完全燃烧，生成不完全氧化物 CO。无论在冷或热起动工况，起动过程中的 CO 排放值随时间的变化趋势一样，都是先升高后降低，过程中的 CO 排放量均高于怠速稳定值，主要原因是起动瞬态特性强，发动机需要通过加浓喷射来保证加速成功，起动早期混合气过浓，CO 排放增加。

图 3-12 为燃用 0 号柴油和 F-T 柴油时发动机的 NO_x 排放对比。图 3-12（a）可知，稳态工况下，随着负荷的增加，NO_x 排放增大。这是因为负荷越大喷油量越多，燃烧不充分，高温富氧环境导致的。相比燃用 0 号柴油，燃用 F-T 柴油

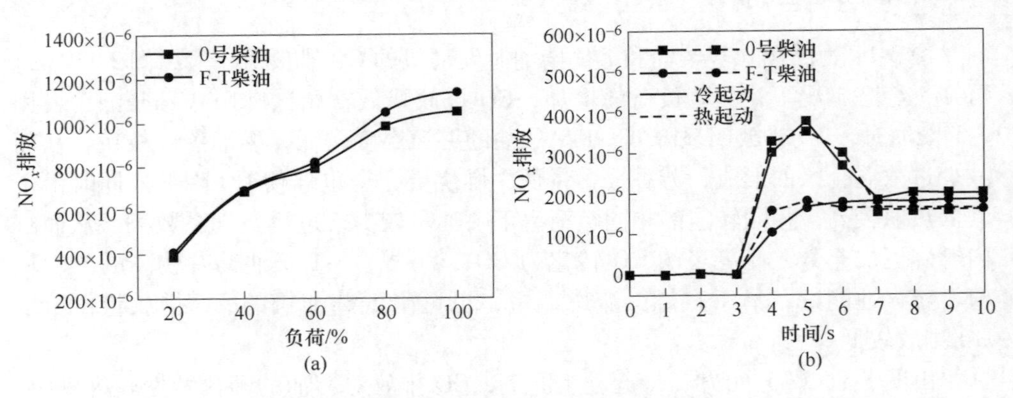

图 3-12 0 号柴油和 F-T 柴油 NO_x 排放对比

（a）稳态工况；（b）瞬态工况

时，NO_x 排放有所增加，并且随着负荷的增大，增幅越明显。双喷策略下，由于预喷的影响，F-T 柴油十六烷值较高易着火，从而提高了缸内燃烧温度，促进了 NO_x 排放的生成。

由图 3-12（b）可知，冷机起动工况下，相比燃用 0 号柴油，燃用 F-T 柴油时，NO_x 排放峰值降低 55.0%。这是因为 F-T 柴油的十六烷值比 0 号柴油高，燃用 F-T 柴油时，发动机的滞燃期缩短，缸内燃烧温度降低，所以发动机的 NO_x 排放量较小。热机快速起动工况下，相比燃用 0 号柴油，燃用 F-T 柴油时，NO_x 排放峰值降低 48.6%。

相比热起动，冷起动过程中 NO_x 排放峰值相差不大，热起动时 NO_x 排放略大于冷起动，这主要是因为热起动过程中为 NO_x 的生成提供的高温富氧的环境。

图 3-13 为燃用 0 号柴油和 F-T 柴油时发动机的碳烟排放对比。由图 3-13（a）可知，稳态工况下，随着负荷的增加，0 号柴油的碳烟排放增加，而 F-T 柴油则呈现减少的趋势。相比燃用 0 号柴油，燃用 F-T 柴油时，碳烟排放大幅降低。决定碳烟排放的主要因素之一是十六烷值。0 号柴油的十六烷值较低，滞燃期较长，缸内可燃混合气较多，导致有些区域无法完全燃烧；另外，0 号柴油的密度较高，有时会形成过度供油的情况，导致碳烟排放增加，而 F-T 柴油的十六烷值高，扩散燃烧速度快，碳烟排放少；此外，碳烟排放与燃料的 C/H 值以及硫和芳香烃质量分数也有关，而 F-T 柴油的这些数值均较低。

由图 3-13（b）可知，冷起动工况下，相比燃用 0 号柴油，燃用 F-T 柴油时，起动过程中碳烟排放峰值增大 9.1%。热起动工况下，相比燃用 0 号柴油，燃用 F-T 柴油时起动过程中碳烟排放峰值减小 24.8%。

相比热起动，冷起动过程中碳烟排放峰值明显增大。这主要是因为热起动过程中缸内喷油量较少，缸内燃空混合气与燃烧质量较好。碳烟排放随着时间先升高后降低然后趋于平缓。

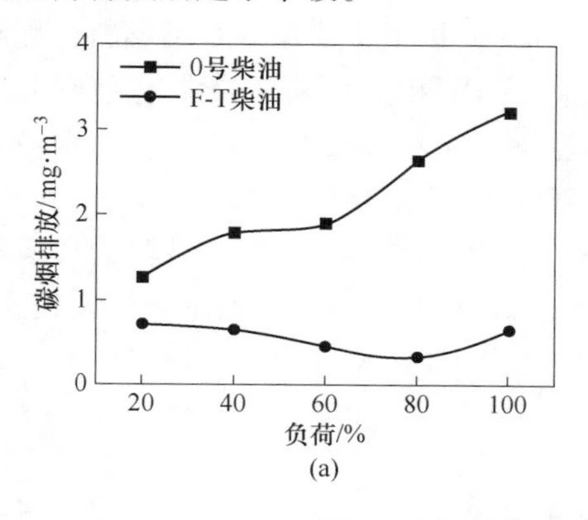

(a)

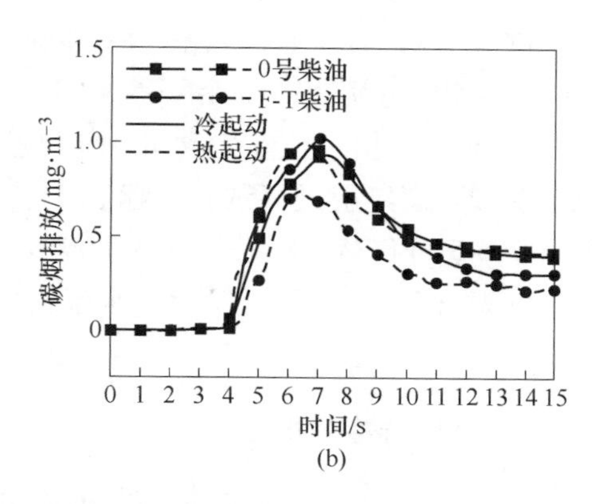

(b)

图 3-13 0 号柴油和 F-T 柴油碳烟排放对比

（a）稳态工况；（b）瞬态工况

图 3-14 为燃用 0 号柴油和 F-T 柴油时发动机的 CO_2 排放对比。由图 3-14 可知，随着负荷的增加，燃用 0 号柴油和 F-T 柴油时发动机的 CO_2 排放变化规律一致，都随着负荷的增大而增大。这是因为当负荷增大，参与燃烧的燃料变多，同时，高负荷下发动机燃烧状态有所改善，燃料燃烧更加完全，终产物 CO_2 相应增加。相比燃用 0 号柴油，燃用 F-T 柴油时，CO_2 排放减小，并且随着负荷的增大，减幅越明显。这主要是因为 F-T 柴油的氢碳比是 2.15，而 0 号柴油的氢碳比是 1.85，F-T 柴油具有较高的氢碳比，可在一定程度上降低 CO_2 排放，另外可能与 F-T 柴油具有较高的燃烧效率有关。

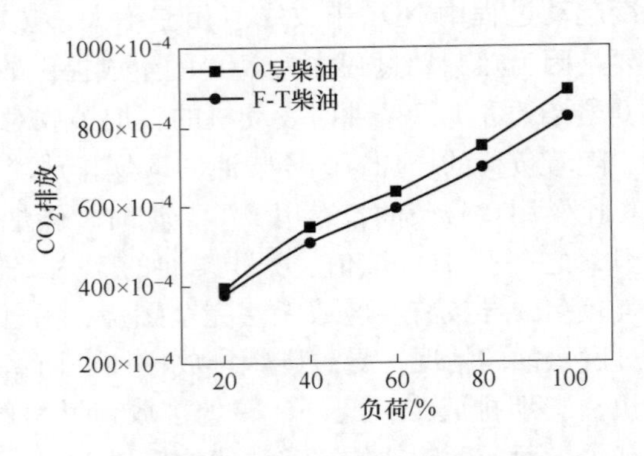

图 3-14　0 号柴油和 F-T 柴油 CO_2 排放对比

3.4　掺混高活性含氧燃料对发动机性能的影响

3.4.1　试验方案

试验所用的基础燃料包括 F-T 柴油和 PODE。以 F-T 柴油为基础燃料，配制 PODE 体积比分别为 10% 和 20% 的 F-T 柴油/PODE 掺混燃料，分别记为 F90P10 和 F80P20。根据《汽车发动机性能试验方法》（GB/T 18297—2001），分别在稳态工况和瞬态工况进行试验，稳态工况为 2000 r/min，20%、40%、60%、80% 和 100% 5 个负荷，瞬态工况为 800 r/min 快速拖动热起动工况，试验的环境温度为室温（22 ± 2）℃，发动机水温为（80 ± 2）℃。发动机的工作条件如表 3-2 所示。

3.4.2　燃烧特性分析

本节在 2000 r/min 转速 80% 负荷工况研究 F-T 柴油/PODE 掺混燃料的燃烧特性，以探究其 PODE 比例对发动机燃烧的影响。

图3-15为掺混高活性含氧燃料对发动机燃烧特性的影响。从图3-15（a）中可以看出，相比燃用F-T柴油，随着PODE比例的增加，缸内压力峰值和放热率峰值逐渐降低。这主要是因为PODE燃料的热值较低，使得掺混燃料的热值降低，同一工况下，放热量减少；同时，PODE具有较高的十六烷值和含氧量，滞燃期短，预混快速燃烧，扩散燃烧减少，导致缸内压力峰值和放热率有所降低。

从图3-15（b）中可以看出，相比燃用F-T柴油，随着PODE比例的增加，CA05延迟，CA90提前，燃烧持续期缩短。主要原因在于PODE为含氧燃料，加快了缸内燃烧速度，致使预混燃烧和扩散燃烧时间都缩短，进而燃烧持续期缩短。

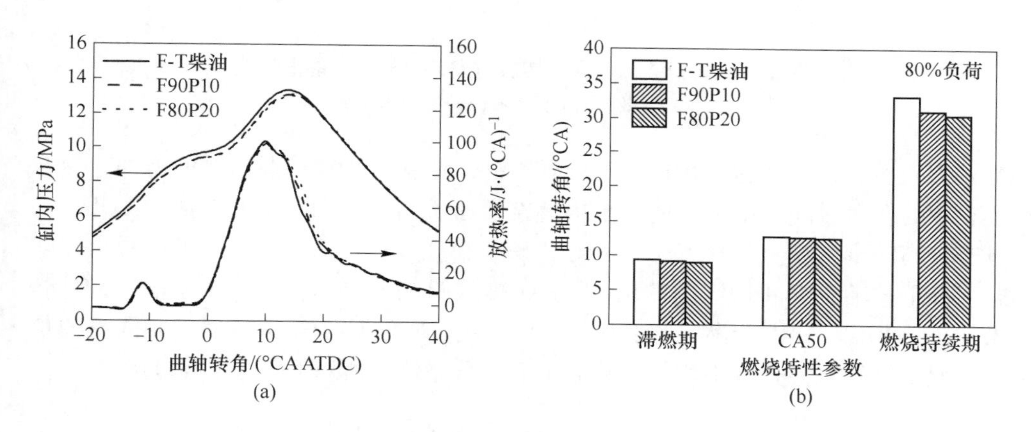

图3-15 掺混高活性含氧燃料对发动机燃烧特性的影响
（a）缸内压力及放热率；（b）燃烧特性参数

3.4.3 经济性能分析

图3-16为掺混高活性含氧燃料对发动机燃烧特性的影响。由图3-16可知，相比燃用F-T柴油，随着PODE比例的增加，发动机的有效燃油消耗率增加，有效热效率有所减小。这主要是因为PODE的低热值较低，掺混燃料的低热值减小导致需要更多的燃料来参与燃烧，所以有效燃油消耗率增大。随着负荷的增大，燃用3种燃料时的有效燃油消耗率都减小。

3.4.4 排放特性分析

图3-17为掺混高活性含氧燃料对发动机CO排放的影响。从图3-17（a）中可以看出，稳态工况下，CO排放随着负荷的增大呈现先降低后升高的趋势。在负荷较大时，由于氧浓度变低和喷油后期供油量的增加，反应时间变短，使得CO出现急剧增加的现象。随着PODE比例的增大，CO排放会减小，在大负荷工

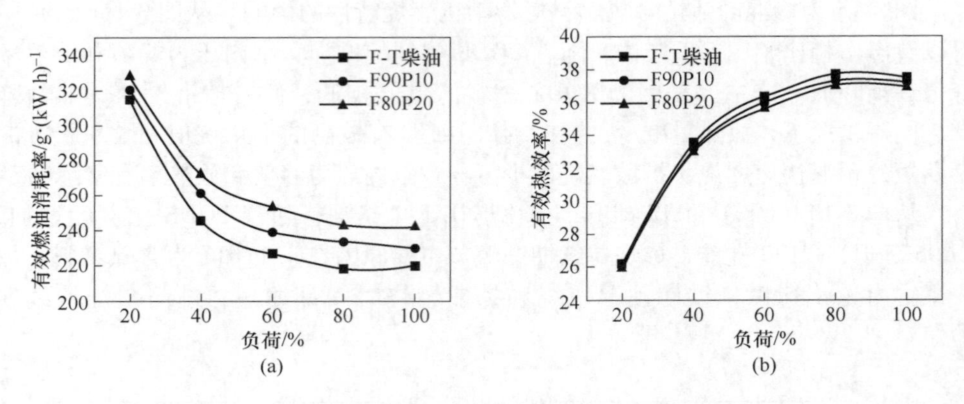

图 3-16　掺混高活性含氧燃料对发动机经济性能的影响
（a）有效燃油消耗率；（b）有效热效率

况较为明显。这是因为 PODE 属于含氧燃料，随着 PODE 掺混比例的增加，混合燃料中的含氧量随之增加，使得缸内燃烧更加充分；另外，F-T 柴油和 PODE 均具有较高的十六烷值，且着火性能好，易于自燃。从图 3-17（b）可以看出，瞬态工况下，随着 PODE 比例的增大，CO 排放量略微增大，这与稳态工况不同。添加了 PODE 后，混合燃料的低热值降低，起动过程属于过浓喷射，相同喷油量的情况下会导致混合气不均匀，从而不能充分燃烧，所以 CO 的排放量增多。

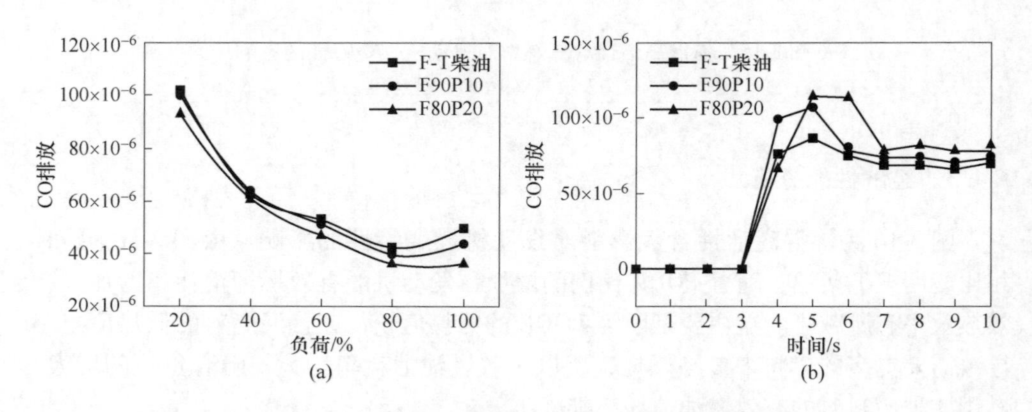

图 3-17　掺混高活性含氧燃料对发动机 CO 排放的影响
（a）稳态工况；（b）瞬态工况

图 3-18 为掺混高活性含氧燃料对发动机 NO_x 排放的影响。从图 3-18（a）可以看出，稳态工况下，随着负荷的增大，NO_x 排放量增大。这是因为随着负荷的增加，可燃混合气的平均空燃比减小，燃烧压力和温度都随之升高，而高温高压环境有利于 NO_x 的产生。同一负荷工况下，随着 PODE 比例的增大，NO_x 排放量

增大。由图 3-18（b）可以看出，瞬态工况下，随着 PODE 比例的增大，NO_x 排放量增大。NO_x 排放量增大的原因是 PODE 为含氧燃料，为 NO_x 的生成提供了富氧的环境。

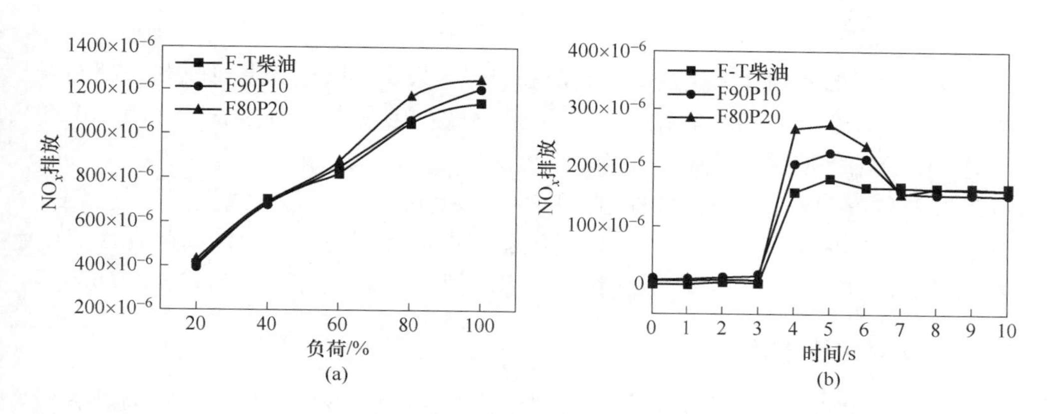

图 3-18 掺混高活性含氧燃料对发动机 NO_x 排放的影响

（a）稳态工况；（b）瞬态工况

图 3-19 为掺混高活性含氧燃料对发动机碳烟排放的影响。从图 3-19（a）可以看出，随着负荷的增大，碳烟排放先减小后升高。这是因为 100% 负荷时，温度过高，为裂解和脱氢创造了较好的环境。同一负荷工况下，随着 PODE 比例的增大，碳烟排放量减小。从图 3-19（b）可知，瞬态工况下，起动过程中，随着 PODE 比例的增大，碳烟排放峰值大幅减小，相比燃用 F-T 柴油，F90P10 和 F80P20 的碳烟排放峰值分别减小 69.9% 和 75.0%。这是因为 PODE 是含氧燃料，一些中间产物会被氧化。

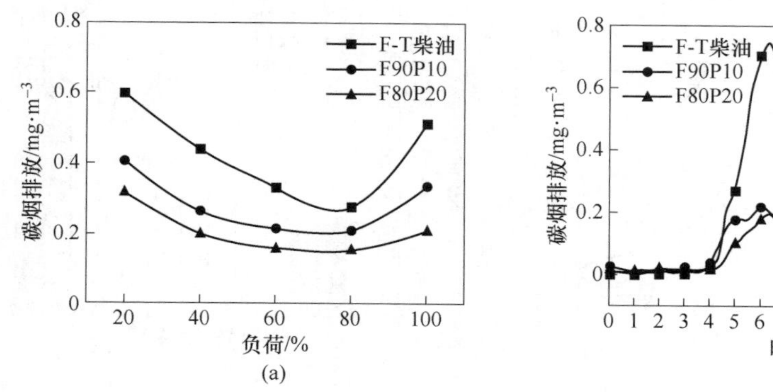

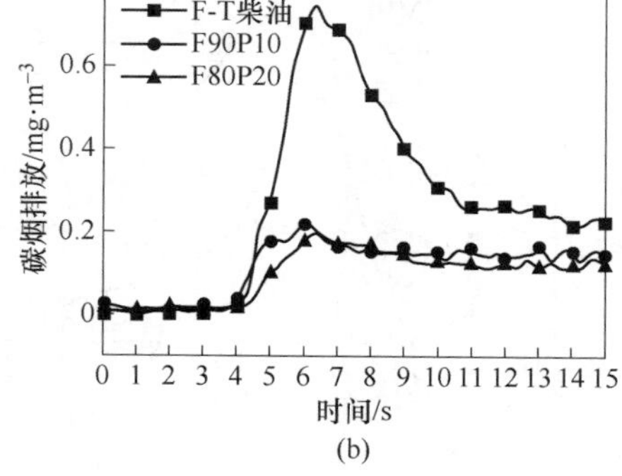

图 3-19 掺混高活性含氧燃料对发动机碳烟排放的影响

（a）稳态工况；（b）瞬态工况

3.5 掺混低活性含氧燃料对发动机性能的影响

3.5.1 试验方案

试验所用的基础燃料包括 F-T 柴油和甲醇。以 F-T 柴油为基础燃料，配制甲醇体积比分别为 10% 和 20% 的 F-T 柴油/甲醇掺混燃料，分别记为 F90M10 和 F80M20，助溶剂使用正癸醇，与甲醇比例为 1∶1。测试工况的转速为 2000 r/min，负荷为 20%、40%、60%、80% 和 100%。发动机中冷恒温系统控制进气温度，冷后温度控制在（35 ±1）℃。涡轮增压器提供进气压力。试验期间的环境温度为（22 ±2）℃，发动机水温为（80 ±2）℃。发动机的工作条件如表 3-2 所示。

3.5.2 燃烧特性分析

本节在 2000 r/min 转速 80% 负荷工况研究 F-T 柴油/甲醇掺混燃料的燃烧特性，以研究其甲醇比例对发动机燃烧的影响。

图 3-20 为掺混低活性含氧燃料对发动机燃烧特性的影响。从图 3-20（a）中可以看出，随着甲醇比例的增大，缸内压力和放热率峰值都有所降低。这主要是因为甲醇燃料的热值较低，使得掺混燃料的热值降低，同一工况下，放热量减少，同时甲醇具有较高的含氧量，预混快速燃烧，扩散燃烧减少，导致缸内压力峰值和放热率有所降低。从图 3-20（b）中可以看出，随着甲醇比例的增大，滞燃期和 CA50 基本不变，燃烧持续期减小。主要原因在于甲醇为含氧燃料，加快了缸内燃烧速度，致使预混燃烧和扩散燃烧时间都缩短，导致燃烧终点都有所提前，进而燃烧持续期缩短。

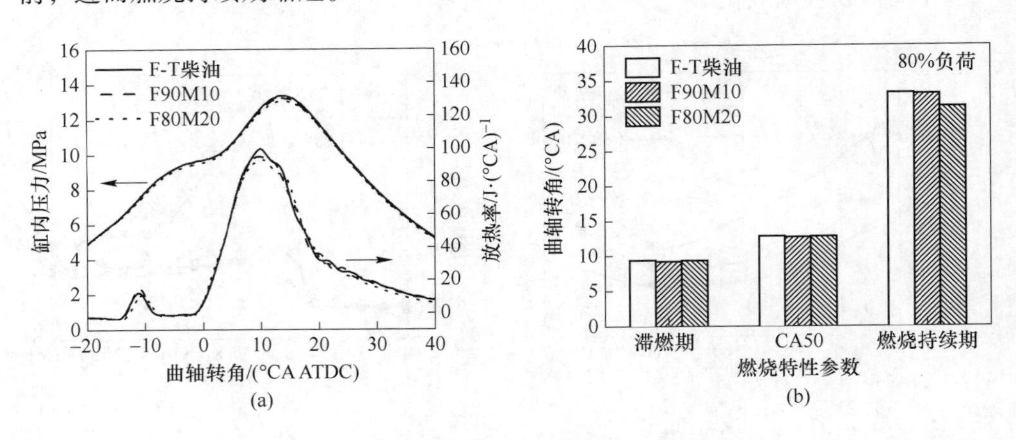

图 3-20 掺混低活性含氧燃料对发动机燃烧特性的影响

（a）缸内压力及放热率；（b）燃烧特性参数

3.5.3 经济性能分析

图 3-21 为掺混低活性含氧燃料对发动机经济性能的影响。由图 3-21 可知，随着负荷的增大，燃油消耗率降低，随着甲醇比例的增大，同一负荷工况下，燃油消耗率增加。这主要是因为燃油的低热值是影响燃油消耗率的主要因素，随着甲醇比例的增大，掺混燃料的低热值降低，所以燃油消耗率升高。

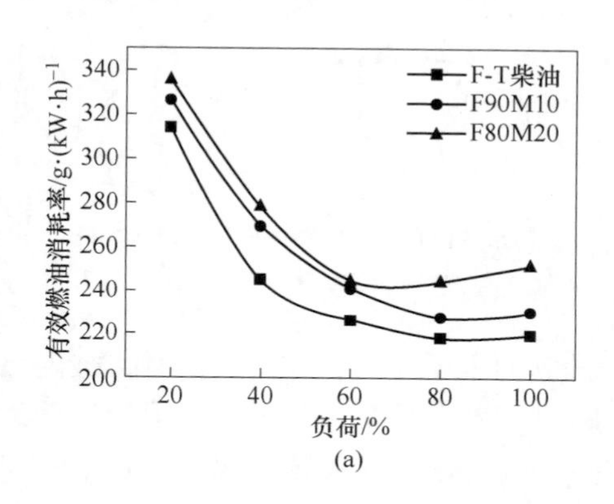

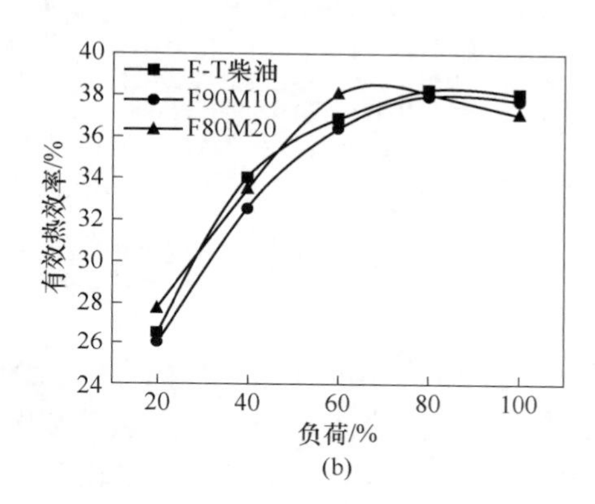

图 3-21 掺混低活性含氧燃料对发动机经济性能的影响

（a）有效燃油消耗率；（b）有效热效率

3.5.4 排放特性分析

图 3-22 为掺混低活性含氧燃料对发动机 CO 排放的影响。由图 3-22（a）可知，随着负荷的增大，CO 排放减小，随着甲醇比例的增大，在中低负荷时，CO 排放增大，在高负荷时，CO 排放有所减少。CO 排放的生成主要来源于燃料的不充分燃烧，与燃料的氧含量和缸内温度有密切的关系。当负荷增加时，缸内温度升高，燃烧充分，CO 氧化充分，导致 CO 排放减少。但在满负荷时，CO 排放有升高趋势是因为缸内温度过高时，会导致 CO_2 分解为 CO。低负荷工况时，由于缸内温度低，其掺混甲醇后十六烷值也有所降低，故不易着火，燃烧不充分，随着甲醇比例的增大，这种现象越明显。高负荷工况时，高温环境下促使含氧燃料发挥作用，使得缸内充分燃烧，CO 排放减少。由图 3-22（b）可知，瞬态工况下，随着甲醇比例的升高，起动过程中 CO 排放升高，这与低负荷工况下 CO 排放升高的原因一致。

图 3-23 为掺混低活性含氧燃料对发动机 NO_x 排放的影响。由图 3-23（a）可知，随着负荷的增大，NO_x 排放增大。这是因为随着负荷的增加，可燃混合气的平均空燃比减小，燃烧压力和温度都随之升高，而高温高压环境有利于 NO_x 的产生。随着甲醇比例的增大，在低负荷时，影响不大，在高负荷时会促进 NO_x 排放

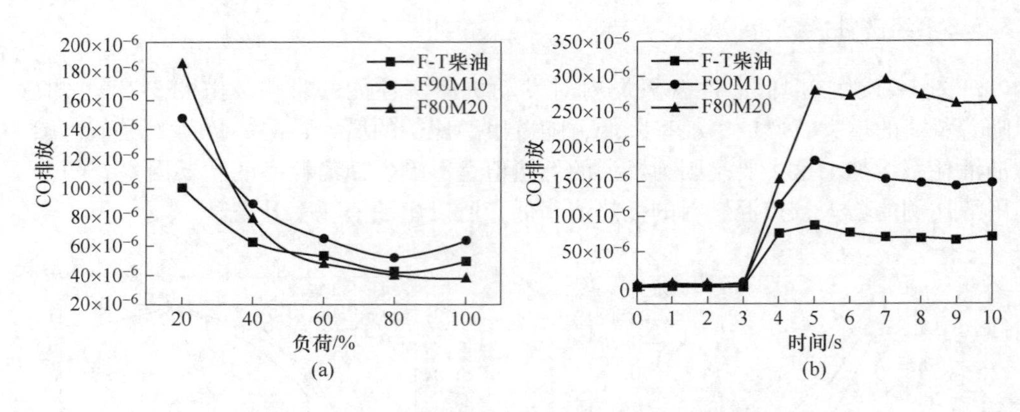

图 3-22　掺混低活性含氧燃料对发动机 CO 排放的影响

（a）稳态工况；（b）瞬态工况

的生成。缸内温度和富养环境是生成 NO_x 排放的主要原因，在低负荷时，缸内温度较低，温度占主导因素，受氧气浓度的影响不大，所以 NO_x 排放随甲醇比例的增大而变化不大。高负荷时，缸内温度较高，氧气浓度占主导因素，随着甲醇比例的增大，形成富氧环境，促进了 NO_x 排放的生成。由图 3-23（b）可知，随着甲醇比例的升高，起动过程中 NO_x 排放峰值增大，这主要是因为含氧燃料提供了富氧环境。

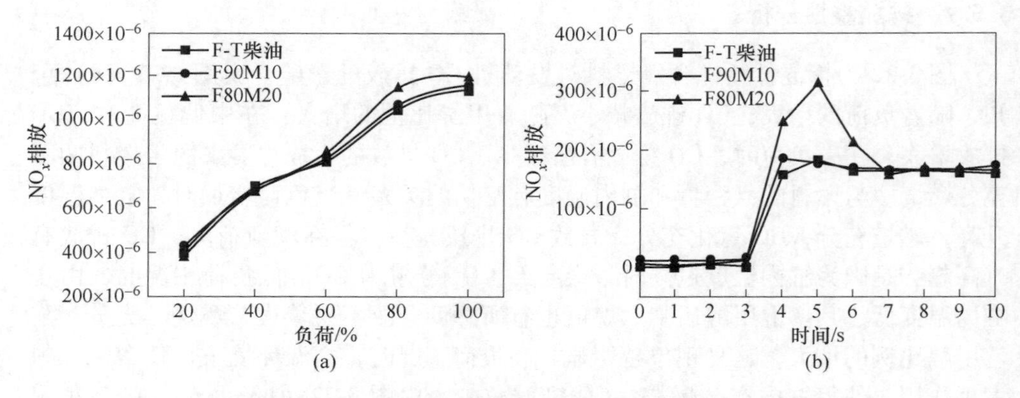

图 3-23　掺混低活性含氧燃料对发动机 NO_x 排放的影响

（a）稳态工况；（b）瞬态工况

图 3-24 为掺混低活性含氧燃料对发动机碳烟排放的影响。由图 3-24（a）可以看出，随着负荷的升高，碳烟排放先减少后增加。这是因为随着负荷的增大，缸内温度升高，燃烧状况变好，碳烟更容易完全燃烧，但在满负荷的时候，由于过浓喷射，导致部分缺氧，燃烧不充分，碳烟排放有所增加。随着甲醇比例的增

大，碳烟排放先升高后减小，这是因为甲醇是含氧燃料，能够充分燃烧，一些中间产物也会被氧化，所以随着甲醇掺混比例的增加，混合燃料的碳烟的排放量会随之降低。由图 3-24（b）可知，随着甲醇比例的增大，起动过程中发动机的碳烟排放大幅降低，相比燃用 F-T 柴油，燃用 F90M10 和 F80M20 时的碳烟排放峰值消失，极大地改善了发动机起动过程中的排放性能。

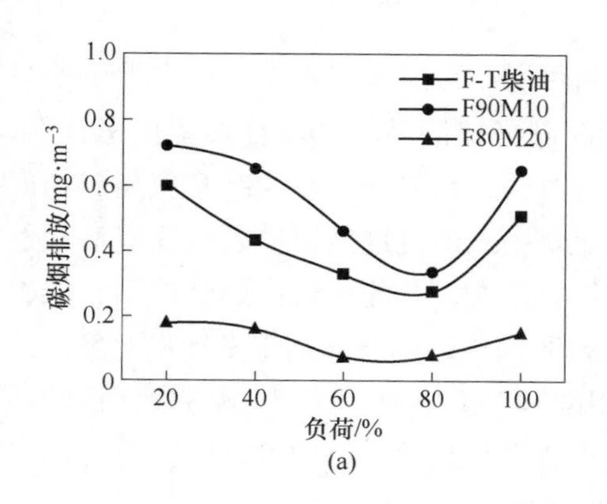

(a)

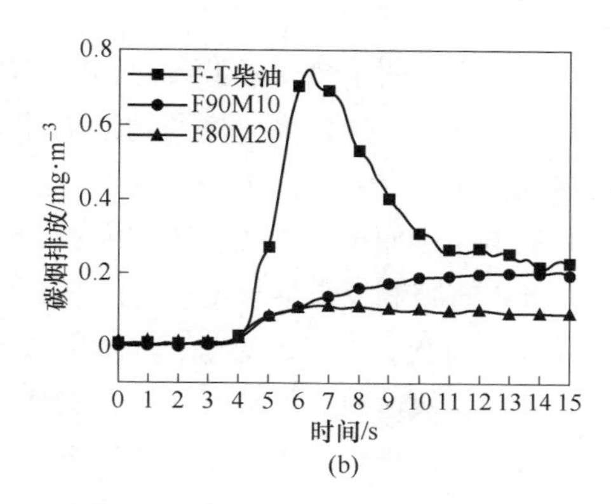

(b)

图 3-24　掺混低活性含氧燃料对发动机碳烟排放的影响
（a）稳态工况；（b）瞬态工况

4 油醇双燃料发动机特性

第3章证明了燃用F-T柴油和甲醇燃料可以改善发动机性能，但F-T柴油与甲醇难以互溶，须加高比例的助溶剂才能配制成掺混燃料，而且其替代率有限，内燃机行业专家学者们不断探寻不同的燃烧方式，旨在使二者的结合应用更加广泛，提出了诸如预混双燃料燃烧模式，该燃烧模式通过进气道喷射低反应活性燃料，缸内直喷高反应活性燃料，实现二者结合燃烧，其能实现高燃烧效率、低碳烟和 NO_x 排放。双燃料燃烧模式是将柴油燃料与甲醇结合应用于发动机并发挥各自优势的有效途径。本章对比研究柴油/甲醇和F-T柴油/甲醇双燃料发动机的性能，探索柴油机直接加装甲醇喷射系统实现双燃料高效燃烧的可行性，证明EGR耦合DOC在改善双燃料发动机性能方面的作用。

4.1 试验方法介绍

4.1.1 双燃料发动机

试验发动机原机为四缸电控高压共轨直喷柴油机。为了实现双燃料的燃烧模式，需要对原机的进气道、发动机控制单元和控制系统进行改造。具体方式是在进气歧管切向气道处安装4个甲醇喷射器，以实现多点顺序喷射甲醇，如图4-1所示。试验发动机的燃油喷射系统包括甲醇喷射系统和缸内直喷系统，其中甲醇喷射系统主要包括甲醇箱、甲醇泵、耐甲醇油管、甲醇质量流量计、甲醇分配管、甲醇压力表、甲醇喷射器。发动机通过昆明理工大学鼎擎科技的开源发动机控制单元进行喷油参数的控制，控制界面如图4-2所示。双燃料发动机台架示意图如图4-3所示，粗实线框内为双燃料发动机改装新增加的设备。

4.1.2 双燃料发动机主要工作指标定义

(1) 甲醇替代率（Methanol Substitution Rate，MSR）。

甲醇替代率是指在单位时间内循环喷入发动机缸内的甲醇所提供的热值与单位时间内总供油量热值之比。按式（4-1）计算。

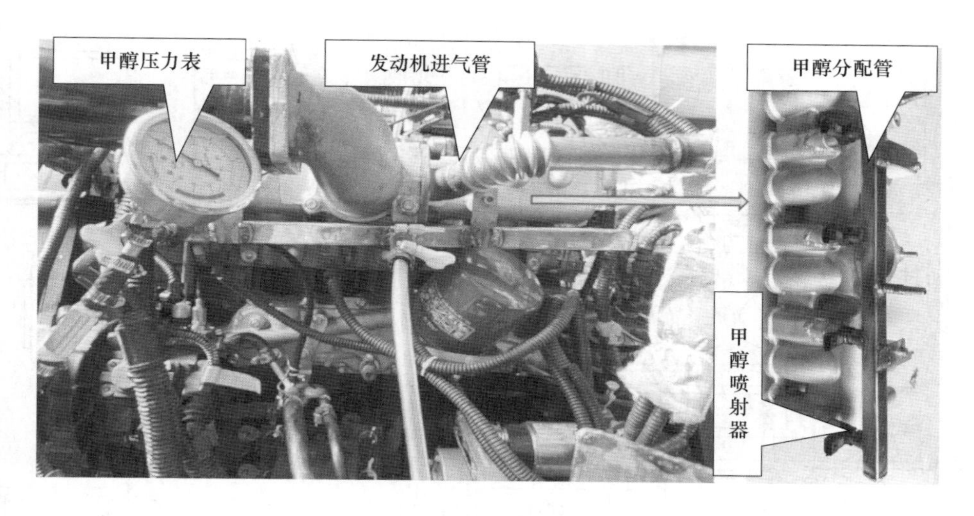

图 4-1 双燃料发动机

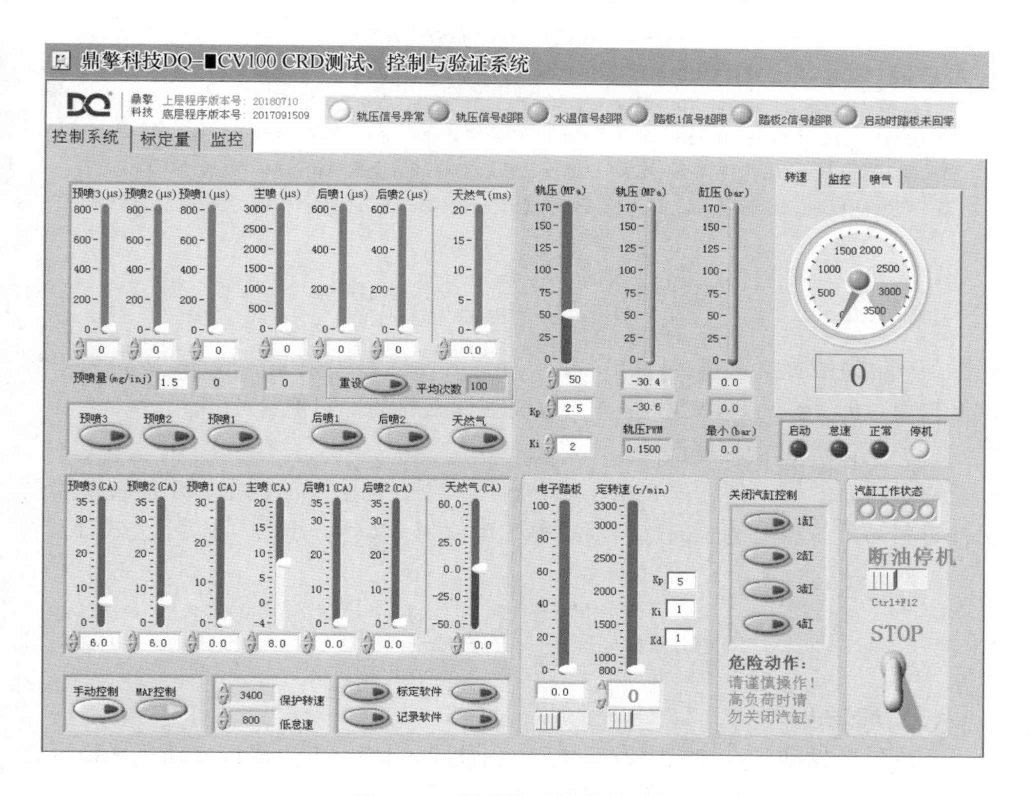

图 4-2 双燃料发动机控制系统

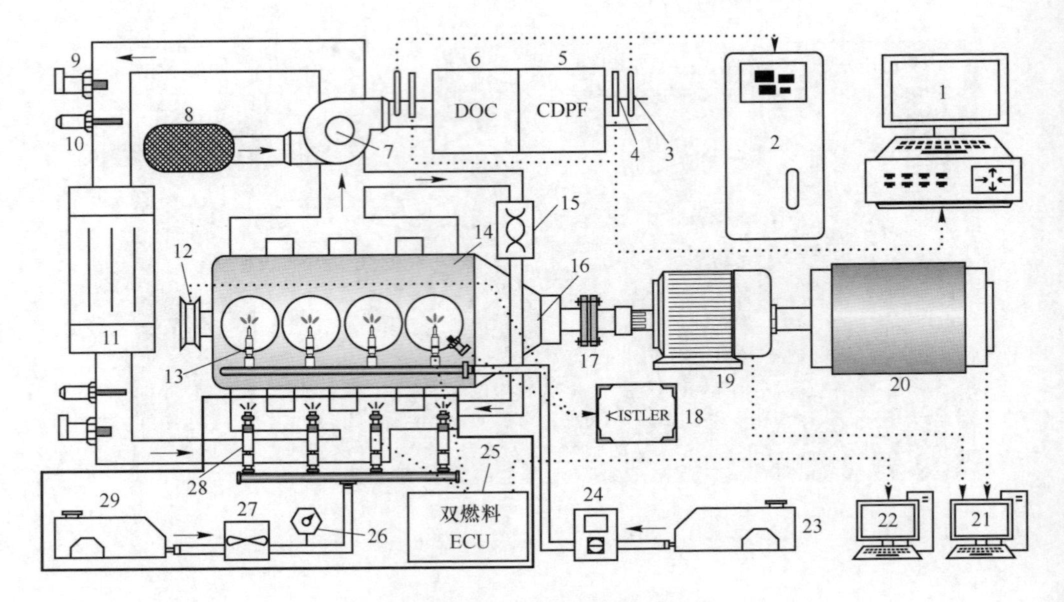

图 4-3　双燃料发动机台架示意图

1—AVL 483 烟度计；2—AVL i60 排放仪；3—i60 探头；4—483 探头；5—CDPF；6—DOC；7—涡轮增压；8—空气滤清；9—压力传感器；10—温度传感器；11—中冷器；12—光电编码器；13—高活性燃料喷嘴；14—双燃料发动机；15—EGR；16—液压离合器；17—联轴器；18—KiBOX 燃烧分析仪；19—ISG 电机；20—电力测功机；21—测控系统；22—ECU 上位机；23—高活性燃料箱；24—高活性燃料流量计；25—双燃料 ECU；26—调压阀；27—低活性燃料流量计；28—低活性燃料喷嘴；29—低活性燃料箱

$$\mathrm{MSR} = \frac{m_{\mathrm{LRF}} h_{\mathrm{LRF}}}{m_{\mathrm{LRF}} h_{\mathrm{LRF}} + m_{\mathrm{HRF}} h_{\mathrm{HRF}}} \times 100\% \tag{4-1}$$

式中，m_{LRF}为甲醇喷射量，kg/h；m_{HRF}为高活性燃料喷射量，kg/h；h_{LRF}为甲醇的低热值，$h_{\mathrm{LRF}} = 19.89$ MJ/kg；h_{HRF}为高活性燃料的低热值，MJ/kg。

（2）有效燃油消耗率。

双燃料有效燃油消耗率表示在双燃料模式下，把甲醇消耗率等热值转换为高活性燃料后计算得出的总的燃料消耗率，单位为 g/(kW · h)，用以下公式计算：

$$\mathrm{BSFC} = \frac{m_{\mathrm{HRF}} + \dfrac{h_{\mathrm{LRF}}}{h_{\mathrm{HRF}}} + {}_{\mathrm{LRF}}}{P_{\mathrm{e}}} \times 10^{3} \tag{4-2}$$

（3）燃烧边界。

根据试验发动机设计极限及双燃料发动机燃烧特点，为保证发动机平稳可靠运行，本章设定以下双燃料发动机燃烧控制边界：

1）$p_{\max}$（最大缸内压力）≤16 MPa；

2）R_{max}（最大压力升高率）≤1.5 MPa/（°CA）；

3）COV_{IMEP}（平均有效压力的循环变动率）≤10%。

4.2　柴油/甲醇和 F-T 柴油/甲醇双燃料发动机性能对比研究

4.2.1　试验方案

在台架测试中，测功机被设置为恒定扭矩模式，双燃料模式时，在注入甲醇后，相应的高活性燃料（0 号柴油和 F-T 柴油）减少。测试工况为 2000 r/min 转速的25%和75%负荷，甲醇替代率为0%、10%、20%、30%和40%。甲醇由进气道喷射系统喷射，柴油和 F-T 柴油由缸内直接喷射系统喷射。进气道喷射系统的喷射压力通过泄压阀保持在 0.35 MPa，喷射时刻为 270°CA BTDC。在 25%负荷和 75%负荷下，缸内直喷压力分别为 130 MPa 和 145 MPa。在 25%的负荷下，柴油/甲醇和 F-T 柴油/甲醇双燃料模式的喷油正时分别保持在 10°CA BTDC 和 8°CA BTDC，以确保两种模式的放热重心 CA50 大致相同。在 75%的负荷下，柴油/甲醇和 F-T 柴油/甲醇双燃料模式，喷油正时被保持在 8°CA BTDC。发动机中冷恒温系统控制进气温度，冷后温度控制在（35 ±1）℃。涡轮增压器提供进气压力。试验期间的环境温度约为 22 ℃，发动机水温约为 80 ℃。图 4-4 显示了喷射策略，表 4-1 列出了发动机的工作条件。

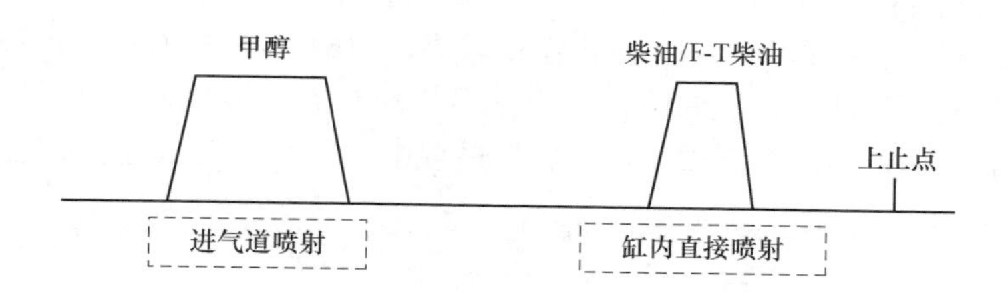

图 4-4　台架试验喷射策略

表 4-1　台架试验发动机运行工况

项　目	数　值			
发动机转速/r·min⁻¹	2000			
负荷/%	25	75	25	75
直接喷射燃料	柴油		F-T 柴油	
进气道喷射燃料	甲醇			
甲醇替代率/%	0，10，20，30，40			

续表 4-1

项　目	数　值			
直接喷射压力/MPa	130	145	130	145
进气道喷射压力/MPa	0. 35	0. 35	0. 35	0. 35
进气道喷射时刻/(°CA BTDC)	270	270	270	270
直接喷射时刻/(°CA BTDC)	10	8	8	8

4. 2. 2　燃烧特性对比

图 4-5 为不同负荷下甲醇替代率对柴油/甲醇和 F-T 柴油/甲醇双燃料燃烧的缸内压力和放热率的影响。25% 负荷时，如图 4-5（a）（b）所示，随着甲醇替代率的提高，柴油/甲醇模式的放热率和缸内压力峰值都有所下降。然而，在 F-T 柴油/甲醇模式中，缸内压力峰值的变化不是很明显，但放热率峰值会增加。无论哪种模式，其放热率都呈现单峰模式。在低负荷情况下，甲醇喷入进气道，会发生汽化吸热反应，进气温度和缸内温度降低，从而延长滞燃期并导致放热滞后[166]。随着甲醇替代率的提高，这种情况会加剧，从而导致缸内压力的下降。

75% 负荷时，如图 4-5（c）（d）所示，随着甲醇替代率的增加，无论是柴油/甲醇模式还是 F-T 柴油/甲醇模式，缸内压力峰值和放热率峰值都会增加，这一趋势不可避免。柴油/甲醇模式的放热率随着甲醇替代率的增加，由双峰转化为单峰，而 F-T 柴油/甲醇模式的放热率则一直呈现双峰模式。甲醇替代率对 F-T 柴油/甲醇模式的第一峰值影响较大，在甲醇替代率为 30% 和 40% 时，第一峰值会大于第二峰值。在高负荷下，缸内温度较高，甲醇的高含氧量和快速燃烧特性得到了充分发挥。同时，缸内的预混合气呈均质状态，燃烧速度快[167]。随着甲醇替代率的增加，预混燃烧量增加，燃烧过程中达到的最大压力也随之升高。

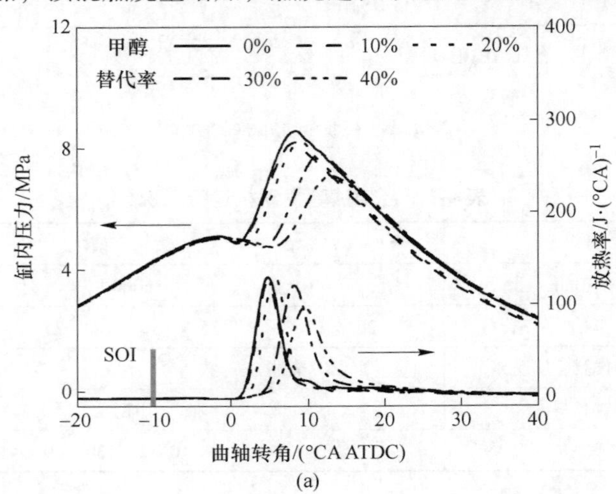

(a)

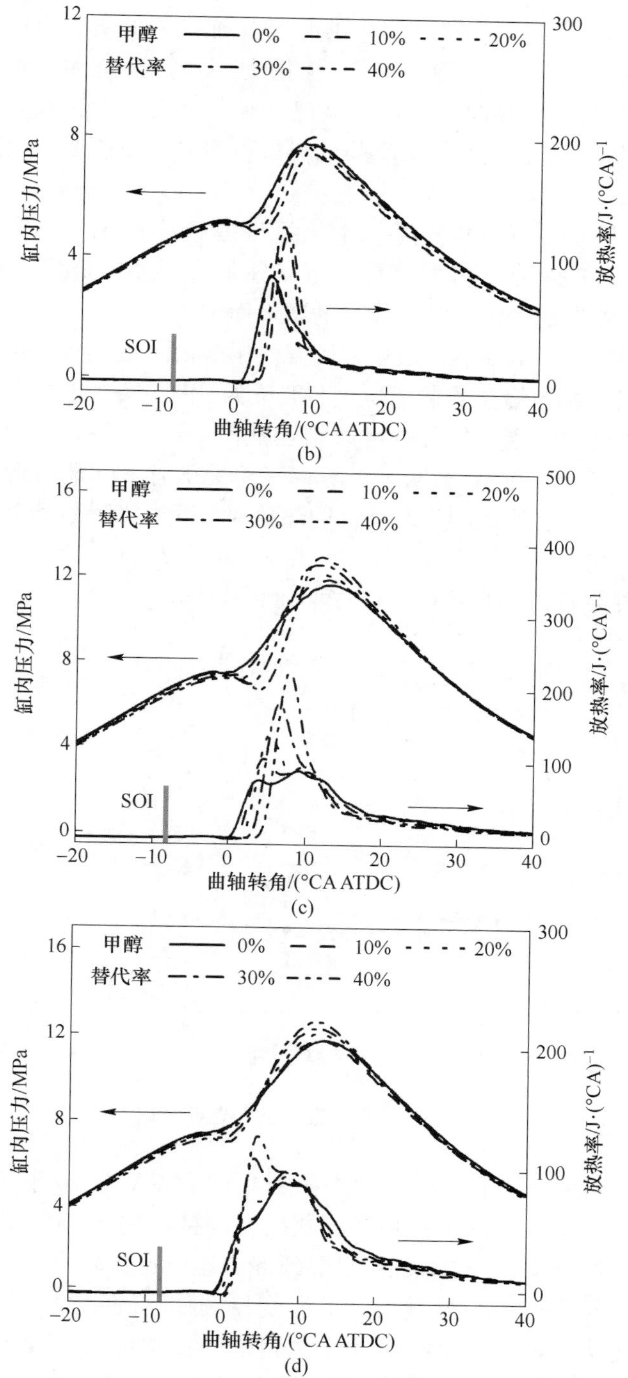

图 4-5　不同工况下的缸内压力和放热率对比

（a）25%负荷，柴油；（b）25%负荷，F-T 柴油；（c）75%负荷，柴油；（d）75%负荷，F-T 柴油

瞬时放热率曲线的第一个峰是由早期阶段柴油或 F-T 柴油的预混合燃烧和甲醇火焰传播形成的，第二个峰是由燃烧后期阶段的扩散燃烧和甲醇多点自燃形成的[168]。预混合燃烧比例高时，放热率呈现单峰。反之，放热率呈现双峰。这是因为预混合比例较高时，其与扩散燃烧的界限不明显，而预混合燃烧比例与滞燃期成正比。

图 4-6 为不同负荷下甲醇替代率对柴油/甲醇和 F-T 柴油/甲醇双燃料燃烧的滞燃期的影响。F-T 柴油/甲醇的滞燃期在 25% 负荷和 75% 负荷下都低于柴油/甲醇。两种模式的滞燃期均随甲醇替代率的增大而增大，随负荷的增大而减小。燃料理化特性和温度是影响滞燃期的主要因素。甲醇汽化潜热大，可以降低缸内初始温度，抑制双燃料燃烧模式的着火。F-T 柴油/甲醇双燃料的十六烷值大，燃料理化特性和温度对滞燃期的影响可以相互抵消一部分。所以相比 F-T 柴油/甲醇模式，柴油/甲醇模式的滞燃期对甲醇替代率更敏感。随着负荷增大，两种模式的滞燃期都会缩短。这是因为发动机的热负荷会变大，导致初始温度升高。在甲醇与空气预混合气以及热空气氛围中，柴油和 F-T 柴油的滞燃期也会相应地缩短，同时甲醇对柴油和 F-T 柴油的着火抑制作用减弱。

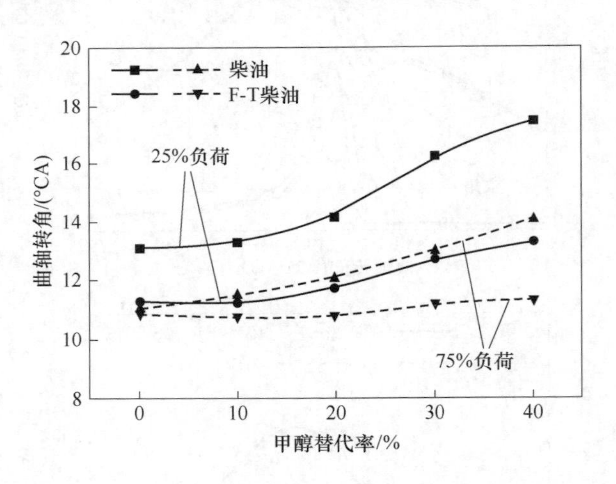

图 4-6　不同工况下的滞燃期对比

图 4-7 为不同负荷下甲醇替代率对柴油/甲醇和 F-T 柴油/甲醇双燃料燃烧模式燃烧持续期的影响。F-T 柴油/甲醇模式的燃烧持续期在 25% 负荷和 75% 负荷下都大于柴油/甲醇模式。F-T 柴油/甲醇预混合燃烧比例较小和扩散燃烧比例较大导致其燃烧持续期延长。两种模式的燃烧持续期均随甲醇替代率的增大而减小，随负荷的增大而增大。随着使用甲醇替代率的增加，实际柴油或 F-T 柴油的喷射量相应减少，导致双燃料的燃烧预混合量增加，从而加速了燃烧速度，缩短了燃烧持续期。

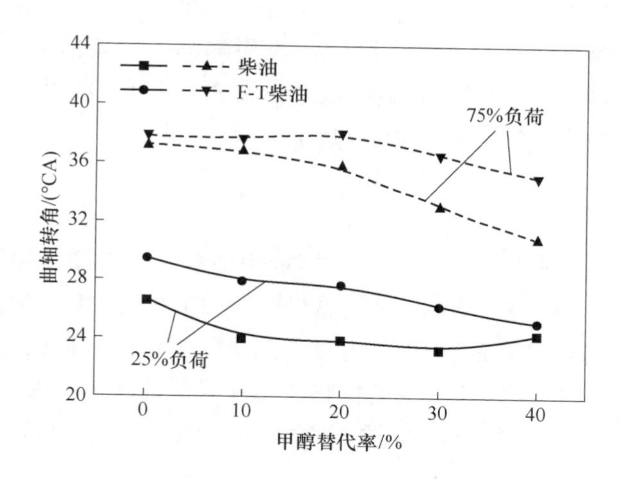

图 4-7 不同工况下的燃烧持续期比

图 4-8 为不同负荷下甲醇替代率对柴油/甲醇和 F-T 柴油/甲醇双燃料燃烧模式 COV_{IMEP}的影响。25% 负荷时，随着甲醇替代率的增大，COV_{IMEP}增大。75% 负荷时，甲醇替代率对 COV_{IMEP}的影响不大。同一工况下，F-T 柴油/甲醇双燃料模式的 COV_{IMEP}比柴油/甲醇双燃料模式的低。

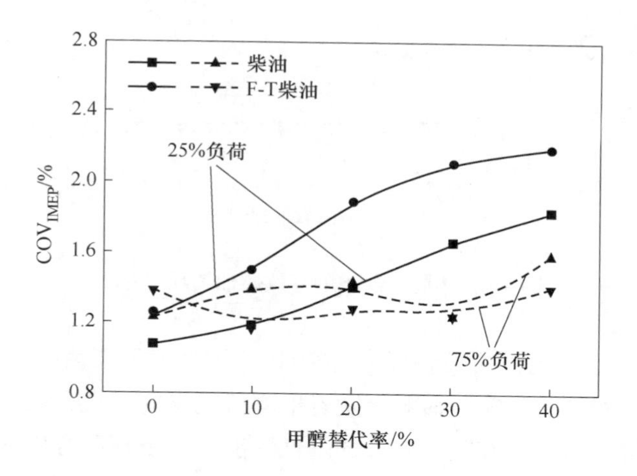

图 4-8 不同工况下的 COV_{IMEP}对比

双燃料发动机的 COV_{IMEP}与高活性燃料的初期着火核心有关，初期着火核心又决定着甲醇初期的着火稳定性。在小负荷工况时，缸内当量比较低，导致甲醇火焰传播速度的循环变化非常大。但在大负荷工况下，高活性燃料的初期着火核心数量随着喷油量的增加而增加，同时缸内高温和高压加快甲醇火焰的传播速度，从而有效地降低了循环变动。F-T 柴油/甲醇的十六烷值大，滞燃期短，容易着火，相比柴油/甲醇模式，其缸内压力和放热率都低，同时压力升高率也低，所以其振动噪声较小，导致其 COV_{IMEP}减小。

4.2.3 经济性能对比

图 4-9 为不同负荷下甲醇替代率对柴油/甲醇和 F-T 柴油/甲醇双燃料燃烧模式有效燃油消耗率的影响。与柴油/甲醇双燃料燃烧相比，F-T 柴油/甲醇双燃料燃烧的有效燃油消耗率更低。F-T 具有较高的十六烷值和较低的蒸发温度，这可以改善燃烧过程。此外，F-T 柴油的低热值比 0 号柴油略高，因此它以较少的燃料注入量释放更多的能量，以达到指定的条件。综上原因，F-T 柴油/甲醇的有效燃油消耗率比柴油/甲醇略低。

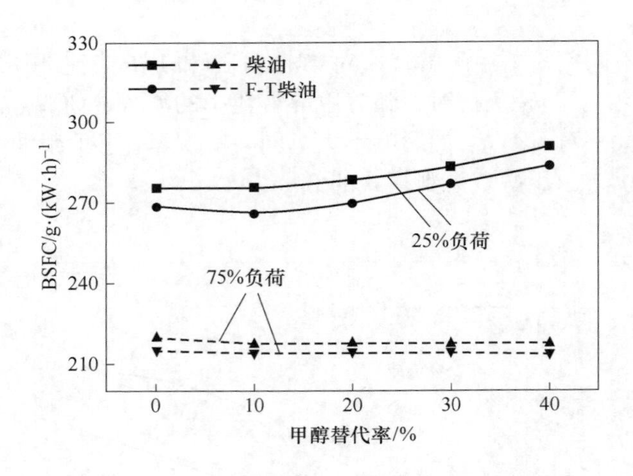

图 4-9 不同工况下的有效燃油消耗率对比

图 4-10 为不同负荷下甲醇替代率对柴油/甲醇和 F-T 柴油/甲醇双燃料燃烧模式有效热效率的影响。25% 负荷时，随着甲醇替代率的增大，两种燃烧模式的有效热效率先升高后减小。有效热效率的降低可能是由于预混合甲醇燃料导致气缸温度降低。75% 负荷时，甲醇替代率对有效热效率的影响不大。与柴油/甲醇双燃料燃烧相比，F-T 柴油/甲醇双燃料燃烧的有效热效率更低。由于预混合燃烧速度较快，导致 F-T 柴油/甲醇双燃料燃烧中预混合燃烧比例相对较小，扩散燃烧比例相对较大。同时，燃用 F-T 柴油/甲醇双燃料时，燃烧持续期增加，这将导致燃烧的等容度降低。

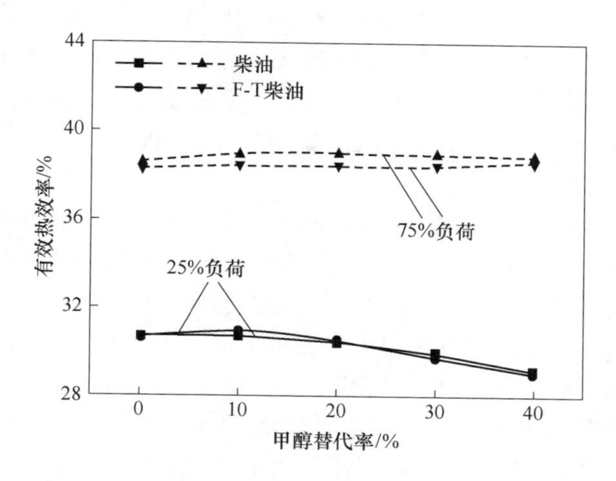

图 4-10　不同工况下的有效热效率对比

4.2.4　排放特性对比

图 4-11 为不同负荷下甲醇替代率对柴油/甲醇和 F-T 柴油/甲醇双燃料燃烧模式 CO 排放的影响。随着甲醇替代率的提高，双燃料模式下的两种燃烧模式的 CO 排放量也随之增加，且两种燃烧模式的 CO 排放量相近。这是因为双燃料模式下，较低的缸内温度导致缸内淬熄层变厚，很大一部分甲醇在淬熄层中分布，甚至部分变为液态，火焰前端难以传播到该区域，CO 的氧化速率减慢。缸内温度随着负荷的增加而增加，有助于 CO 的后期氧化，因此 CO 排放量下降。

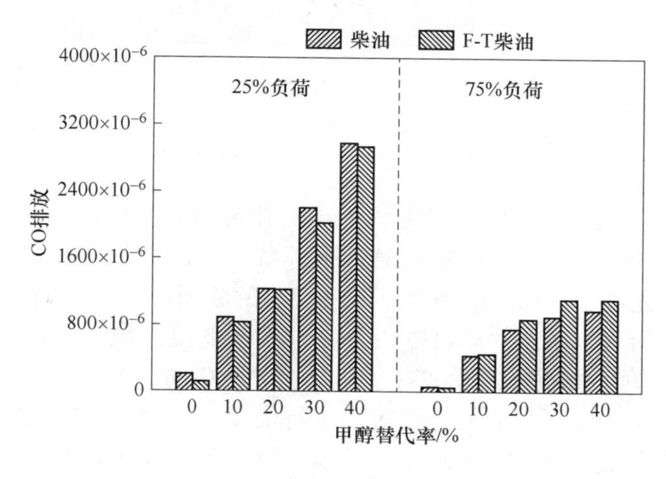

图 4-11　不同工况下的 CO 排放对比

传统单燃料燃烧模式下，相比燃用柴油，燃用F-T柴油时CO排放降低。这是因为0号柴油的黏度较F-T柴油高，雾化性能较差，浓度较大的区域较多，此区域的CO氧化不完全；F-T柴油具有较低的终馏温度和较快的燃油蒸发速度，可以减少过浓混合区的产生，同时它含有较少的芳香烃，这有助于燃烧更加完全，并促使CO排放降低。

图4-12为不同负荷下甲醇替代率对柴油/甲醇和F-T柴油/甲醇双燃料燃烧模式一氧化氮（NO）排放的影响。25%负荷时，两种燃烧模式的NO排放均随甲醇替代率增大而减小。这主要是因为：在缸内燃烧过程中发动机气缸内达到的最高燃烧温度对NO的生成起控制作用。在稀混合气氛围中，NO的生成量主要取决于温度。因为甲醇被注入进气歧管以便混合，从而增加了混合物的成分。在汽化过程中，甲醇吸收大量的热量，这对燃烧温度造成了显著的降低。75%负荷时，两种燃烧模式的NO排放均随甲醇替代率增大呈现先降低后升高的趋势。相比柴油/甲醇模式，F-T柴油/甲醇模式的NO排放较少。这主要是因为F-T柴油/甲醇模式的放热率低导致缸内温度低。

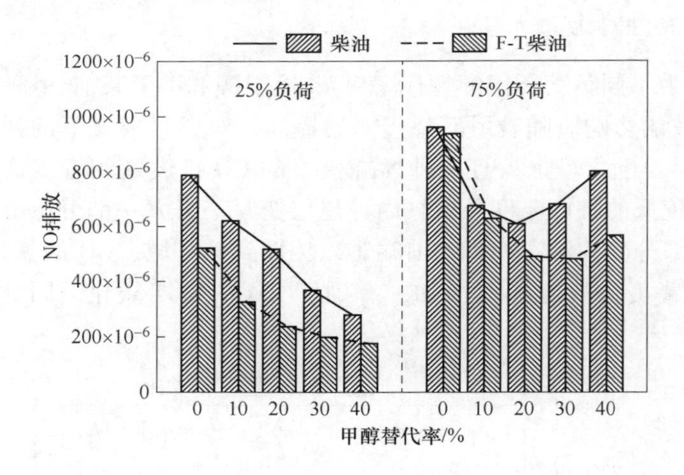

图4-12　不同工况下的NO排放对比

图4-13为不同负荷下甲醇替代率对柴油/甲醇和F-T柴油/甲醇双燃料燃烧模式二氧化氮（NO_2）排放的影响。随着甲醇替代率的增加，双燃料燃烧模式的NO_2排放呈现先增加后减少的趋势。这一现象的原因在于，火焰区域产生的NO很快就能转化为NO_2。当发动机缸内存在较多的低温区域时，也会阻止NO_2向NO的转化。甲醇的氧化过程会产生HO_2，促进NO向NO_2转化。此外，未燃甲醇的存在和NO在排气管内的停留时间也有助于NO_2的生成。这些因素综合作用，导致双燃料燃烧模式的NO_2排放较高。随着甲醇替代率的进一步增加，NO生成速率下降，因此NO_2排放也会降低。

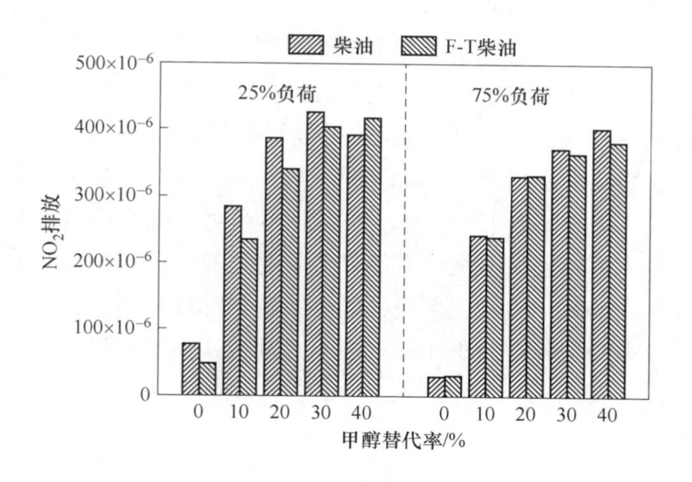

图 4-13　不同工况下的 NO_2 排放对比

图 4-14 为不同负荷下甲醇替代率对柴油/甲醇和 F-T 柴油/甲醇双燃料燃烧模式 NO_x 排放的影响。25% 负荷时，柴油/甲醇双燃料模式的 NO_x 排放先升高后降低，而 F-T 柴油/甲醇双燃料模式的 NO_x 排放基本不变。75% 负荷时，两种双燃料燃烧模式的 NO_x 排放随着甲醇替代率的增加先降低后增加。在高负荷工况下，扩散燃烧是双燃料燃烧的主要方式。随着甲醇的增加，滞燃期延长，导致预混高活性燃料的量增加，进而导致预混燃烧比例升高和燃烧温度升高，这会使得 NO_x 排放的增加。相比柴油/甲醇模式，F-T 柴油/甲醇模式的 NO_x 排放较少。这主要是因为 F-T 柴油/甲醇模式的 NO 排放低。

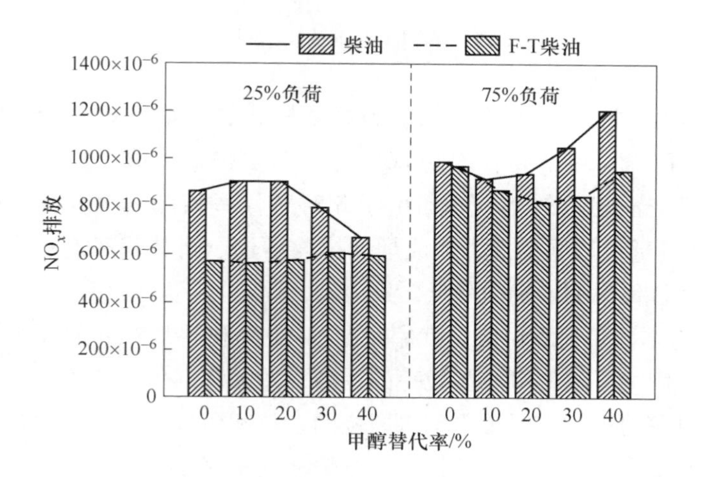

图 4-14　不同工况下的 NO_x 排放对比

图 4-15 为不同负荷下甲醇替代率对柴油/甲醇和 F-T 柴油/甲醇双燃料燃烧模式碳烟排放的影响。25% 负荷和 75% 负荷时，柴油/甲醇双燃料燃烧模式的碳烟排放均随甲醇替代率增大而减小，大负荷时降低幅度尤其显著。这是因为：碳烟主要是在扩散燃烧过程中生成的，柴油/甲醇双燃料燃烧模式时由于甲醇的加入延长了着火滞燃期，甲醇预混增加了预混燃烧比例，减少了扩散燃烧量，从而减少了碳烟的生成。甲醇不含 C—C 键，燃烧时不产生黑烟，随着替代率的增加减少了碳烟的来源。甲醇较高的汽化潜热降低了进气充量的温度，使缸内燃烧温度降低，且自身含氧量高，燃烧速率快，能够缓解局部缺氧状况，也促进焰后氧化过程。此外，芳香烃是碳烟前驱体的主要组成部分，而醇可以有效抑制多环芳香烃的生成。

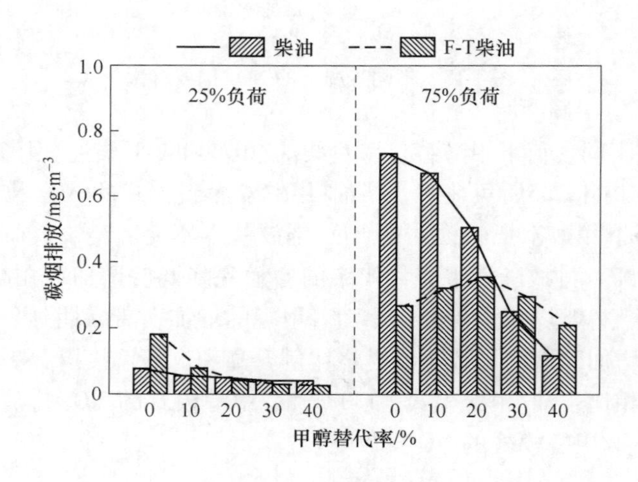

图 4-15　不同工况下的碳烟排放对比

75% 负荷时，F-T 柴油/甲醇双燃料燃烧模式的碳烟排放随着甲醇替代率的增加先升高后降低，甲醇替代率为 20% 左右时取得最大值。这是由于甲醇的火焰传播消耗了柴油附近的空气，而由于此时替代率较低，没有替换掉足够多的 F-T 柴油，使局部过浓区增加，造成烟度排放增加。当替代率进一步增加时，碳烟排放开始随替代率的增加而降低。

图 4-16 为不同负荷下甲醇替代率对柴油/甲醇和 F-T 柴油/甲醇双燃料燃烧模式甲醇排放的影响。随着甲醇替代率的提高，两种双燃料燃烧模式的甲醇排放也相应增大。甲醇的排放主要来源于未燃烧的燃料和燃烧反应所产生的产物。未燃烧的甲醇主要来自于引入空气的过程、燃烧室内未完全燃烧的混合气体以及狭缝中残留的甲醇等。

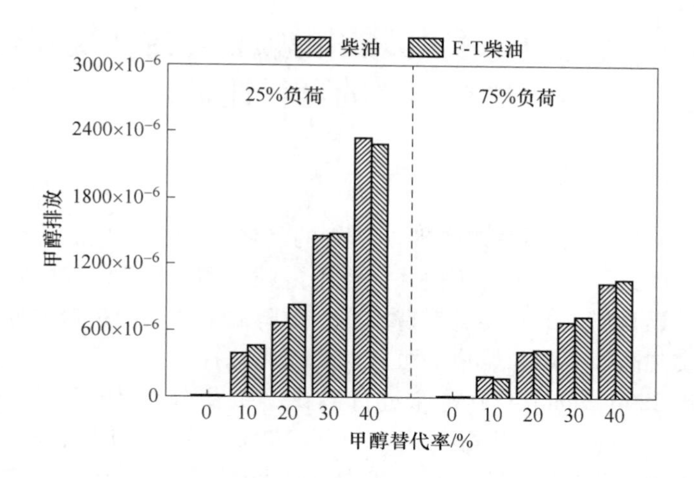

图4-16 不同工况下的甲醇排放对比

图4-17为不同负荷下甲醇替代率对柴油/甲醇和F-T柴油/甲醇双燃料燃烧模式甲醛（HCHO）排放的影响。对于双燃料燃烧模式而言，甲醛排放量明显比传统燃烧模式多，随甲醇的替代率和负荷的增加而增加。在低负荷时，缸内温度较低，缸壁的淬熄作用导致部分甲醇无法完全燃烧，随后在适宜条件下生成甲醛。同时，较低的排温难以氧化甲醛。在高负荷情况下，缸内温度和排气温度较高，不利于甲醛的生成。此外，高温气团中的甲醛不能长时间留存。在高负荷时，甲醇可以在缸内得到很好的氧化分解，所以排气管中甲醇的含量较低，相应的甲醛排放量也较低。

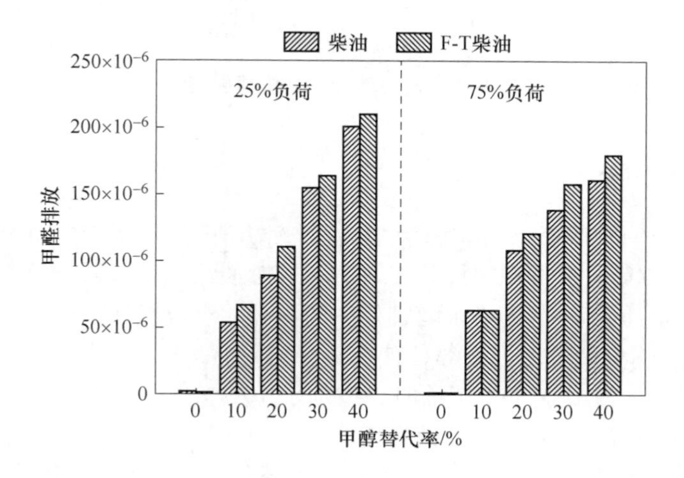

图4-17 不同工况下的甲醛排放对比

4.3　柴油机直接加装甲醇喷射系统实现高效双燃料燃烧的可行性研究

4.3.1　试验方案

为了研究 F-T 柴油/甲醇双燃料发动机的经济性和排放性能，台架试验中测功机在双燃料模式下采用定转矩模式。当甲醇喷入后，F-T 柴油的喷射量相应减少，这样两种燃料提供的总能量保持不变。试验的主要目的是探究原机直接加装甲醇喷射器实现高效双燃料燃烧的可行性。为此选择了 1600 r/min、1800 r/min、2000 r/min 和 2200 r/min 4 个转速进行测试，负荷分别为 20%、40%、60%、80% 和 100% 5 个负荷点。甲醇替代率为 0 ~ 70%，小负荷时以未燃甲醇排放为最高优先级，中负荷时以失火为最高优先级，大负荷时，以最高缸内压力和压力升高率为最高优先级。需要说明的是，为了探究在现成柴油机上直接加装甲醇喷射系统燃烧的可行性，缸内直喷的策略为原机的预喷 + 主喷的双喷策略，喷射时刻和原机保持一致，根据循环油量进行调节，图 4-18 显示了喷射策略。进气温度由发动机中冷恒温控制系统控制，冷后温度控制在（35 ± 1）℃。进气压力由涡轮增压器提供。试验的环境温度为（22 ± 2）℃，发动机水温为（80 ± 2）℃。

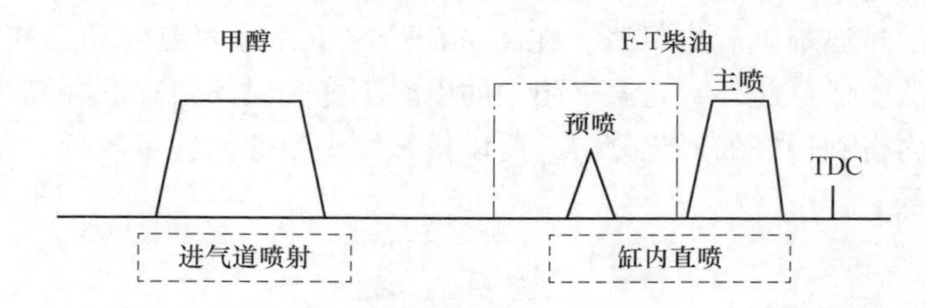

图 4-18　台架试验发动机喷射策略

4.3.2　经济性能分析

图 4-19 为不同工况下甲醇替代率对有效燃油消耗率的影响。由图 4-19 可知，不同转速相同负荷时，发现甲醇替代率对有效燃油消耗率的影响趋势相似。具体来说，在较小的负荷时，随着甲醇替代率的提高，有效燃油消耗率也会相应地迅速增加。在 20% 负荷时，当甲醇替代率为 30% 左右时，有效燃油消耗率增加到 330 g/(kW · h)，相比纯 F-T 柴油时，增加了 10% 左右。40% ~ 60% 负荷时，随着甲醇替代率的增加，有效燃油消耗率增加缓慢，燃油经济性仍然呈现恶化的趋势。当负荷率达到 80% 及以上时，随着甲醇替代率的增加，有效燃油消耗率基本不变并且有降低的趋势。

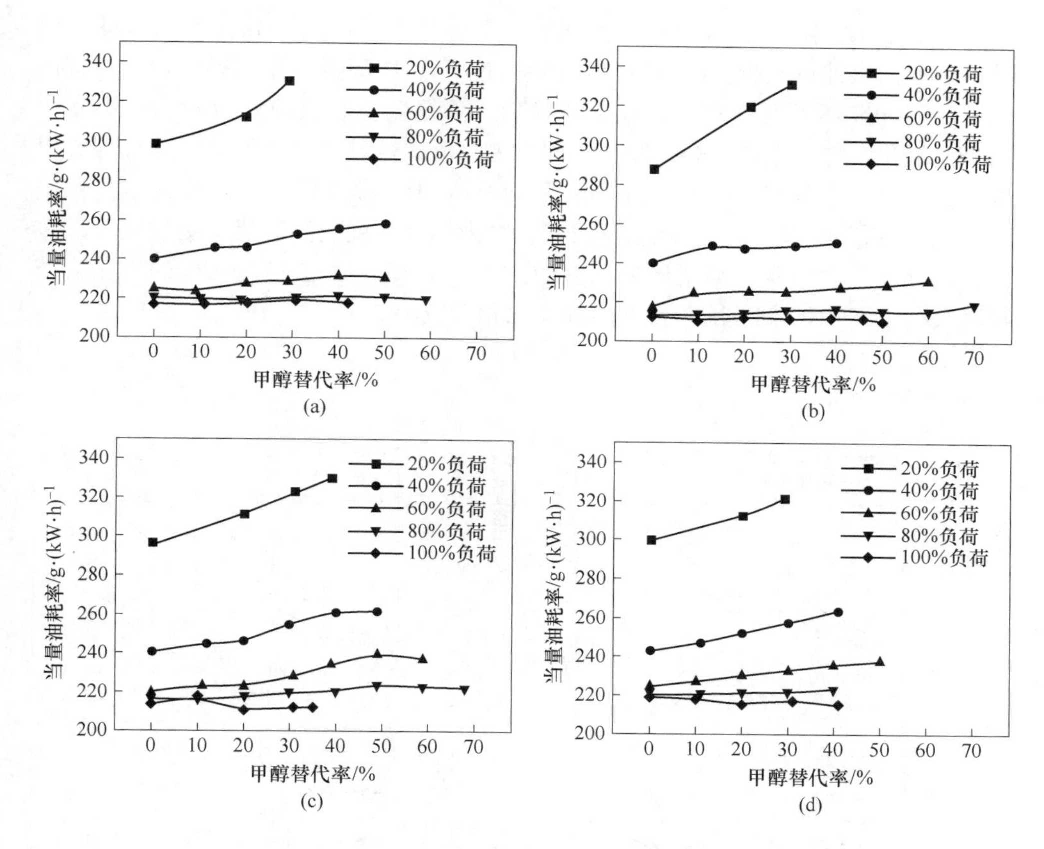

图 4-19　不同工况下甲醇替代率对有效燃油消耗率的影响

（a）1600 r/min；（b）1800 r/min；（c）2000 r/min；（d）2200 r/min

当中低负荷时，随着甲醇替代率升高，燃油经济性下降。相同工况下，缸内 F-T 柴油随着甲醇的增多而减少，缸内点火能量下降，限制了火焰传播距离，从而导致燃烧过程不充分。另外，甲醇的汽化潜热值高，因此随着甲醇替代率的增加，初始燃烧温度会降低，燃烧进一步加剧恶化。上述两点原因导致了 F-T 柴油/甲醇双燃料发动机经济性能的下降。

当高负荷时，缸内温度高，随着甲醇替代率的增大，缸内预混合气的浓度变高，混合气中氧气浓度也高，促进燃油的氧化分解，燃烧更为充分。此外，甲醇高汽化潜热的特性，可以降低缸内高温梯度，进而减少传热损失[169]。

4.3.3　排放性能分析

图 4-20 为不同工况下甲醇替代率对无甲烷碳氢化合物（Nonmethane Hydrocarbon，NMHC）排放的影响。由图 4-20 可知，NMHC 排放随着甲醇替代率

的升高而增加，随着负荷的升高而降低。甲醇具有较高的汽化潜热值，低负荷下，因所需供油量较少，随着甲醇替代率的升高，甲醇吸热作用影响较大，缸内较低的温度破坏了反应链，延长了滞燃期，淬熄效应和狭隙效应较大，不利于NMHC氧化，部分燃料燃烧不完全，即以未燃形式被排出。此外进气冲程部分甲醇在扫气过程中直接排出缸外，导致发动机NMHC排放增多。当负荷增大，甲醇的汽化冷却效应弱化，燃烧质量改善，缸内燃烧温度较高，燃烧更加充分，致使缸内存在更大面积的高温区域，壁面的温度升高，促进了NMHC的氧化，使得高负荷下NMHC排放随替代率增加变化相对较小。

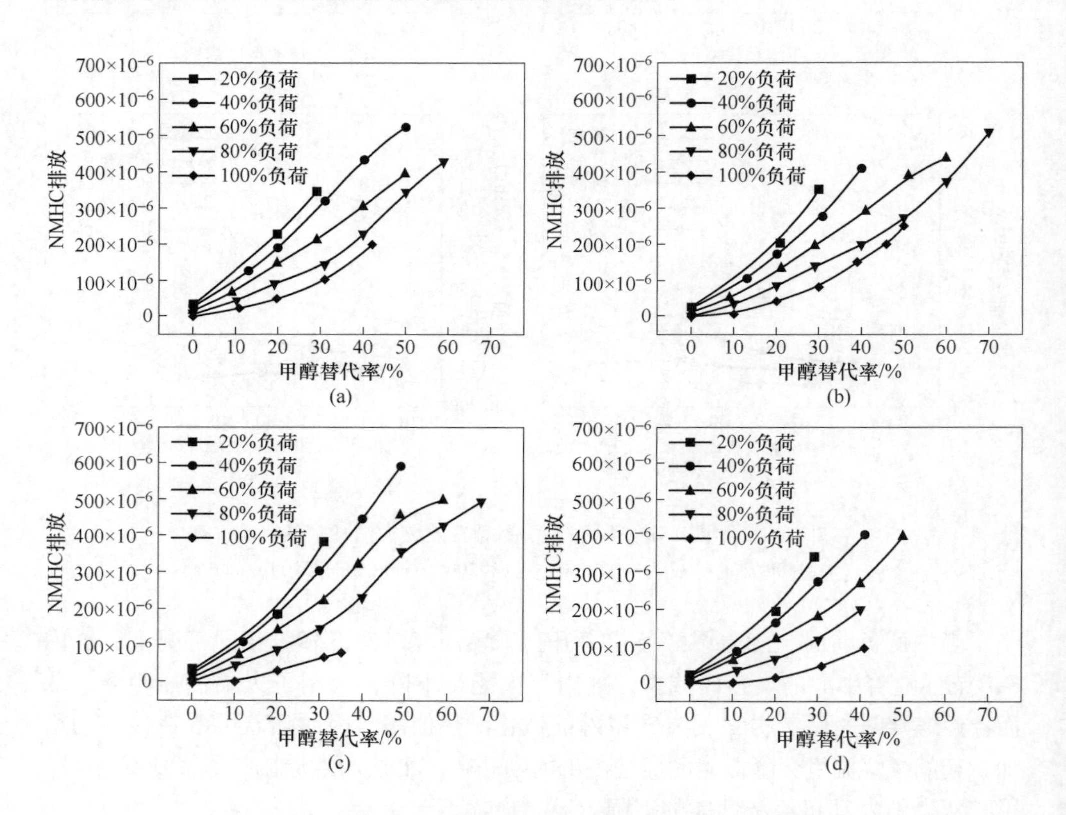

图4-20　不同工况下甲醇替代率对NMHC排放特性的影响

（a）1600 r/min；（b）1800 r/min；（c）2000 r/min；（d）2200 r/min

图4-21为不同工况下甲醇替代率对CO排放的影响。由图4-21可知，随着甲醇替代率的提高，不同负荷条件下CO排放量也相应增加，且增长幅度较高。当负荷增大时，CO排放量会降低，尽管替代率相同。小负荷下，CO排放受替代率影响较大，随替代率上升而大幅增加。甲醇汽化所产生的吸热效应会使缸内出现低温燃烧，当替代率升高，吸热效应增强，混合气的燃烧效果较差，并且甲醇

能暂时将活跃的自由基 OH 化合为相对不活跃的 H_2O_2，不利于 CO 进一步氧化，导致其排放呈现逐步升高的情况，并且在低负荷下尤为明显。当负荷升高，混合气燃烧质量提高，有足够的条件使 CO 进一步氧化，使得其排放较低负荷时，在高负荷下有所改善，且随甲醇替代率的增加升高幅度较小。

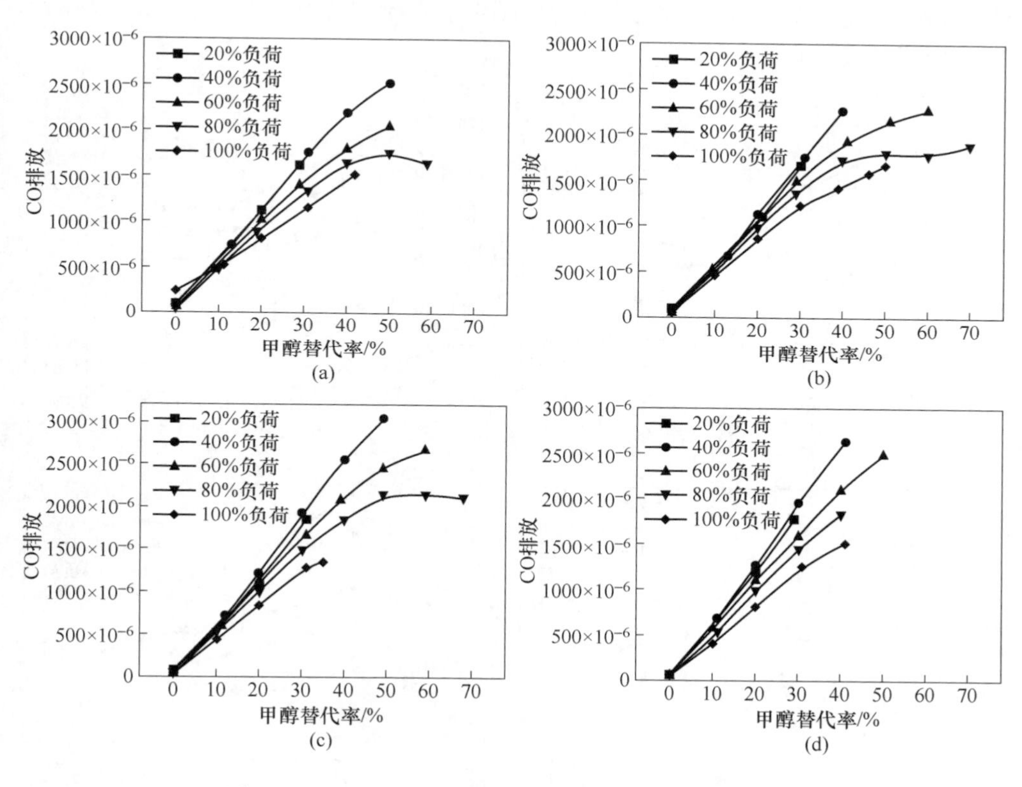

图 4-21　不同工况下甲醇替代率对 CO 排放特性的影响

（a）1600 r/min；（b）1800 r/min；（c）2000 r/min；（d）2200 r/min

图 4-22 为不同工况下甲醇替代率对 NO_x 排放的影响。随着甲醇替代率的升高，NO_x 排放有所下降，随着负荷增大，NO_x 排放随之上升。相较燃用 F-T 柴油而言，甲醇反应路径简单，缸内混合气燃烧反应速率更快，因而使高温持期缩短，且燃烧温度峰值降低，不具备 NO_x 生成所需的高温和高温持续时间的前提，降低了 NO_x 的生成，甲醇替代率越高，降温效应越大，对 NO_x 的减排效果更明显，使其排放随替代率增加而减小。同一替代率时，随着负荷升高，甲醇冷却效应减弱，缸内反应环境改善，有利于 NO_x 的生成。内燃机排气中的 NO_x 主要有 NO 和 NO_2，甲醇作为含氧燃料，其燃烧反应后能够产生大量 HO_2，因此随着甲醇替代率的增加，其作为反应物增加进而增加生成物 HO_2，促进了 NO

向 NO_2 的转化，同时由于甲醇的理化特性降低缸内燃烧温度，抑制了 NO_2 向 NO 转化，因此随着甲醇替代率的上升，NO 和 NO_2 的排放呈现此消彼长的趋势，随着负荷上升，缸内进气量增加，使 NO 有所增加，同时甲醇燃料喷射量不断增加，使 NO_2 排放增加，此外高负荷下燃烧速率加快，高温燃烧区域变大，燃烧状况改善带来的温度增加高于甲醇的冷却作用，使缸内温度升高，NO 增加。

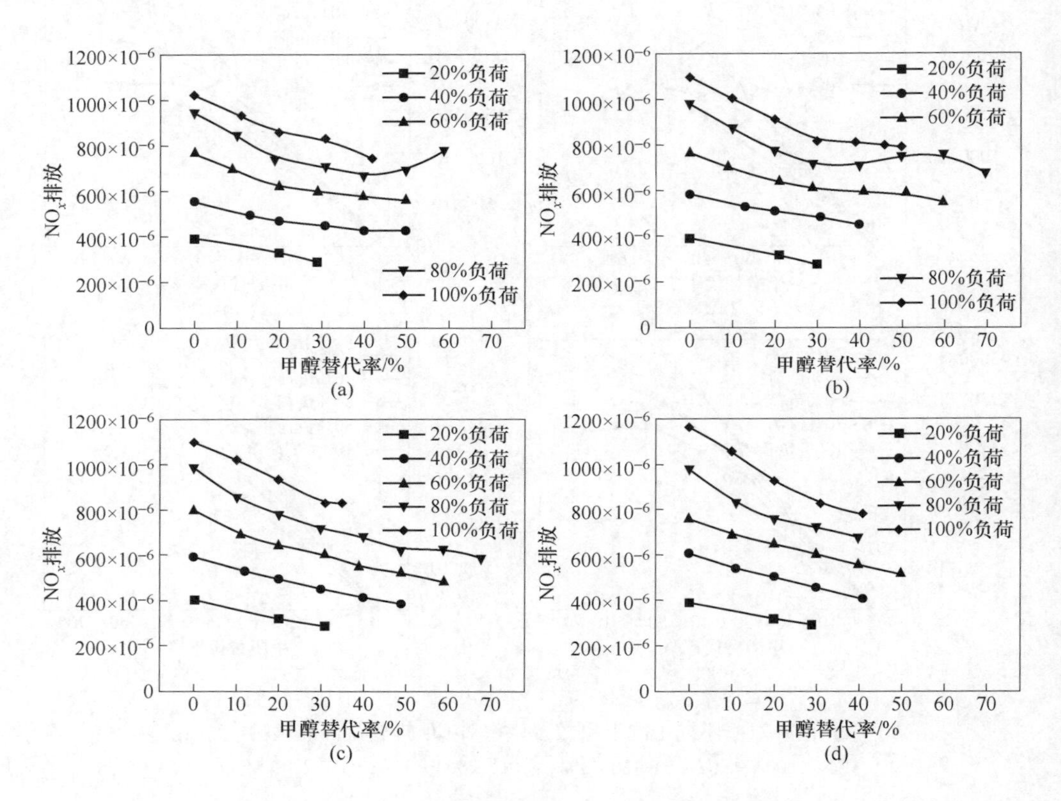

图 4-22 不同工况下甲醇替代率对 NO_x 排放特性的影响

(a) 1600 r/min；(b) 1800 r/min；(c) 2000 r/min；(d) 2200 r/min

图 4-23 为不同工况下甲醇替代率对甲醇排放的影响。由图 4-23 可知，随着替代率的上升，甲醇排放均有不同程度的增加，且在低负荷（小于 50%）高替代率（大于 30%）下甲醇排放增加幅度更大，在同一替代率下，随着负荷升高，甲醇排放下降。在单燃料压燃模式下，不同工况下 F-T 柴油本身燃烧后产生的甲醇极少，因此双燃料模式发动机的甲醇排放主要为未燃甲醇。当替代率上升，较大的甲醇吸热效应使缸内温度急剧下降，火焰传播速率降低，部分甲醇燃烧在不完全或者未参与燃烧即已排出，使得排放中未燃甲醇增多。当负荷增大，所需燃

料有所增加，混合气浓度升高使得燃烧状态改善，燃烧更加充分，缸内温度上升且高过甲醇的汽化降温效应，因此缓解了混合气的不完全燃烧问题，使甲醇更好地氧化分解，故甲醇排放呈现降低趋势。

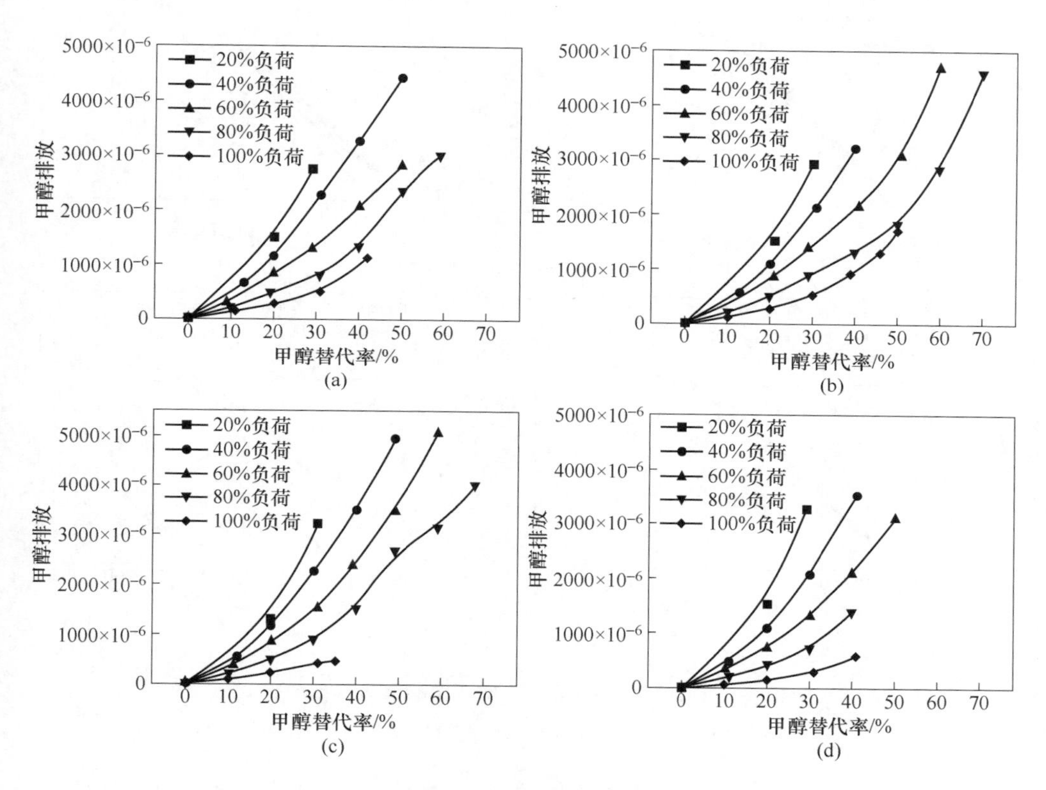

图 4-23 不同工况下甲醇替代率对甲醇排放特性的影响

(a) 1600 r/min；(b) 1800 r/min；(c) 2000 r/min；(d) 2200 r/min

图 4-24 为不同工况下甲醇替代率对甲醛排放的影响规律。由图 4-24 可知，随着替代率的提高，不同负荷下的甲醛排放量也有所增加，然而，在相同替代率下，负荷对甲醛排放的影响相对较小。

双燃料模式发动机工作时甲醇脱氢生成甲醛的反应路径为：

$$CH_3OH + OH \longrightarrow CH_3O + H_2O \tag{4-3}$$

$$CH_3O + O_2 \longrightarrow HCHO \tag{4-4}$$

$$CH_3OH + O_2 \longrightarrow HCHO \tag{4-5}$$

由反应路径可知，随着甲醇替代率的上升，反应物增加，反应生成的甲醛自然随之增加。低负荷下，缸内温度较低，燃料燃烧不完全，阻碍甲醇的完全氧

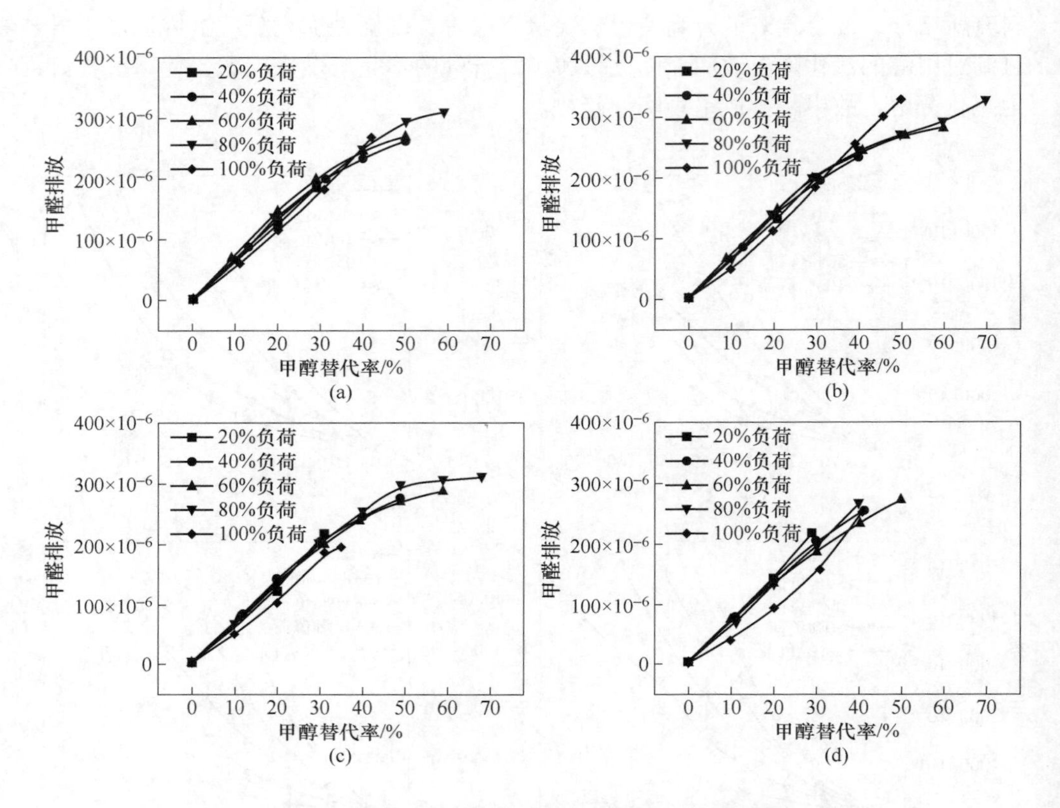

图 4-24　不同工况下甲醇替代率对甲醛排放特性的影响
（a）1600 r/min；（b）1800 r/min；（c）2000 r/min；（d）2200 r/min

化，生成大量甲醛，此外尾气中有未燃甲醇，加剧了甲醛排放。当负荷增大，缸内燃烧温度提高，有利于甲醇的充分燃烧氧化，同时高负荷工况下未燃甲醇排放相对降低，排气温度逐渐增加，尾气中的未燃甲醇有条件完全氧化，从而降低甲醛生成。

图 4-25 为在不同工况下甲醇替代率对 CO_2 排放的影响。随着甲醇替代率的不断提高，相应的 CO_2 排放量均有不同幅度的减少。然而，当负荷增加时，CO_2 排放会显著增加。与 F-T 柴油相比，甲醇含碳量较低，仅为 F-T 柴油的 43. 47%，甲醇燃烧 CO_2 排放低于 F-T 柴油，因而当替代率升高，喷入的甲醇燃料增多而减少柴油喷射量将有利于降低 CO_2 排放。同时如前文所述，甲醇的加入不利于 CO 进一步氧化，阻碍其氧化生成 CO_2，也将降低 CO_2 排放。当负荷增大，发动机燃烧状态有所改善，燃料燃烧更加完全，终产物 CO_2 相应增加，同时高负荷工况下温度升高，达到 H_2O_2 活化势能，甲醇对于 CO 氧化的抑制作用消失，因而有更多的 CO 向 CO_2 转化，故 CO_2 排放增多。

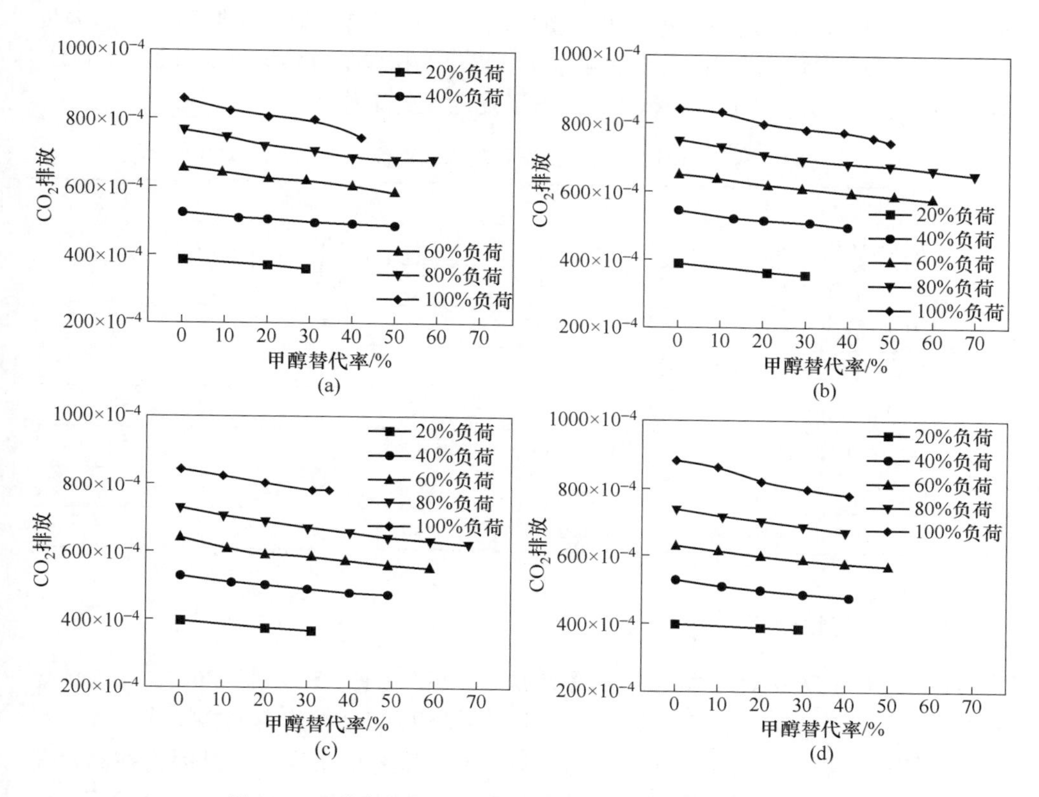

图 4-25 不同工况下甲醇替代率对 CO_2 排放特性的影响

（a）1600 r/min；（b）1800 r/min；（c）2000 r/min；（d）2200 r/min

4.4 EGR 耦合 DOC 对 F-T 柴油/甲醇双燃料发动机性能的影响

4.4.1 试验方案

在进行台架试验的过程中，当采用双燃料模式时，测功机以定转矩模式运行。在喷入甲醇后，高活性燃料的喷射量会相应降低，但两种燃料所提供的总能量不会改变。试验研究甲醇替代率和 EGR 耦合 DOC 对 F-T 柴油/甲醇双燃料发动机燃烧和排放性能的影响，在 2000 r/min，75% 负荷下开展试验，甲醇替代率分别为 0、10%、20%、30%，EGR 率分别为 0、5%、10%、15%。需要说明的是，为了探究在现成柴油机上直接加装甲醇喷射系统燃烧的可行性，缸内直喷的策略为原机的预喷 + 主喷双喷策略，喷射时刻和原机保持一致，根据循环油量进行调节。燃料分配以循环油量为基础，预喷质量在 1.7 ~ 1.9 mg，主喷油量为总循环油量与预喷油量之差。进气温度由发动机中冷恒温控制系统控制，冷后温度控制在（35 ±1）℃。进气压力由涡轮增压器提供，试验的环境温度为（22 ±2）℃，发动机水温为（80 ±2）℃。表 4-2 列出了发动机的工作条件。

表 4-2　运行工况和基本试验参数

项　目	数　值			
发动机转速/r · min^{-1}	2000			
负荷/%	75			
甲醇喷射压力/MPa	0. 35			
甲醇喷射时刻/(°CA BTDC)	270			
甲醇替代率/%	0	10	20	30
EGR 率/%	0 5 10 15	0 5 10 15	0 5 10 15	0 5 10 15
预喷时刻/(°CA BTDC)	13. 7	13. 1	12. 5	11. 9
主喷时刻/(°CA BTDC)	6. 2	6. 0	5. 7	5. 5

4. 4. 2　燃烧特性分析

图 4-26 为 EGR 对缸内压力和瞬时放热率的影响，其中图 4-26（a）为单燃料模式，图 4-26（b）为双燃料模式。由图 4-26 可知，相比单燃料模式，双燃料模式的燃烧放热更加集中，压力峰值和瞬时放热率峰值略高。这是因为在高负荷工况下，缸内温度较高，甲醇含氧量高且燃烧速度快的特点得到了充分发挥。此外，甲醇在缸内几乎形成均质预混合气，导致一旦燃烧点燃，燃烧速度快且燃烧更加集中，从而导致瞬时放热率峰值和最大爆发压力提高。

由图 4-26（a）可知，EGR 对单燃料模式的燃烧有明显的影响，随着 EGR 率的增加，压缩阶段缸内压力明显下降，缸压峰值降低。相比 EGR 率为 0 时，5%、10% 和 15% 时缸内压力峰值分别降低 1. 48%、4. 14% 和 5. 48%，瞬时放热率峰值分别降低 1. 76%、4. 99% 和 6. 81%。EGR 的引入会导致涡轮机所获得的能量减少，因而使进气压力降低。此外，废气中的 CO_2 和 H_2O 具有较高的热容，高热容会使缸内温度下降，进而降低缸内压力和瞬时放热率。

由图 4-26（b）可知，在双燃料模式下，EGR 的影响和单燃料模式类似，增加 EGR 率会导致缸内压力和瞬时放热率峰值下降。相较于 EGR 率为 0 时，当 EGR 率为 5%、10% 和 15% 时，缸内压力峰值分别降低了 1. 79%、4. 32% 和 5. 38%，瞬时放热率峰值分别降低了 3. 90%、6. 86% 和 9. 22%。这是因为双燃料模式下，缸内温度相对较低，并且随着 EGR 率的增加而进一步降低。甲醇的着火温度高，对温度变化的敏感性高。随着 EGR 率的增大，缸内燃烧速率明显降低，导致燃烧放热率降低较大。

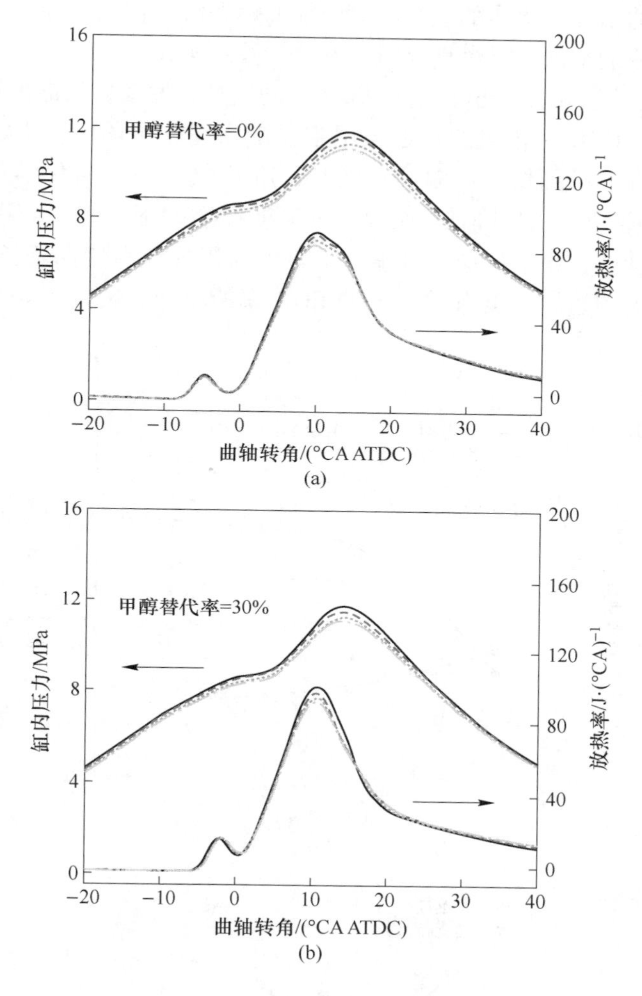

图4-26 EGR对缸内压力和放热率的影响
（a）单燃料模式；（b）双燃料模式

图4-27为甲醇替代率和EGR对滞燃期和燃烧持续期的影响。由图4-27（a）可以看出，随着甲醇替代率的增加，滞燃期变短，燃烧持续期变长。众所周知，十六烷值和温度越高，点火延迟就越短。该试验是在高负荷条件下进行的，发动机热负荷和缸内温度都很高，甲醇对燃料着火抑制的影响就会降低。虽然F-T柴油/甲醇双燃料的十六烷值低于F-T柴油，但加入含氧燃料甲醇后，燃烧火焰传播速度快，更容易着火。预先喷射的F-T柴油进入后迅速点燃部分甲醇微量点火，CA05提前达到。较短的滞燃期导致了双燃料模式下较小的预混燃烧比和较大的扩散燃烧比。预喷燃烧阶段消耗了气缸中的氧气，导致扩散燃烧率较慢。随

着甲醇替代率的增加，更多的氧气在喷油前的燃烧阶段被消耗掉。上述原因导致随着甲醇替代率的增加，滞燃期缩短，燃烧持续期延长。

由图 4-27（b）可以看出，随着 EGR 率的增加，发动机的滞燃期和燃烧持续期也随之延长。EGR 对燃烧的推迟作用主要由物理和化学作用决定。EGR 气体具有高热容属性，可降低缸内温度，同时，EGR 气体主要由化学反应活性较差的 CO_2 和 H_2O 组成，可以降低燃烧反应的有效碰撞频率，此外 EGR 的使用降低了缸内的氧气含量，化学反应速度减慢，以上原因导致滞燃期延长[169]。燃烧持续期与着火时刻和燃烧速度有关。随着 EGR 率的增加，缸内燃烧速率降低，所以燃烧持续期延长。

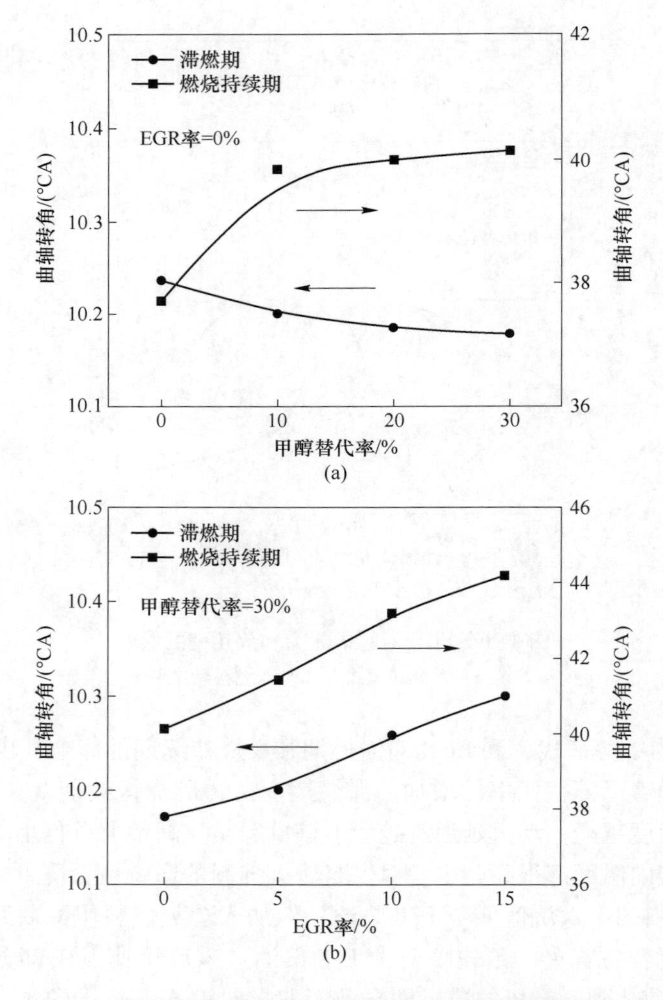

图 4-27　甲醇替代率和 EGR 对滞燃期和燃烧持续期的影响

（a）不同甲醇替代率；（b）不同 EGR 率

图4-28为甲醇替代率和EGR对最大压力升高率和COV_{IMEP}的影响。从图4-28（a）可以看出，随着甲醇替代率的增大，最大压力升高率和COV_{IMEP}都有所增大。正如图4-28（a）所示，随着甲醇替代率的增加，燃烧放热变得更加集中，放热率峰值增大，导致最大压力升高率增大。在大负荷情况下，热负荷大，缸内温度较高，导致甲醇先于柴油着火。甲醇自燃引发的压力波动较为强烈，使得COV_{IMEP}恶化。从图4-28（b）可以看出，随着EGR率的增加，最大压力升高率和COV_{IMEP}都会下降。这是因为本试验工况的最大压升率是由预混柴油放热导致的EGR率增大后，氧浓度大幅度降低，F-T柴油着火被抑制，滞燃期延长。

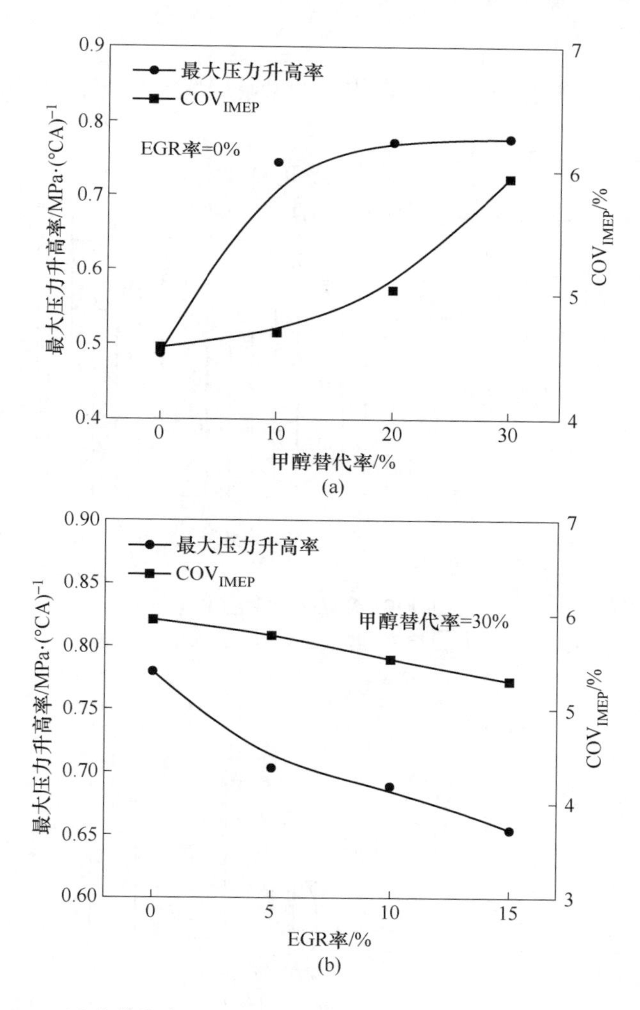

图4-28 甲醇替代率和EGR率对最大压力升高率和COV_{IMEP}的影响

（a）不同甲醇替代率；（b）不同EGR率

一方面，F-T 柴油的燃烧速率降低，导致放热率峰值下降；另一方面，它的着火时刻被推迟，导致放热率峰值的相位更靠近活塞下行的位置，离上止点更远。这两方面因素共同导致了最大压力升高率的降低。随着 EGR 率的增加，滞燃期延长，在滞燃期间形成的混合气增加，发动机点火核的初始能量均匀性和缸内甲醇-空气混合气的均匀性都增加。同时，过量空气系数和缸内充气密度的降低导致甲醇当量比的增加，更多的甲醇参与燃烧，所以缸内平均温度上升。缸内平均温度的增加可以提高甲醇火焰的传播速度，减少甲醇火焰传播过程中的周期性变化，所以 COV_{IMEP}降低。

4.4.3 排放特性分析

图 4-29 为 EGR 结合 DOC 对 CO 排放的影响。随着甲醇替代率的增大 CO 排

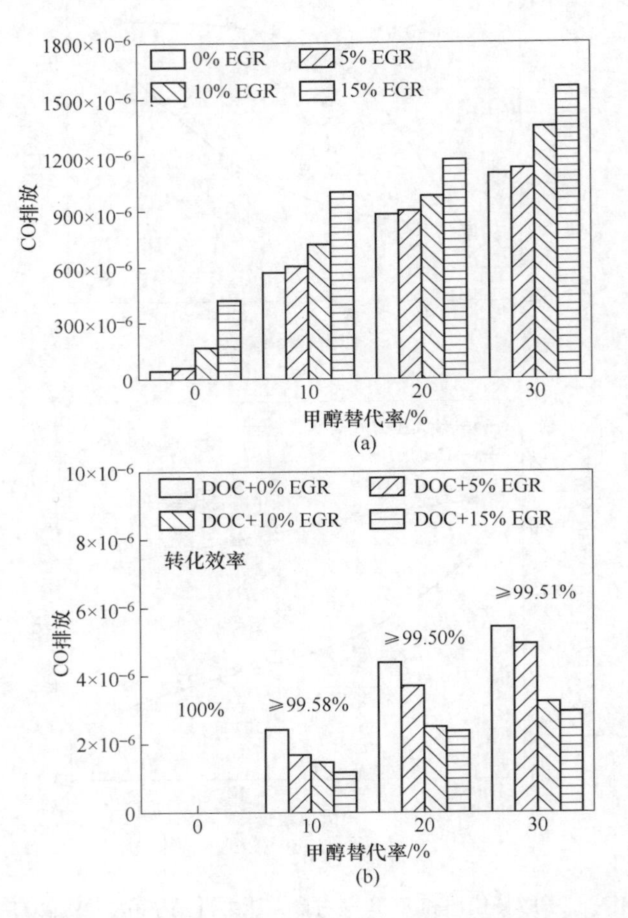

图 4-29 加装 DOC 和不加装 DOC 时甲醇替代率和 EGR 对 CO 排放的影响

（a）无 DOC；（b）有 DOC

放大幅增加，甲醇替代率为 10%、20% 和 30% 下，CO 排放分别是甲醇替代率为 0 时的 12.5 倍、24.5 倍和 37.9 倍。这是因为双燃料模式燃烧时较低的缸内温度增加了缸内淬熄层的厚度，很大一部分甲醇在熄火层堆积，部分变成液态形式。这使得火焰前沿难以传播到该区域。此外，双燃料模式存在火焰传播过程，其中大量燃料在膨胀阶段燃烧，这时缸内温度降低，从而降低了 CO 的氧化速率，导致产生不完全燃烧现象，CO 排放较高。

加装了 DOC 后，CO 排放大幅降低，相比无 DOC 时，掺混率为 0、10%、20% 和 30% 时 CO 排放分别降低 100%、99.50%、99.53% 和 99.62%。主要是因为 CO 发生了氧化反应。

$$CO + O_2 \longrightarrow CO_2 \tag{4-6}$$

EGR 耦合 DOC，随着 EGR 率的增大，所有甲醇替代率下的 CO 排放都减小，相比无 EGR 时，EGR 率为 5%、10% 和 15% 时的 CO 排放分别降低 15.40%、41.57% 和 47.42%。这主要是因为双燃料模式下，甲醇混合气的过量空气系数大，F-T 柴油的扩散范围之外，甲醇混合气过于稀薄，无法完全燃烧，而会进行低温化学反应，导致产生了大量的 CO，当 EGR 率的增加时，甲醇混合气变浓，燃烧改善，从而 CO 生成量减少。

图 4-30 为 EGR 耦合 DOC 对 NO 排放的影响。原机状态下，随着甲醇替代率的增大，NO 排放明显降低，相比甲醇替代率为 0 时，甲醇替代率 10%、20% 和 30% 下，NO 排放分别降低 32.83%、68.38% 和 72.69%。这主要是因为：在缸内燃烧过程中发动机气缸内达到的最高燃烧温度对 NO 的生成起控制作用，在稀混合气氛围中，NO 排放量主要受温度影响。在进气歧管喷入甲醇后，混合物中甲醇汽化的过程吸收了大量热量，从而显著降低了燃烧温度。同时，甲醇加入后会增加预混比例，并对 NO 生成量产生负作用，所以随着甲醇替代率的增大，NO 的排放降低。

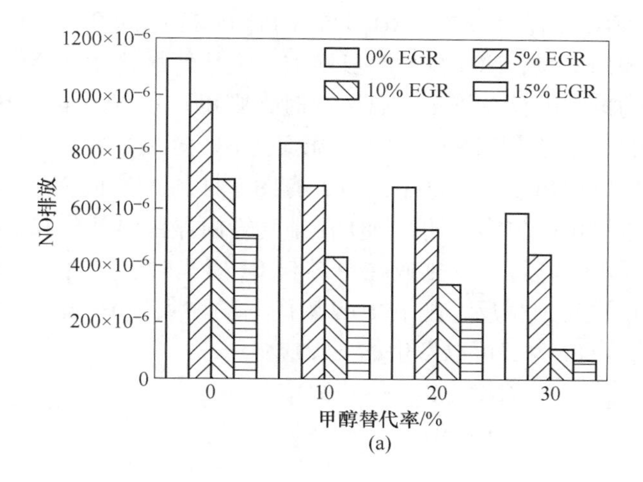

(a)

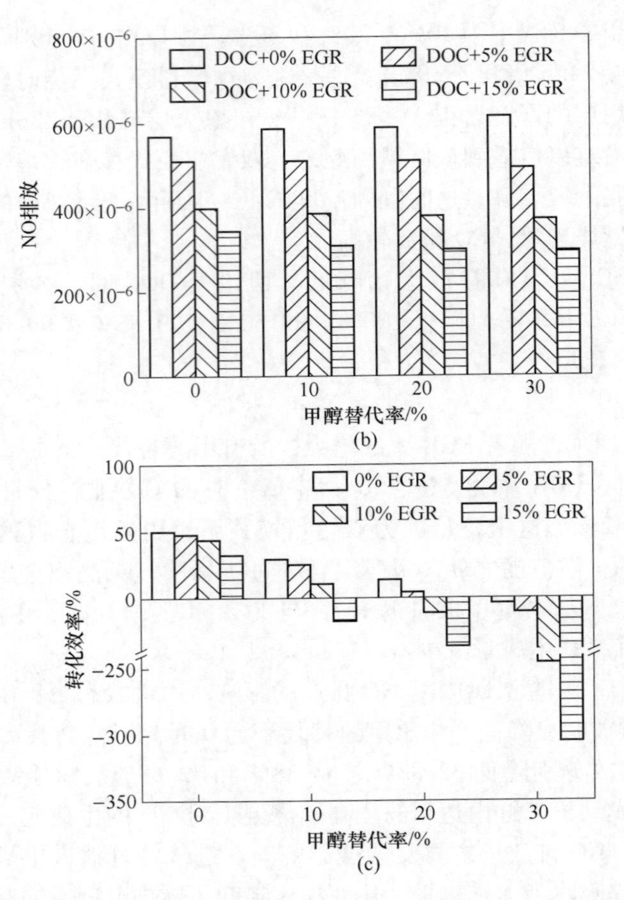

图 4-30　加装 DOC 和不加装 DOC 时甲醇替代率和 EGR 对 NO 排放的影响

（a）无 DOC；（b）有 DOC；（c）DOC 转化效率

图 4-31 为 EGR 耦合 DOC 对 NO_2 排放的影响。由图 4-31 可知，原机状态下，随着甲醇替代率的增大，NO_2 排放明显增加。火焰区域产生的 NO 可以迅速转化为 NO_2，当发动机缸内存在较多低温区域时，则可防止 NO_2 再转化为 NO。甲醇是 HO_2 的来源之一，在甲醇氧化过程中能促使 NO 向 NO_2 转化。同时，在进气预混甲醇时，在气缸内出现大量低温区域，有助于抑制 NO_2 向 NO 转化。最后，在排气管中存在未燃甲醇较多，同时 NO 在排气管内停留时间较长，这有利于 NO_2 的生成。增加了 DOC 后，NO 排放在单燃料 CI 模式时有所降低，而在双燃料模式时升高，NO_2 排放则相反，随着甲醇替代率的增大，NO 排放基本不变，NO_2 排放随之降低。DOC 内部可以发生如下反应：

$$2NO + O_2 \longrightarrow 2NO_2 \tag{4-7}$$

$$CO + NO_2 \longrightarrow CO_2 + NO \tag{4-8}$$

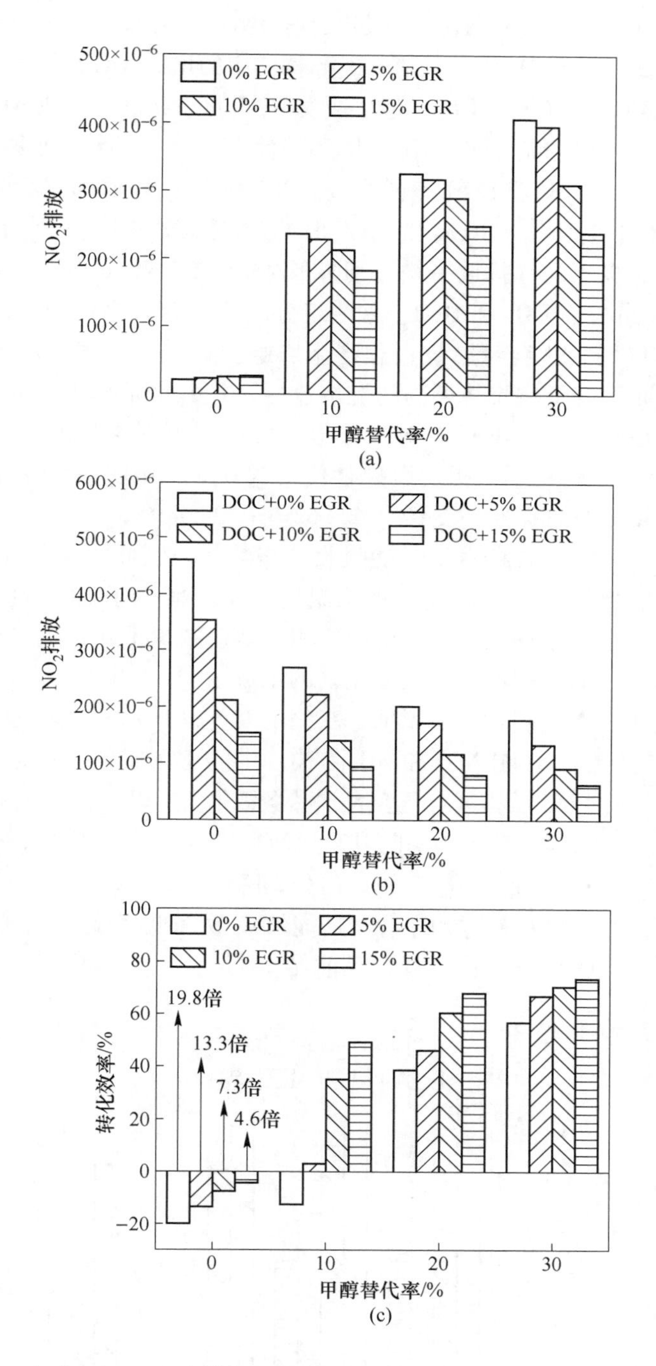

图 4-31 加装 DOC 和不加装 DOC 时甲醇替代率和 EGR 对 NO_2 排放的影响

(a) 无 DOC；(b) 有 DOC；(c) DOC 转化效率

单燃料模式时，尾气中氧浓度充足，促进 NO 和 O_2 的反应，从而 NO 排放降低。双燃料模式时，在 DOC 中，随着甲醇替代率的增大，CO 和碳氢化合物排放增大，促进了 CO 和 NO_2 的反应，但生成的 NO 和 O_2 又反应生成 NO_2，两个反应基本达到平衡，所以加装 DOC 后随着甲醇替代率的升高 NO 排放变化不大。

EGR 结合 DOC，随着 EGR 率的升高，NO 和 NO_2 排放都有所降低，相比无 EGR 时，EGR 率为 5%、10% 和 15% 时，NO 排放平均分别降低 14.00%、34.96% 和 47.33%，NO_2 排放平均分别降低 20.56%、49.62% 和 64.79%。这是因为 EGR 主要组分为 CO_2 和 H_2O，这些组分的比热容较高。同时，EGR 气体含氧量较新鲜空气低，这会对燃烧过程产生影响。首先，氧气浓度低会延长滞燃期，其次，它也会降低主燃烧期内的燃烧速度，并由此降低缸内局部温度。

图 4-32 为 EGR 结合 DOC 对 NO_x 排放的影响。由图 4-32 可知，随着甲醇替代率的增加 NO_x 排放减小。相比甲醇替代率为 0 时，甲醇替代率 10%、20% 和 30% 下，NO_x 排放分别降低 6.34%、25.62% 和 24.42%。一方面，甲醇具备高汽化潜热及低热值，使其在蒸发时能吸收许多热量，因此大量降低了充量温度，这样有利于减少燃烧的初始温度和平均温度，从而减少了 NO_x 的排放；另一方面，甲醇汽化后会占据进气道中一定的体积，从而减少了新鲜进气充量，这样会降低氮气的浓度，而这却不利于氮氧化物的生成。

加装 DOC 后，NO_x 排放略有增加，变化不大。由 DOC 的工作原理可知，仅对其存在形式进行转换，影响 NO_2 和 NO 在 NO_x 中的比例成分，而对 NO_x 总量没有显著的影响，加装 DOC 后排气背压变大，燃烧恶化，所以 NO_x 排放略有增加。

EGR 耦合 DOC，随着 EGR 率的升高，NO_x 排放降低，相比无 EGR 时，EGR 率为 5%、10% 和 15% 时，NO_x 排放平均分别降低 19.24%、41.90% 和 54.68%。EGR 能够降低 NO_x 排放最主要的原因是能够有效降低燃烧过程最高燃烧温度，具体原因和降低 NO 和 NO_2 的一样，见前文。

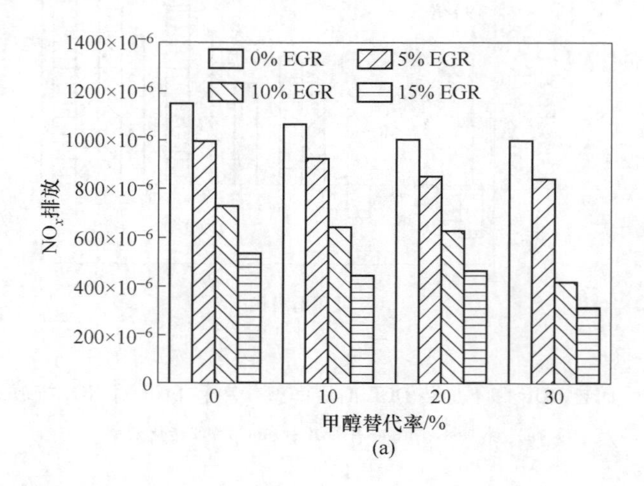

(a)

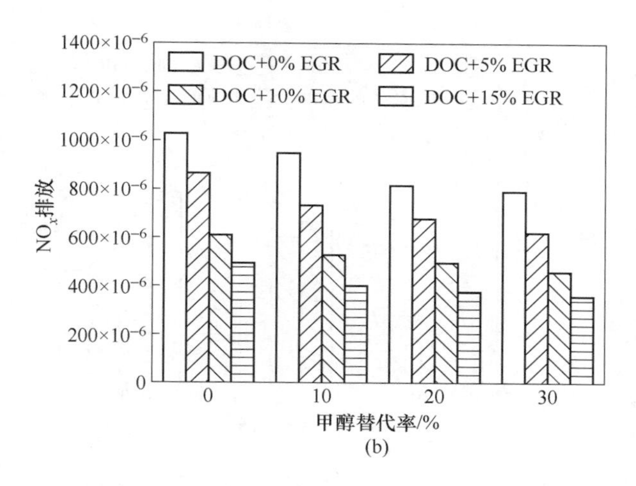

图4-32 加装DOC和不加装DOC时甲醇替代率和EGR对NO_x排放的影响

(a) 无DOC；(b) 有DOC

图4-33为EGR耦合DOC对甲醇排放的影响。随着甲醇替代率的增加甲醇排放增加。甲醇排放源于未燃烧的甲醇燃料和燃烧反应生成物。未燃甲醇主要是来自于扫气过程、燃烧室内未燃烧的混合气、狭缝中存在的甲醇等[170]。

加装DOC后，甲醇排放大幅降低，相比无DOC时，替代率为10%、20%和30%时甲醇排放分别降低95.12%、97.72%和98.21%。DOC中的贵金属可以作为甲醇脱氢反应的催化剂，促进反应的进行。

EGR耦合DOC，随着EGR率的增大，甲醇排放减少。相比无EGR时，EGR率为5%、10%和15%时，甲醇排放平均分别降低10.04%、35.12%和42.57%。

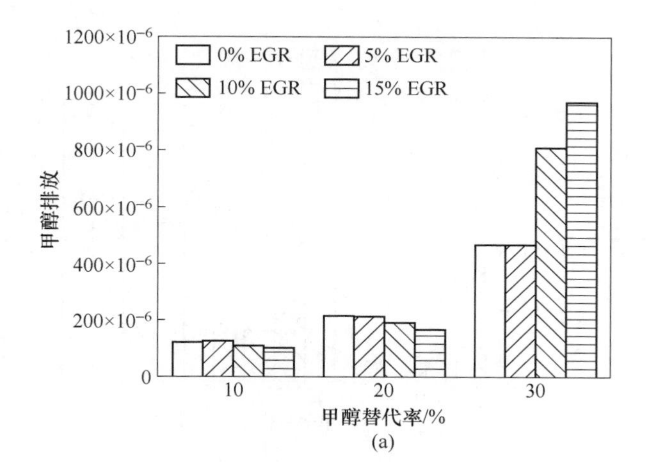

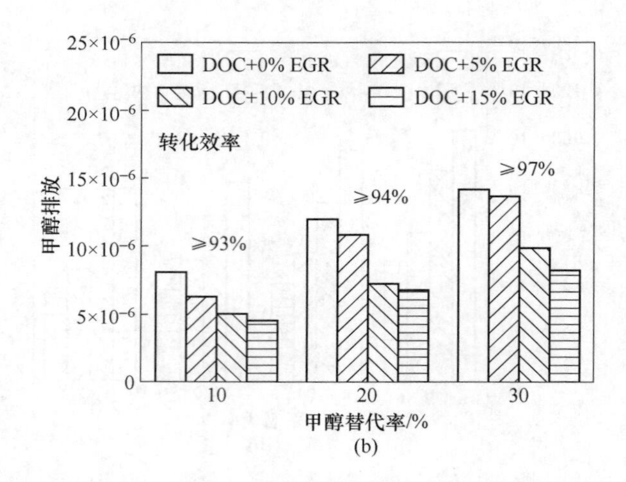

图 4-33　加装 DOC 和不加装 DOC 时甲醇替代率和 EGR 对甲醇排放的影响

（a）无 DOC；（b）有 DOC

图 4-34 为 EGR 耦合 DOC 对甲醛排放的影响。由图 4-34 可知，随着甲醇替代率的增加甲醛增加。加装 DOC 后，甲醛排放大幅降低，相比无 DOC 时，替代率为 10%、20% 和 30% 时甲醛排放分别降低 63.57%、77.73% 和 81.68%。这主要是由于甲醛在 DOC 内催化剂的作用下进一步与氧气反应生成 CO_2 和 H_2O，反应为：

$$CH_2O + \frac{1}{2}O_2 \longrightarrow HCOOH \tag{4-9}$$

$$CH_2O + O_2 \longrightarrow CO_2 + H_2O \tag{4-10}$$

EGR 耦合 DOC，随着 EGR 率的增大，甲醛排放减少。相比无 EGR 时，EGR 率为 5%、10% 和 15% 时，甲醛排放平均分别降低 11.50%、40.08% 和 50.38%。

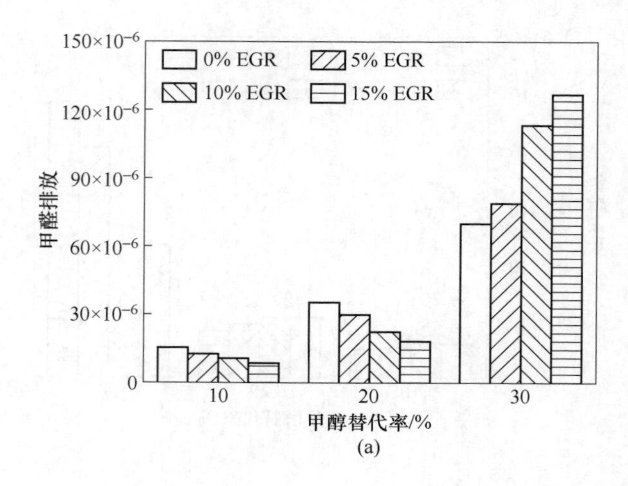

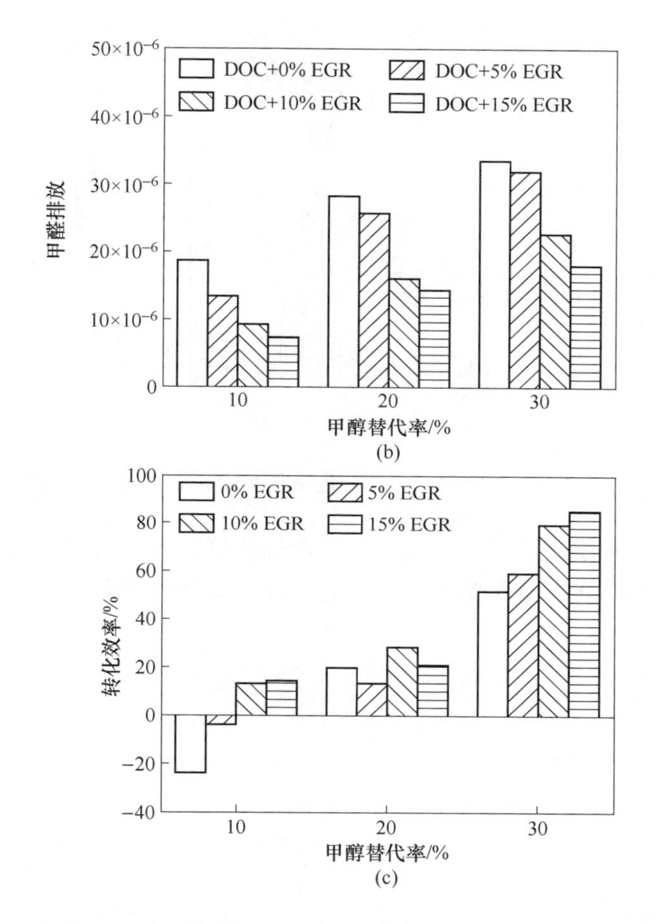

图 4-34 加装 DOC 和不加装 DOC 时甲醇替代率和 EGR 对甲醛排放的影响
（a）无 DOC；（b）有 DOC；（c）DOC 转化效率

图 4-35 为 EGR 耦合 DOC 对碳烟排放的影响。随着甲醇替代率的增加碳烟排放小幅上涨。这是因为：（1）F-T 柴油/甲醇双燃料模式时随着甲醇的加入缩短了滞燃期，预混燃烧比例减少，从而增加了碳烟的生成；（2）预喷阶段引燃甲醇先着火，主喷 F-T 柴油后着火，在此情况下，F-T 柴油喷射进入甲醇燃烧火焰中，发生不完全裂解，进而导致碳烟排放升高。加装 DOC 后，碳烟排放略有增加，这主要是因为加装后处理后，排气背压增大，缸内燃烧恶化。

EGR 耦合 DOC，随着 EGR 率的升高，碳烟排放升高，主要原因是由于扩散燃烧方式下油气混合不均匀，导致局部缺氧情况的存在。此外，随着废气量的增加，缸内氧含量进一步降低，因此碳烟的生成显著增加。随着甲醇替代率的升高，EGR 对碳烟排放的影响变大，这主要是因为 F-T 柴油/甲醇双燃料燃烧模式

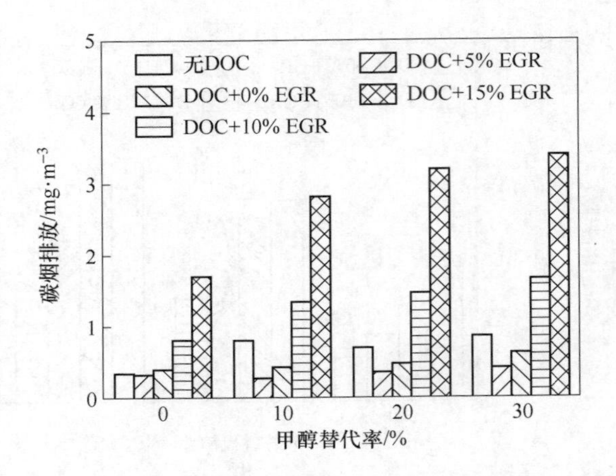

图 4-35　加装 DOC 时甲醇替代率和 EGR 对碳烟排放的影响

的滞燃期较短，预混燃烧较少，后期扩散燃烧比例较大，同时缸内氧气减少，随着甲醇替代率的增大，这种情况更严重，所以碳烟生成增多。

5 油醇双燃料发动机优化

第4章中发现，简单设计的F-T柴油/甲醇双燃料发动机无法实现高效清洁燃烧，本章将对油醇双燃料发动机进行优化研究。在双燃料发动机中，高活性燃料的喷射策略对缸内混合气的活性分层控制至关重要，通过调节关键喷油参数来探索混合气分层策略对双燃料发动机的影响。同时，双燃料发动机的低活性燃料需要气道喷射，柴油发动机的进气道结构简单，甲醇喷嘴的安装位置可能导致甲醇混合气进入量的差异，具体取决于各缸距离甲醇喷嘴的远近。甲醇喷嘴可以安装在进气总管、切向气道、螺旋气道。甲醇喷射时刻和喷射压力对甲醇的雾化特性和混合气的形成有较大的影响，因此本章也探讨了甲醇喷射位置、喷射压力和喷射时刻对双燃料发动机的影响。最后以经济性为目标和以 NO_x 排放为目标结合后处理DOC + CDPF进行高效清洁双燃料发动机全工况的标定，以达到优化双燃料发动机的目的。

5.1 F-T柴油喷射策略和喷射参数对双燃料发动机性能的影响

5.1.1 试验方案

本试验所用到的基础燃料为F-T柴油和甲醇。在稳定的工作条件下，对不同喷射策略和喷射参数下的发动机性能参数进行测量。测试条件是在2000 r/min，75%的负荷。甲醇替代率从0增加到40%，间隔为10%。甲醇由进气道喷射系统喷射，F-T柴油由缸内直接喷射系统喷射。燃油喷射策略如图5-1所示。试验1和

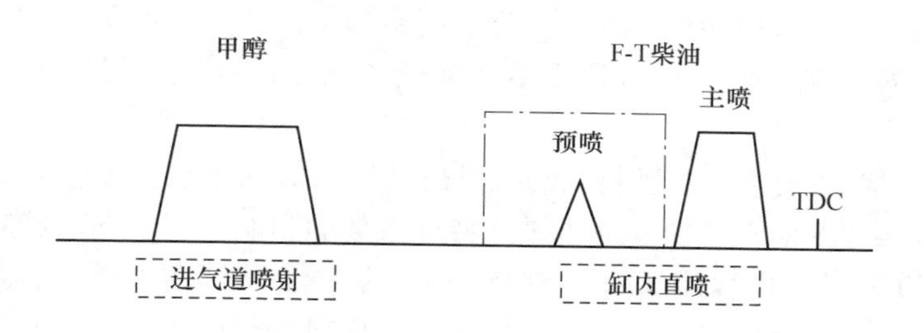

图5-1 台架试验发动机喷射策略

试验 2 分别是 F-T 柴油单次喷射和两次喷射。进气道喷射系统的喷射压力为 0.35 MPa，甲醇的喷射时刻为 270° CA BTDC。F-T 柴油的喷射压力为 145 MPa。试验 3 至试验 6 为喷射参数对双燃料发动机性能的影响，具体喷射参数如表 5-1 所示。进气温度由发动机中冷节温器系统控制，进气压力由涡轮增压器提供，中冷后的进气温度为（35 ± 2）℃，发动机水温保持在（80 ± 2）℃。

表 5-1　试验工况和 F-T 柴油喷射参数

试验编号	试验名称	甲醇替代率 /%	预喷时刻 t_{pil} /(°CA BTDC)	每次预喷质量 q_{pil} /mg	主喷时刻 SOI /(°CA BTDC)	喷油压力 p_{inj} /MPa
1	单喷策略	0 ~ 40	—	—	4	145
2	双喷策略	0 ~ 40	20	1.5	4	145
3	预喷正时	30	15 ~ 25	1.5	4	145
4	预喷质量	30	20	1.5 ~ 3.5	4	145
5	主喷正时	30	20	1.5	0 ~ 8	145
6	喷油压力	30	20	1.5	4	125 ~ 145

5.1.2　F-T 柴油喷射策略对双燃料发动机性能的影响

图 5-2 为喷油策略对双燃料发动机缸内压力和放热率的影响。随着甲醇替代率的增加，发动机缸内压力峰值和放热率峰值也随之增加。虽然在喷射甲醇过程中，进气温度会降低，但是研究工况为高负荷工况，所以缸内温度较高，甲醇能够发挥其含氧量高、燃烧速度快的优势。此外，甲醇在缸内几乎呈均质预混合气态，因此其燃烧速度高于燃油的扩散燃烧速度。

如图 5-2（a）所示，F-T 柴油单喷射策略下，随着甲醇替代率的增大，放热率由双峰变为单峰，具体原因见 4.2.2 节。如图 5-2（b）所示，F-T 柴油双喷射策略下，随着甲醇替代率的增大，预喷燃烧阶段的放热率峰值相位延迟，而主喷燃烧阶段的放热率峰值相位提前，燃烧变得更集中，放热速率更快。这主要是因为预喷阶段的燃烧放热为主喷阶段燃烧提供了高温的环境，促进了甲醇的快速燃烧。

图 5-3 为喷油策略对双燃料发动机燃烧特性参数的影响。单喷射和双喷射策略下，甲醇替代率对双燃料发动机燃烧特性参数的影响呈现不同的趋势。随着甲醇替代率的增大，单喷射策略下，滞燃期延长，燃烧持续期先增大后减小。而双喷射策略下，滞燃期缩短，燃烧持续期延长，呈现出相反的趋势。究其原因，甲醇汽化潜热大，可以降低缸内初始温度，抑制双燃料燃烧模式的着火。而双喷射

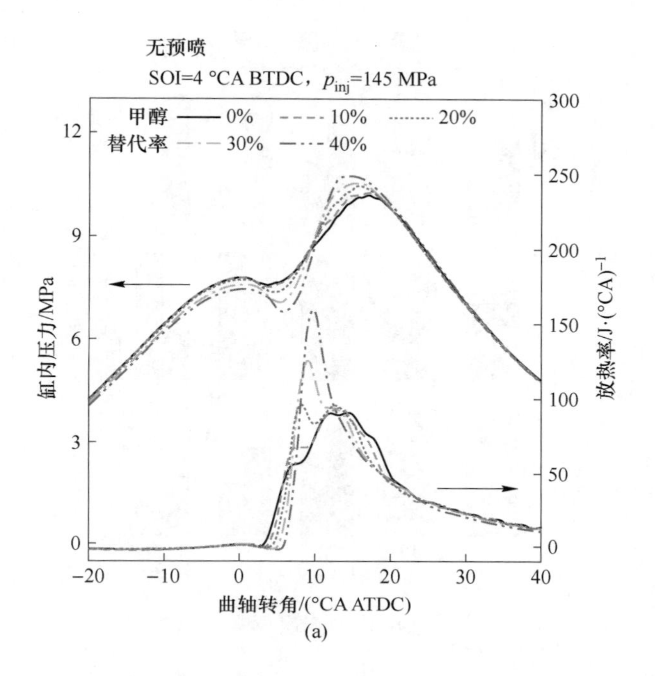

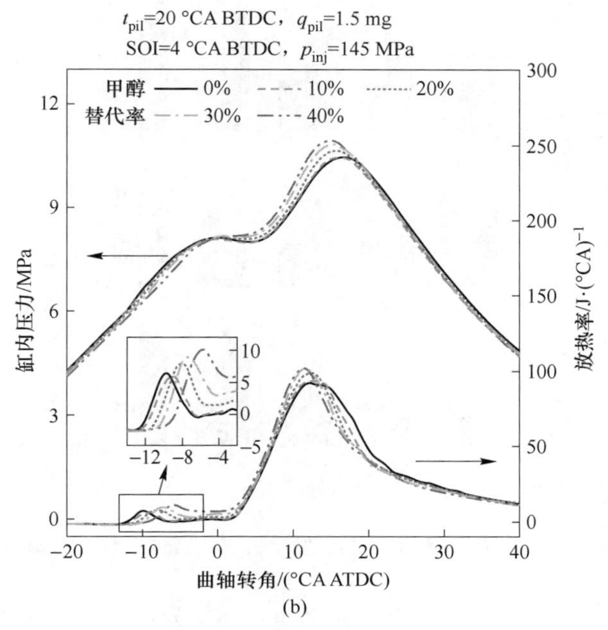

图 5-2 喷油策略对双燃料发动机缸内压力和放热率的影响
（a）单喷；（b）双喷

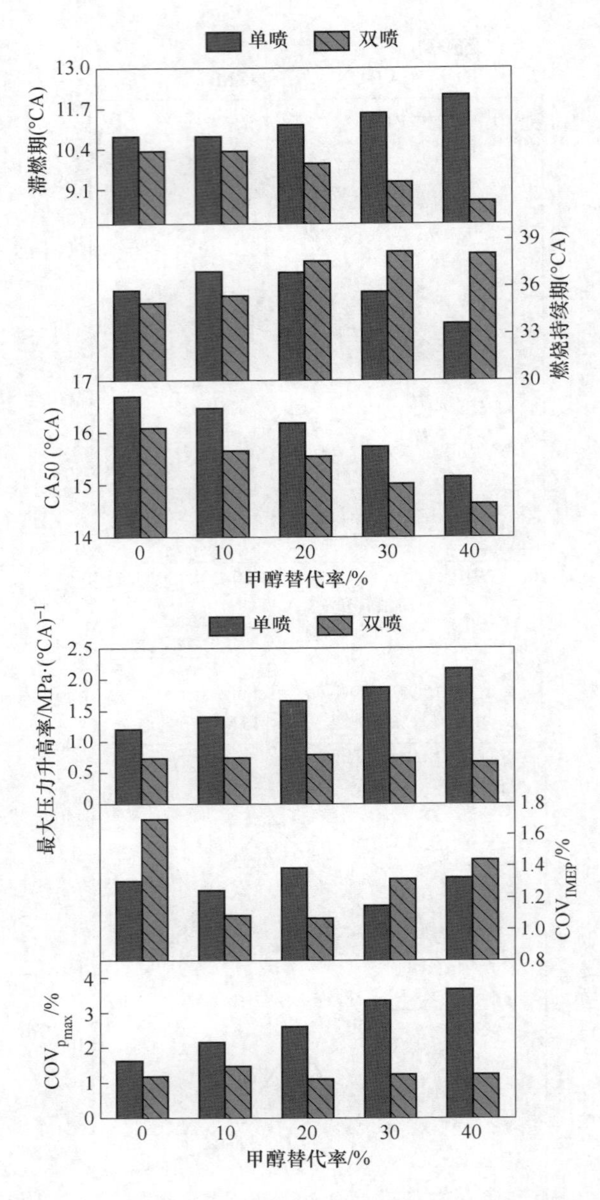

图 5-3　喷油策略对双燃料发动机燃烧特性参数的影响

策略下，预喷射的 F-T 柴油进入缸内并迅速点燃部分甲醇，为主喷射阶段的燃烧提供了高温环境，CA05 提前达到，滞燃期缩短。燃烧重心（CA50）在两种喷油策略下都随着甲醇替代率的增大而提前。这主要是因为缸内形成了均质预混合气，甲醇在燃烧初期快速燃烧。相比单次喷射策略，双喷射策略下的最大压力升高率和最大压力循环波动系数明显减小，这有利于提高双燃料发动机的甲醇替代率。

图 5-4 为喷油策略对双燃料发动机排放特性的影响。由图 5-4（a）可知，单喷射和双喷射策略下，甲醇替代率对双燃料发动机 CO 排放的影响呈现相同的趋

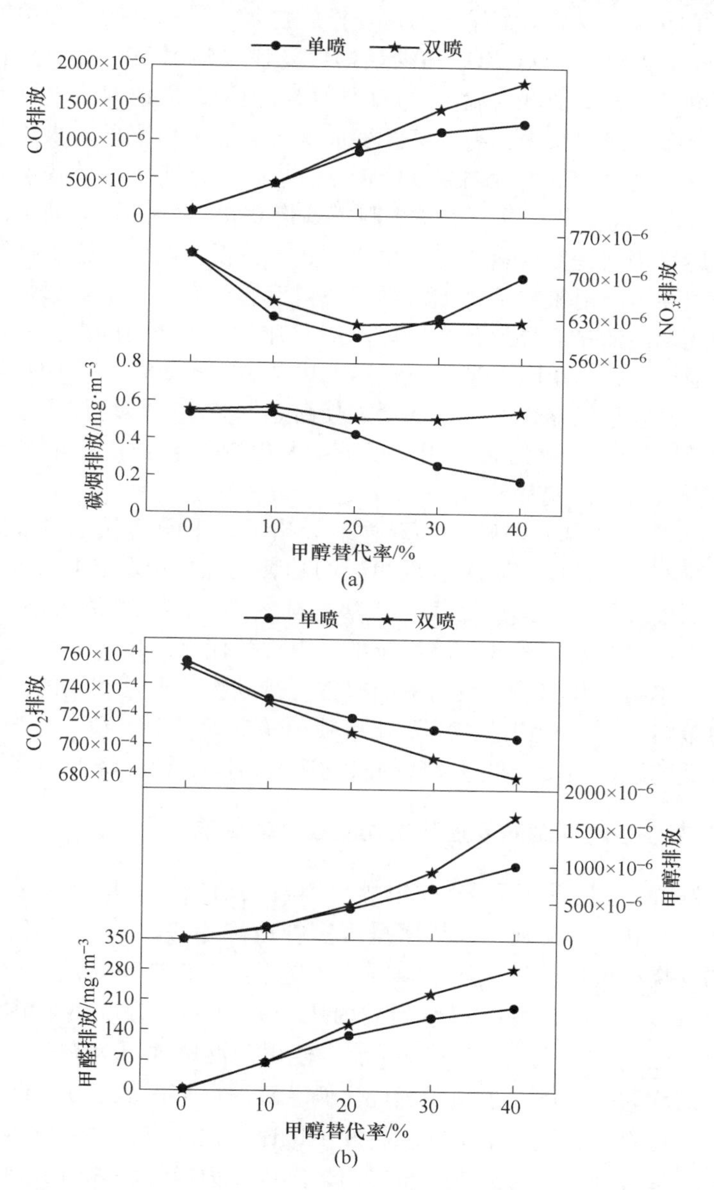

图 5-4 喷油策略对双燃料发动机排放特性的影响
（a）常规排放物；（b）非常规排放物

势，而对和 NO_x 和碳烟排放的影响略有不同。单喷射时，随着甲醇替代率的增大，CO 排放增大，NO_x 排放先减小后增大，碳烟排放减小。双喷射时，CO 排放增大，NO_x 排放先减小后保持不变，碳烟基本不变。喷油策略对 F-T 柴油/甲醇双燃料发动机常规排放物的影响随着甲醇替代率的增大而更加明显，当甲醇替代率为 0 时，单喷射和双喷射策略下的常规排放物基本是相同的。当甲醇替代率大于 0 时，双喷射策略下 CO、NO_x 和碳烟排放要比单喷射策略时的高。双燃料燃烧模式下，可以显著降低缸内温度，进而增加缸内淬熄层的厚度。同时，一定比例的甲醇会分布在淬熄层中，有些甚至变成液态。这种情况下，火焰前端难以传播到这个区域。同时较低的缸内温度降低了 CO 的氧化速率，导致不完全燃烧和较高的 CO 排放。高负荷工况下的双燃料模式燃烧仍然以传统柴油机的燃烧模式为主，扩散燃烧仍然是双燃料燃烧的主要方式。较低的缸内温度也抑制了 NO_x 排放的生成，但在单喷射策略下，加入甲醇使得滞燃期变长，从而增加了预混高活性燃料在滞燃期内的量，导致预混燃烧比例上升并且燃烧温度升高，由此引起了 NO_x 排放的增加。所以单喷射策略下，随着甲醇替代率的增大，NO_x 排放先降低后升高。而在双喷射策略下，甲醇的增加使滞燃期减小，但增加了主喷燃烧阶段的初始温度，对 NO_x 排放的影响相互抵消，所以 NO_x 排放随甲醇替代率的增大而呈现先降低后不变的趋势。

由图 5-4（b）可知，单喷射和双喷射策略下，甲醇替代率对双燃料发动机的 CO_2、甲醇和甲醛排放的影响呈现相同的趋势。随着甲醇替代率的增大，CO_2 排放减小，而甲醇和甲醛排放增大。与常规排放物一样，喷油策略对 F-T 柴油/甲醇双燃料发动机非常规排放物的影响随着甲醇替代率的增大而明显，当甲醇替代率为 0 时，单喷射和双喷射策略下的非常规排放物基本是相同的。双燃烧模式时，双喷射策略下甲醇和甲醛排放要比单喷射策略时的高。CO_2 主要与 CO 的氧化相关，较低的缸内温度降低了 CO 的氧化速率，所以 CO_2 降低。

5.1.3 F-T 柴油预喷时刻对双燃料发动机性能的影响

图 5-5 为预喷正时对 F-T 柴油/甲醇双燃料发动机缸内压力和放热率的影响规律。从图 5-5 中可以发现，放热率呈现多峰放热趋势，随着预喷正时的提前，预喷阶段的燃烧相位提前且放热率峰值随之减小。将预喷正时从 15°CA BTDC 调整至 17. 5°CA BTDC 后，可以观察到缸内压力峰值和瞬时放热率峰值分别提高 4. 5% 和 4. 07%。这是因为预喷时刻提前，使得预混燃油更为充分，进而提高了缸内混合气的均匀度，增大了预混燃烧比例。缸内局部区域满足 F-T 柴油燃烧条件，混合气多点着火，燃烧室中的燃料发生快速氧化反应，导致缸内的燃烧温度和压力升高。随着预喷正时的进一步提前，缸内压力峰值和瞬时放热率峰值变化不大，甚至呈现降低的趋势。这是因为预喷油量较少，且预喷的燃油已经充分混合，即使进一步延长混合时间也不会明显影响混合气的均匀度。先导燃料在喷射

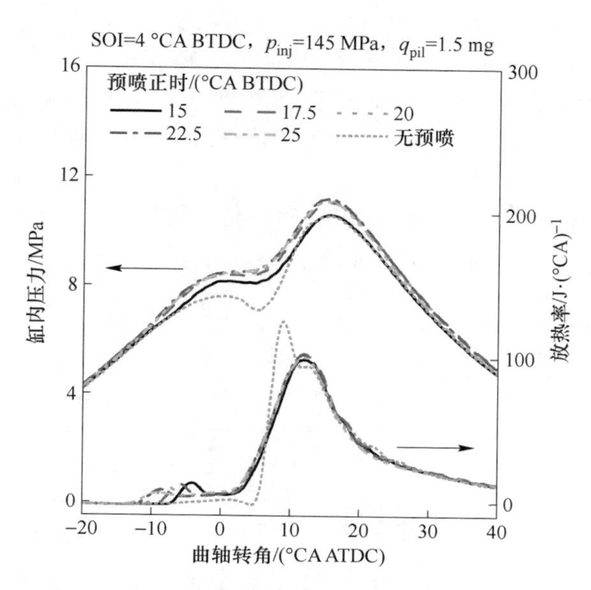

图 5-5 预喷时刻对双燃料发动机缸内压力和放热率的影响

过程中暴露在较冷的环境中，影响了其反应性。同时局部混合气活性降低，可能导致燃烧速率下降，进而缸内压力和放热率出现降低的趋势。

图 5-6 为预喷正时对 F-T 柴油/甲醇双燃料发动机燃烧特性的影响规律。从图 5-6 中可以发现，滞燃期随着预喷正时的提前而明显缩短，这主要是因为随着

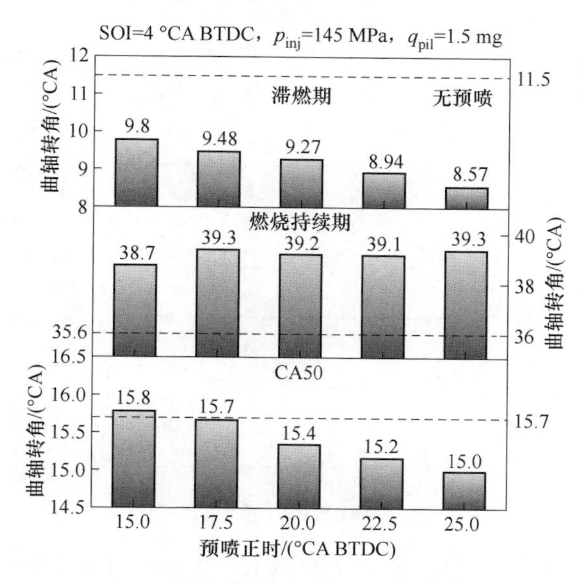

图 5-6 预喷时刻对双燃料发动机燃烧特性参数的影响

F-T 柴油预喷时刻的提前导致预喷 F-T 柴油有足够时间在缸内雾化和蒸发扩散，使燃料和空气更充分地混合，更容易着火。预喷正时从 15° CA BTDC 提前到 17.5°CA BTDC 时，燃烧持续期有明显的延长。随着预喷正时的进一步提前，燃烧持续期变化不大。由于滞燃期的缩短，燃烧重心明显提前。通过预喷燃油可以提高主喷油束周围的 F-T 柴油浓度。

图 5-7 为预喷正时对 F-T 柴油/甲醇双燃料发动机排放特性的影响。由图 5-7（a）

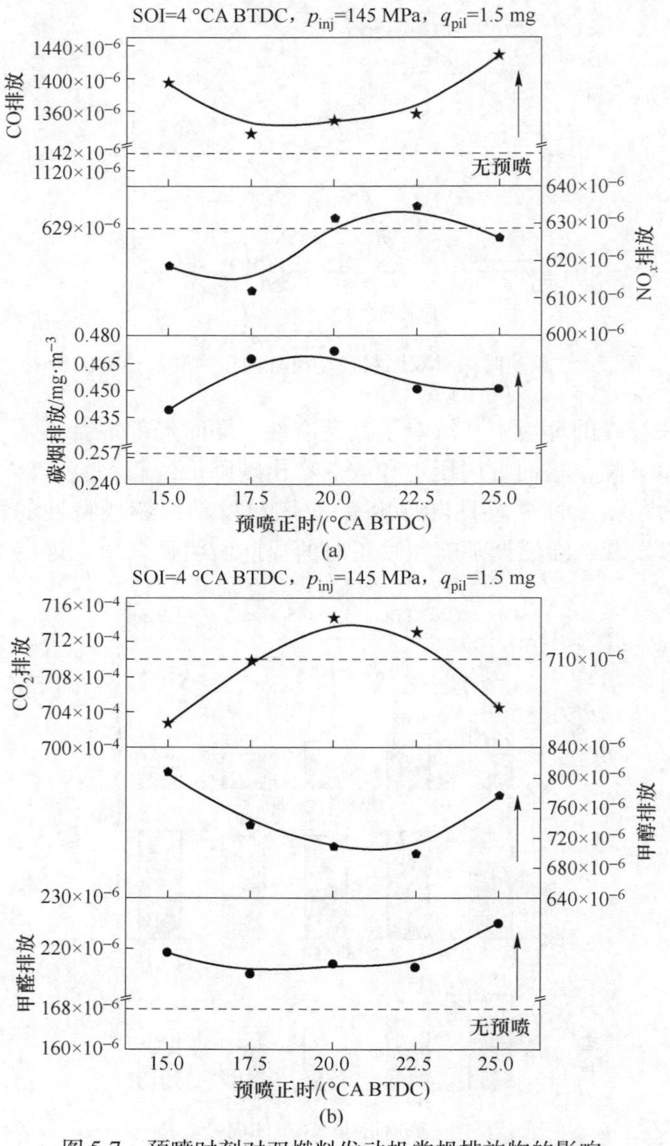

图 5-7　预喷时刻对双燃料发动机常规排放物的影响

（a）常规排放物；（b）非常规排放物

可知，预喷正时从 15°CA BTDC 提前到 17.5°CA BTDC 时，CO 和 NO_x 排放均呈现了下降的趋势，分别降低 4.44% 和 1.15%，但是碳烟排放有所升高。随着预喷正时的进一步提前，常规排放物呈现了相反的趋势。这是由于预喷正时的提前，缸内工质燃烧温度升高，促进了 CO 氧化反应过程。此外，整个燃烧过程以扩散燃烧为主，预喷正时的提前使预混燃烧比例升高，而且有利于改善混合气的活性，生成较多的易燃产物和活化基，从而导致 CO 排放减少。随着预喷正时的进一步提前，局部浓混合气区域的化学活性有所降低，燃烧速率下降，燃烧不充分，CO 排放增加。NO_x 与碳烟的产生与缸内温度和氧气浓度分布密切相关，先导喷射的柴油进入气缸的时间越早，缸内混合气混合的时间越长，减少了缸内局部燃料浓度不均性，同时甲醇燃料的添加增加了混合气中的氧含量，从而导致 NO_x 排放增加，碳烟排放量则减小。

由图 5-7（b）可知，随着喷油正时的提前，CO_2 排放先升高后降低，而甲醇和甲醛排放则先降低后升高。CO_2 排放和 CO 排放是成反比的关系，呈现相反的趋势。预喷正时的提前，缸内工质燃烧温度升高，促进了 CO 氧化反应过程，所以 CO_2 会先呈现升高的趋势。随着 F-T 柴油预喷时刻的提前导致预喷 F-T 柴油有足够时间在缸内雾化和蒸发扩散，使燃料和空气更充分地混合，预混燃烧比例增大，缸内局部区域满足柴油燃烧条件，混合气多点着火，缸内燃烧状态变好，甲醇排放减小。甲醛主要存在于燃烧室壁面的淬熄层，与缸内空燃比和温度分布密切相关，预喷正时提前引起的工质温度升高会降低壁面淬熄效果，促进甲醛的氧化。

5.1.4 F-T 柴油预喷质量对双燃料发动机性能的影响

图 5-8 为预喷油量对 F-T 柴油/甲醇双燃料发动机缸内压力和放热率的影响。由图 5-8 可知，在预喷策略下双燃料燃烧缸内放热率曲线始终呈现双峰分布，预喷放热率峰值位于 8°CA BTDC 附近，且预喷放热率峰值随着预喷油量的增大而增大，缸内压力峰值也逐渐增加，而主喷放热率峰值则不断减小。这是由于预喷油量增加后，引燃缸内甲醇均质混合气的点火能量增强，且高负荷下的缸内温度和压力也较高，导致更多的预混合气被点燃。当每次预喷油量从 1.5 mg 增加到 3.5 mg 时，缸内压力峰值增加了 8.86%，而放热率峰值减小了 4.03%。一方面，预喷 F-T 柴油的增加积累了大量的活化基和氧化反应物质，削弱了甲醇对 F-T 柴油着火的抑制作用，增加多点同时着火的可能性，并加快了燃烧速度；另一方面，甲醇混合气在压缩行程中温度升高加快，改善了主喷 F-T 柴油雾化和蒸发，使燃烧放热更加集中。

图 5-9 为预喷油量对 F-T 柴油/甲醇双燃料发动机燃烧特性参数的影响。随着预喷油量的提高，滞燃期会变短，同时燃烧持续期会变长。这是由于预喷油量

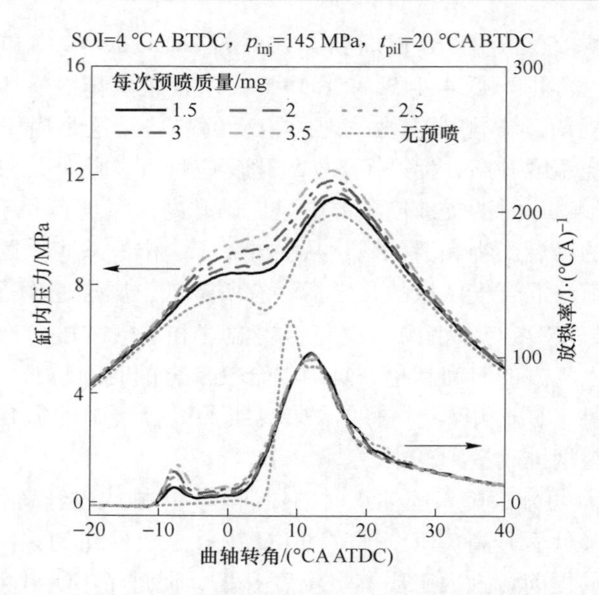

图 5-8　预喷质量对双燃料发动机缸内压力和放热率的影响

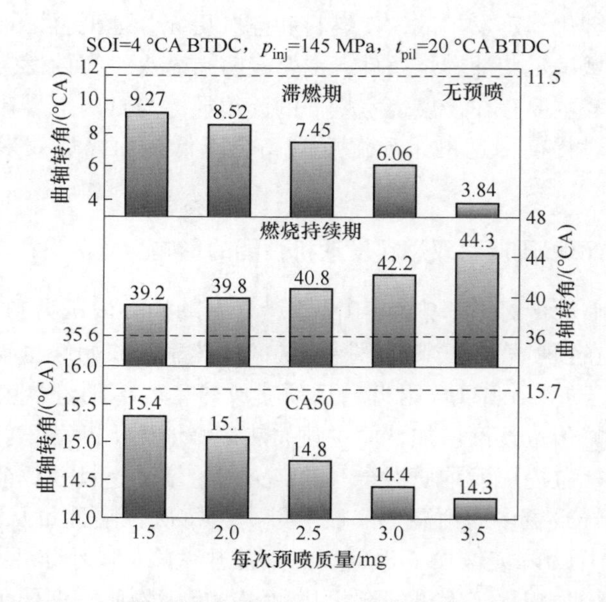

图 5-9　每次预喷质量对双燃料发动机燃烧特性参数的影响

增加后，预喷阶段燃烧提供的能量增多，主喷燃烧初期的缸内温度和压力增大，导致缸内更容易着火。燃烧重心 CA50 随着预喷油量的增大而提前。增加预喷油量可以有效提升甲醇混合气的活性，在主喷燃油喷入之后，火焰快速扫遍甲醇混合气未燃烧的区域。预喷油量越大，预喷柴油和甲醇形成的混合气的活性越高，参与预混燃烧的甲醇比例越大，从而燃烧速率越快，导致 CA50 越靠前。

图 5-10 为预喷油量对 F-T 柴油/甲醇双燃料发动机排放特性的影响。由图 5-10（a）可知，随着预喷油量的增大，CO、NO_x 和碳烟排放均升高的趋势。当每次预喷油量从 1.5 mg 增加到 3.5 mg 时，CO、NO_x 和碳烟排放分别升高 2.08%、3.58% 和 87.64%。这主要与大比例预喷造成混合气过稀，燃烧速率下降有关。

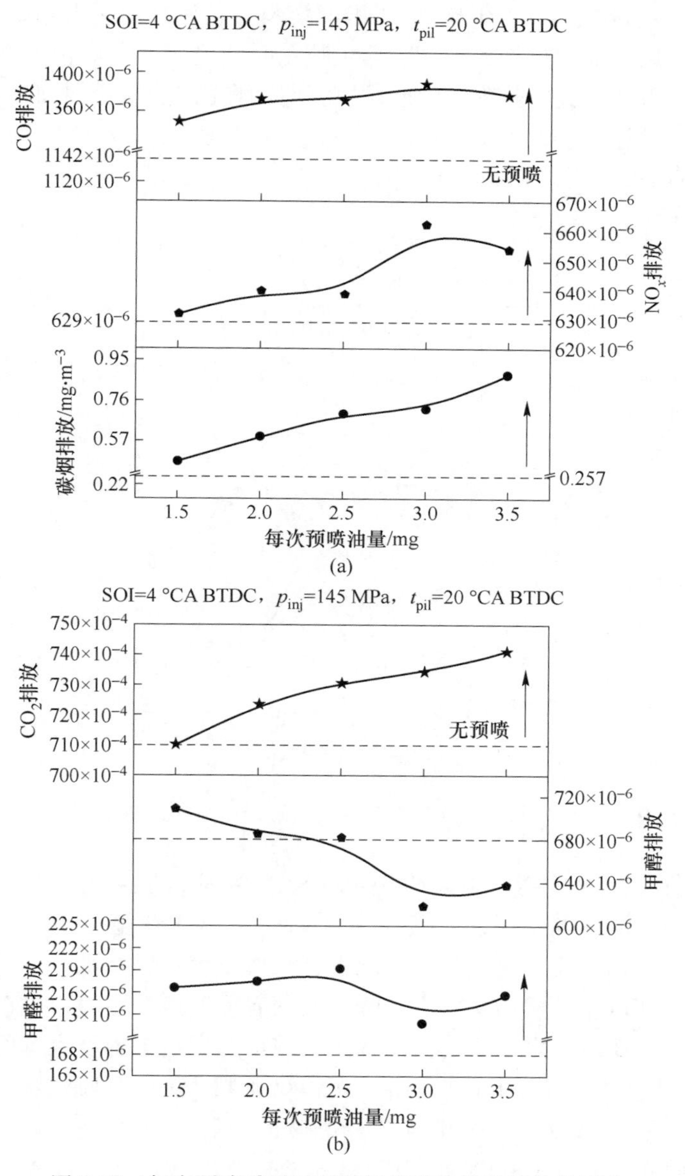

图 5-10 每次预喷质量对双燃料发动机排放特性的影响

（a）常规排放物；（b）非常规排放物

由图 5-10（b）可知，随着预喷油量的增大，CO_2 排放升高，而甲醇排放降低。当每次预喷油量从 1.5 mg 增加到 3.5 mg 时，CO_2 排放升高 4.36%，甲醇排放降低 10.07%。预喷油量对甲醛排放的影响不大。

5.1.5　F-T 柴油主喷时刻对双燃料发动机性能的影响

图 5-11 为主喷正时对 F-T 柴油/甲醇双燃料发动机缸内压力和放热率的影响。放热率曲线呈现双峰放热趋势，且随着主喷正时的提前，燃烧相位逐渐提前。缸内最大爆发压力和最大放热率也随着主喷正时的提前而大幅度增加，当主喷正时从 0°CA BTDC 提前至 8°CA BTDC 时，最大缸内压力增加了 39.85%，最大放热率增加了 13.41%。

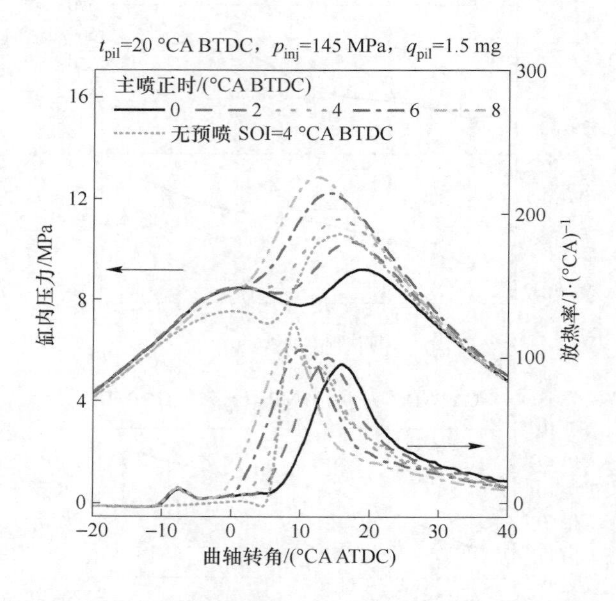

图 5-11　主喷时刻对双燃料发动机缸内压力和放热率的影响

图 5-12 为主喷正时对 F-T 柴油/甲醇双燃料发动机燃烧特性的影响。随着主喷正时的提前，滞燃期延长，而燃烧持续期缩短。CA50 随着主喷正时的提前而提前。这是由于在主喷正时较晚的情况下，会使双燃料燃烧重心滞后，引起严重的后燃现象，使得发动机做功效率下降，而随着 F-T 柴油主喷时刻的提前，燃烧相位逐渐靠近上止点，发动机的传热损失会减少，燃烧等容度也有所改善。

图 5-13 为主喷正时对 F-T 柴油/甲醇双燃料发动机排放特性的影响。由图 5-13（a）可知，CO 和碳烟排放随着主喷正时的提前逐渐降低，而 NO_x 排放增加。当主喷正时从 0°CA BTDC 提前至 8°CA BTDC 时，CO 和碳烟排放分别降低 8.02% 和 60.06%。F-T 柴油主喷正时的提前，主喷燃料着火滞燃期会延长，

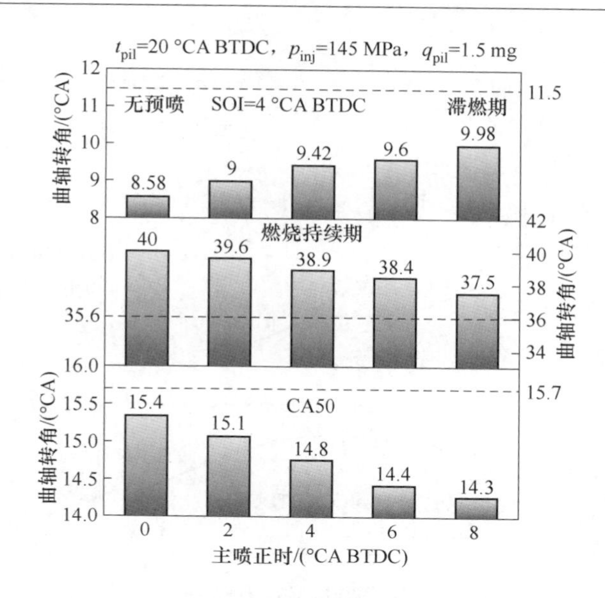

图 5-12 主喷时刻对双燃料发动机燃烧特性参数的影响

使得 F-T 柴油在燃烧开始前能够更加充分混合，改善了燃烧过程；此外，较高的缸内温度和压力会促进 CO 和碳烟的进一步氧化反应，但较高的燃烧温度会导致 NO_x 排放增加。由图 5-13（b）可知，CO_2 排放随着主喷正时的提前而呈现先升高后降低的趋势，这和 CO 排放的趋势正好相反。随着主喷正时的提前，甲醇排放先降低后升高，而甲醛先升高后降低。

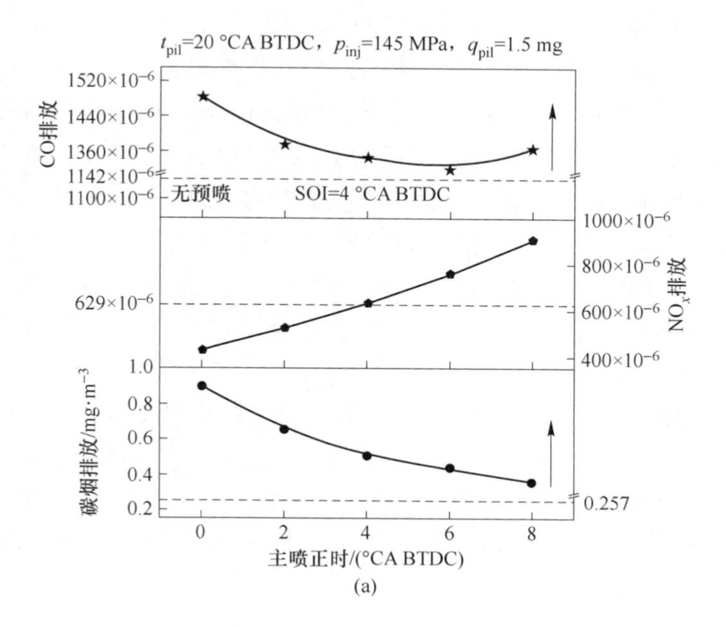

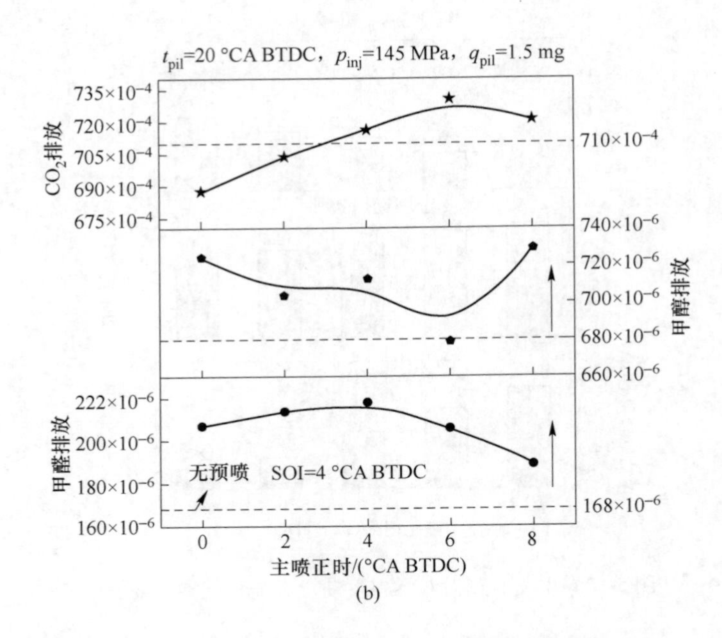

图 5-13　主喷时刻对双燃料发动机排放特性的影响
（a）常规排放物；（b）非常规排放物

5.1.6　F-T 柴油喷油压力对双燃料发动机性能的影响

图 5-14 为喷油压力对 F-T 柴油/甲醇双燃料发动机缸内压力和放热率的影响。随着喷油压力的提高，缸内压力峰值和放热率峰值也相应增大。在将喷油压力从 125 MPa 提升到 145 MPa 时，缸内压力峰值和放热率峰值的增幅分别为 4.46% 和 5.67%。增加喷油压力有利于加快 F-T 柴油与空气的混合速度，使得缸内形成更为适宜 F-T 柴油/甲醇双燃料着火和燃烧的 F-T 柴油浓度分布，从而提升燃烧速率并提前燃烧相位。当喷油压力较低时，F-T 柴油的喷雾粒径较大，雾化质量相对较差，同时喷油所形成的气流运动较为缓慢，这导致一部分 F-T 柴油液滴无法充分卷吸足够的空气，从而无法完全燃烧，造成最大爆发压力相对较小。

图 5-15 为喷油压力对 F-T 柴油/甲醇双燃料发动机燃烧特性的影响。滞燃期和燃烧持续期都随着喷油压力的增大而减小，燃烧重心 CA50 随着喷油压力的增大而提前。较大的喷油压力改善了燃油的雾化质量，加快了混合气的混合速度，缸内燃烧速率加快，所以滞燃期和燃烧持续期缩短，燃烧重心 CA50 提前。

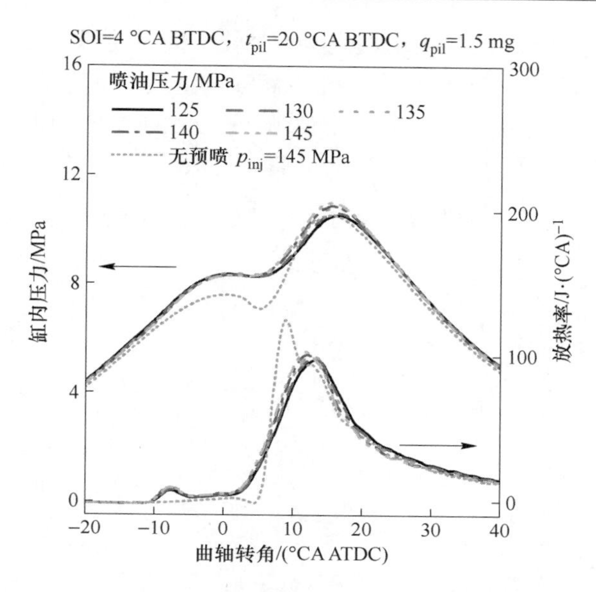

图 5-14 喷油压力对双燃料发动机缸内压力和放热率的影响

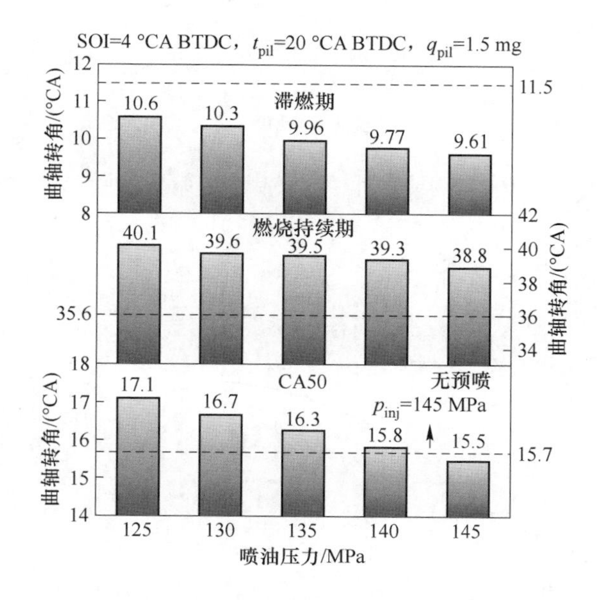

图 5-15 喷油压力对双燃料发动机燃烧特性参数的影响

图 5-16 为喷油压力对 F-T 柴油/甲醇双燃料发动机排放特性的影响。由图 5-16（a）可知，随着喷油压力的增大，CO 和 NO_x 排放增大而碳烟排放会减小。喷油压力从 125 MPa 增加到 145 MPa 时，CO 和 NO_x 排放增大 2.73% 和 17.89%，碳烟排放减小 28.65%。过高的喷油压力容易造成柴油与空气的过度混

合。NO_x 排放量的增加主要是由于燃烧速率加快，同时使得 CA50 更接近上止点，从而导致缸内温度升高，低温区的燃料裂解氧化生成 CO 的反应也被显著促进，使 CO 的生成量上升。由图 5-16（b）随着喷油压力的增大，CO_2 排放逐渐减小。喷油压力从 125 MPa 增加到 145 MPa 时，CO_2 排放降低 0.5%。甲醇排放随着喷油压力的增大呈现先增大后降低的趋势，而甲醛排放一直增大。

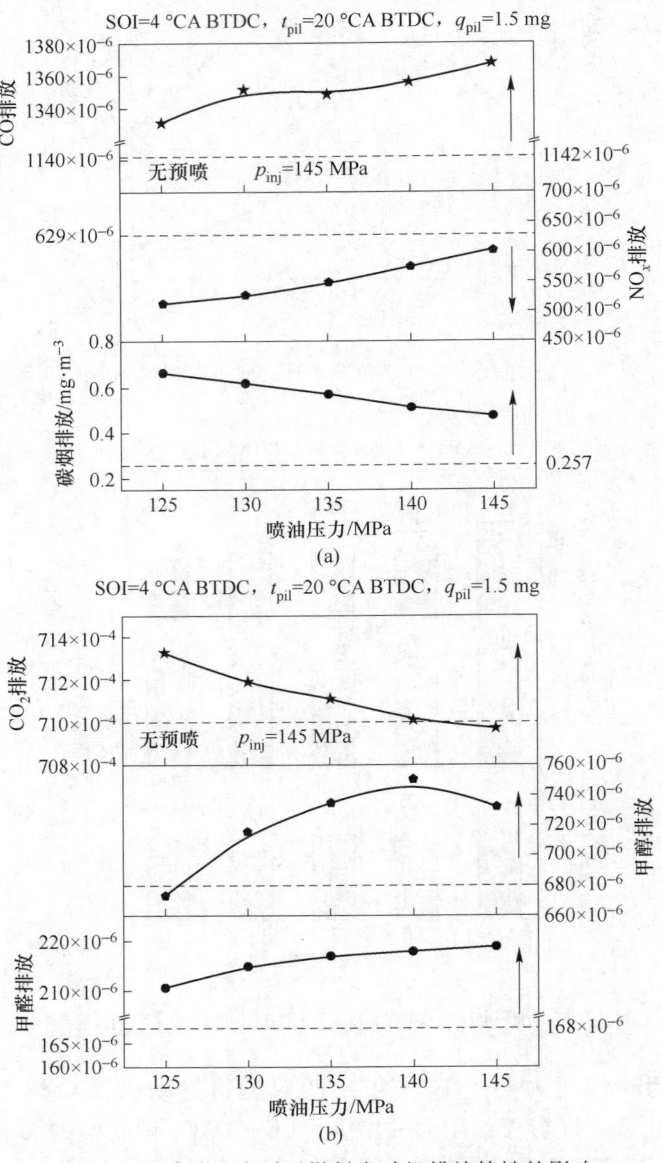

图 5-16　喷油压力对双燃料发动机排放特性的影响

（a）常规排放物；（b）非常规排放物

5.2 甲醇喷射位置和喷射参数对双燃料发动机性能的影响

5.2.1 试验方案

本试验所用到的燃油为 F-T 柴油和甲醇。测功机设置为恒定扭矩模式，双燃料模式时，在注入甲醇后，F-T 柴油相应减少。在稳定的工作条件下，对不同甲醇喷射位置、喷射压力和喷射时刻下的发动机性能参数进行了测量，具体试验方案如表 5-2 所示。

表 5-2 试验工况和甲醇喷射参数

编号	试验名称	转速 /r · min^{-1}	负荷 /%	甲醇替代率 /%	甲醇喷射位置	甲醇喷射压力 /MPa	甲醇喷射时刻 /(°CA BTDC)
1	甲醇喷射位置	2000	75	0 ~ 40	进气总管	0.45	270
		2000	75	0 ~ 40	切向气道	0.45	270
		2000	75	0 ~ 40	螺旋气道	0.45	270
2	喷射压力（单喷）	2000	75	0 ~ 40	切向气道	0.35、0.45	270
	喷射压力（双喷）	2000	75	0 ~ 40	切向气道	0.35、0.45	270
3	甲醇喷射时刻	1800	80	30	螺旋气道	0.45	220 ~ 320

甲醇替代率从 0 增加到 40%，间隔为 10%。F-T 柴油的喷射策略为两次喷射（预喷 + 主喷），具体喷射参数如表 5-3 所示。中冷后的进气温度为（35 ± 2）℃，发动机水温保持在（80 ± 2）℃。甲醇喷射位置分别为进气总管、进气歧管的切向气道和螺旋气道，安装实物图如图 5-17 所示。甲醇喷射时刻与进气门升程的对应关系如图 5-18 所示。

表 5-3 F-T 柴油喷射参数

试验编号	转速 /r · min^{-1}	负荷 /%	预喷时刻 /(°CA BTDC)	每次预喷质量 /mg	主喷时刻 /(°CA BTDC)	喷油压力 /MPa
1	2000	75	15	1.5	4	145
2	2000	75	—	—	8	145
3	1800	80	18.2	1.8	5	140

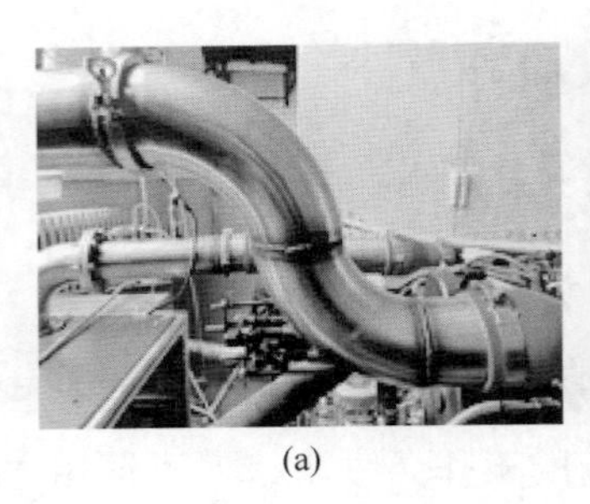
(a)

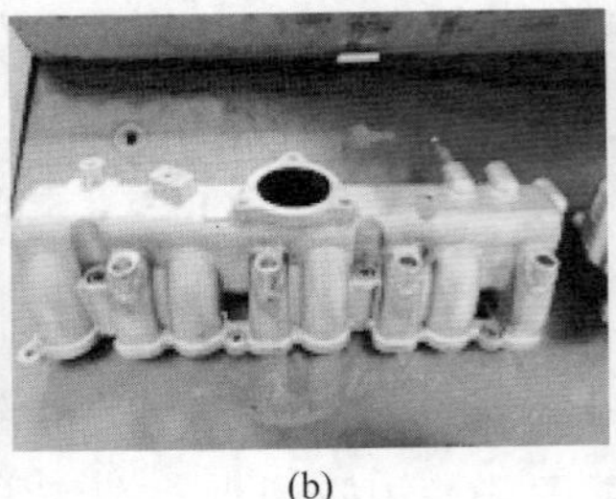
(b)

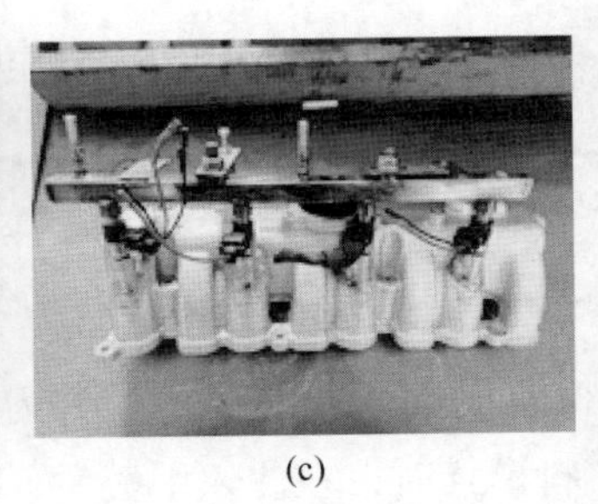
(c)

图 5-17　甲醇喷射位置
(a) 进气总管；(b) 切向气道；(c) 螺旋气道

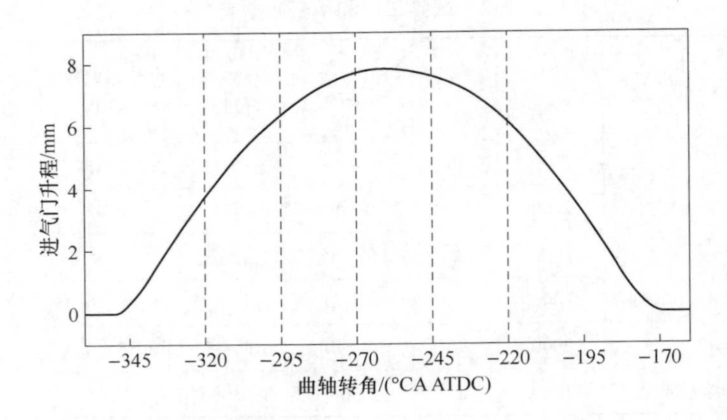

图 5-18　甲醇喷射时刻与进气门升程关系

5.2.2　甲醇喷射位置对双燃料发动机性能的影响

图 5-19 为甲醇喷射位置对双燃料发动机循环波动的影响，可以看出，随着甲醇替代率的升高，总管和螺旋气道喷射时的 $COV_{P_{max}}$ 增大，但是切向气道喷射时的 $COV_{P_{max}}$ 减小，3 种安装位置的 COV_{IMEP} 均随着甲醇替代率的升高而增大。相同甲醇替代率下，切向气道喷射的 COV_{IMEP} 较低，但 $COV_{P_{max}}$ 较高。在 40% 的甲醇替代率时，相比总管喷射和螺旋气道喷射，切向气道喷射的 COV_{IMEP} 和 $COV_{P_{max}}$ 都较低。

图 5-20 为甲醇喷射位置对双燃料发动机进气总管温度和排气温度的影响。进气总管温度的温度传感器安装于进气歧管的上边，由图 5-20 (a) 可知，甲醇总管喷射的时候，随着甲醇替代率的升高，进气歧管的温度下降。这主要是因为甲醇汽化潜热大，蒸发吸热。由于温度传感器安装于歧管喷射时甲醇喷嘴的前

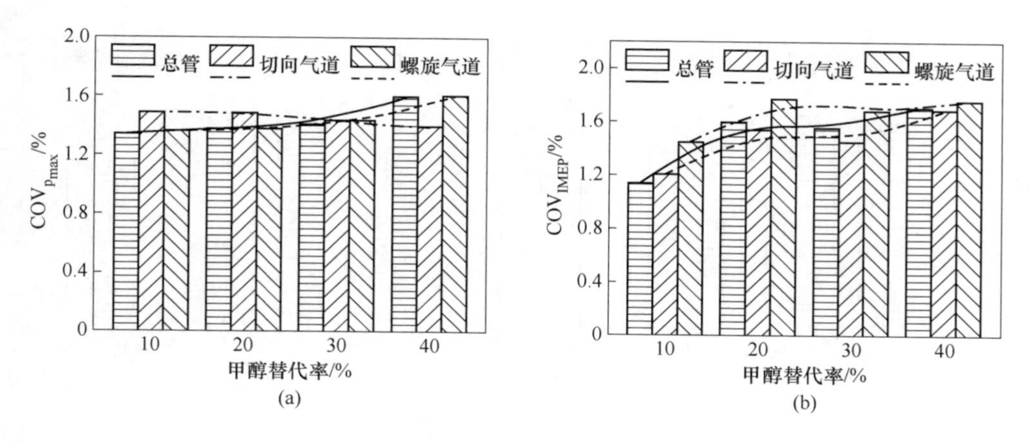

图 5-19 甲醇喷射位置对双燃料发动机循环波动的影响

（a）$COV_{p_{max}}$；（b）COV_{IMEP}

边，所以甲醇替代率对歧管喷射的双燃料发动机的进气总管温度影响不大。

由图 5-20（b）可知，同一甲醇替代率下，歧管喷射时的双燃料发动机的排气温度较高，而且螺旋气道喷射时的大于切向气道喷射时的。这主要是因为螺旋气道喷射时，甲醇混合气更加均匀，燃烧状态更好。

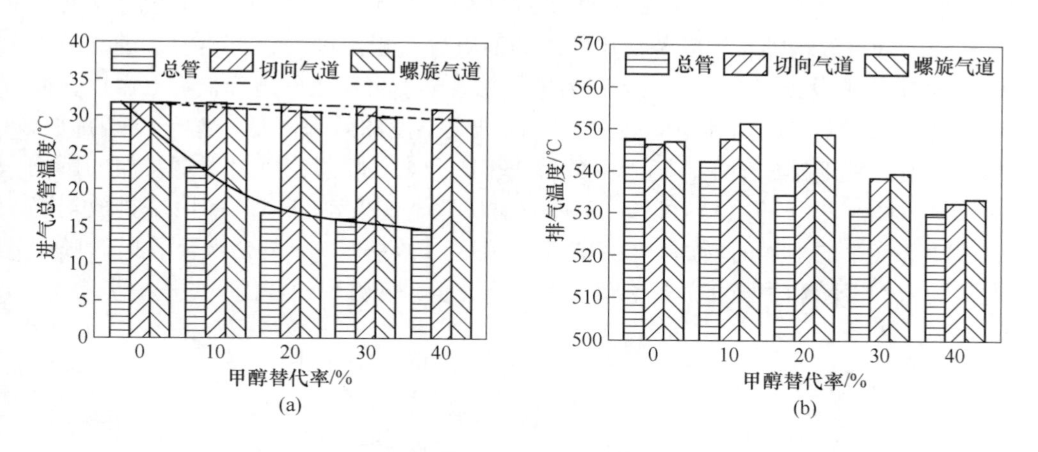

图 5-20 甲醇喷射位置对双燃料发动机进排气温度的影响

（a）进气总管温度；（b）排气温度

图 5-21 为甲醇喷射位置对双燃料发动机经济性能的影响，可以看出相比甲醇进气总管喷射，歧管喷射的燃油经济性更好，在歧管喷射中，螺旋气道喷射的效果比切向气道的要好。但在高替代率的情况下总管的燃油经济性要比歧管好，主要是因为总管喷射时的雾化和预混合时间长。

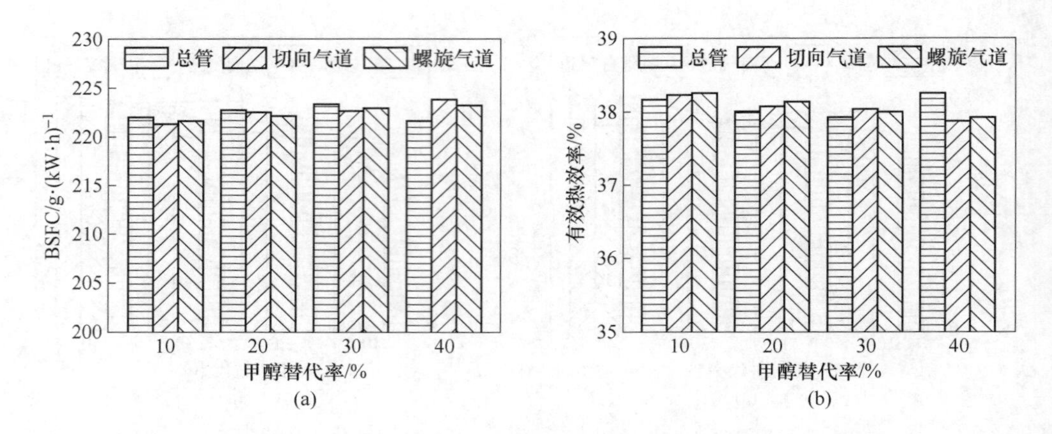

图 5-21 甲醇喷射位置对双燃料发动机经济性能的影响
(a) 有效燃油消耗率；(b) 有效热效率

图 5-22 为甲醇喷射位置对双燃料发动机排放的影响。由图 5-22（a）（b）可知，3 种喷射位置下的发动机 NMHC 和 CO 排放均随着甲醇替代率的增加而增加。同时对比 3 种喷射位置下的 NMHC 和 CO 排放，它们之间的差异很小，这与发动机的不均匀度关系较小，或许是因为某个气缸排放较好和另外一个气缸排放较差之间的互相补偿导致的。由图 5-22（c）（d）可知，3 种喷射位置下的发动机 NO_x 和碳烟排放均随着甲醇替代率的增加而减少。相比进气总管喷射，进气歧管喷射的 NO_x 排放较高，这主要是因为进气总管喷射可以很好地降低进气温度，而进气歧管喷射由于时间和空间较少，降低进气温度的效果降低。对于碳烟排放，螺旋气道的碳烟排放最小，随着甲醇替代率的升高，喷射位置对碳烟排放的影响减小。由图 5-22（e）（f）可知，3 种喷射位置下的发动机甲醇和甲醛排放均随着甲醇替代率的增加而增加。在甲醇替代率为 10% 和 20% 的情况下，歧管喷射生成的未燃甲醇和甲醛排放比总管喷射要小，但是随着甲醇替代率的进一步增大，

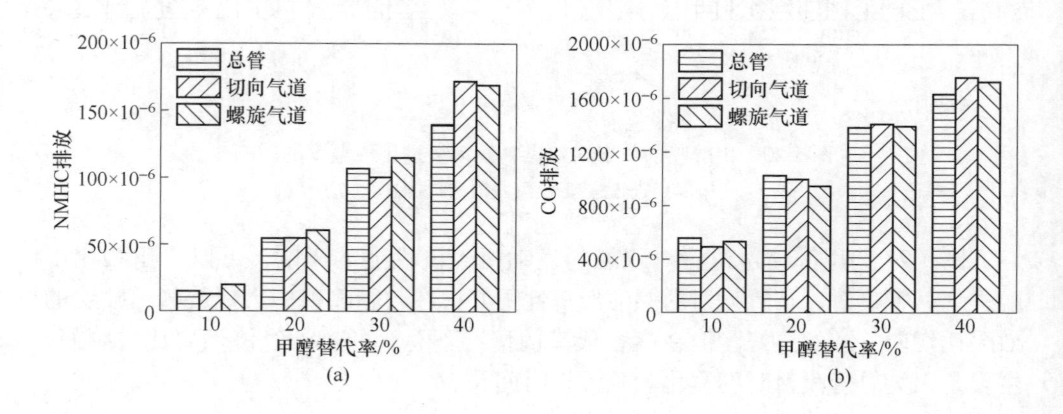

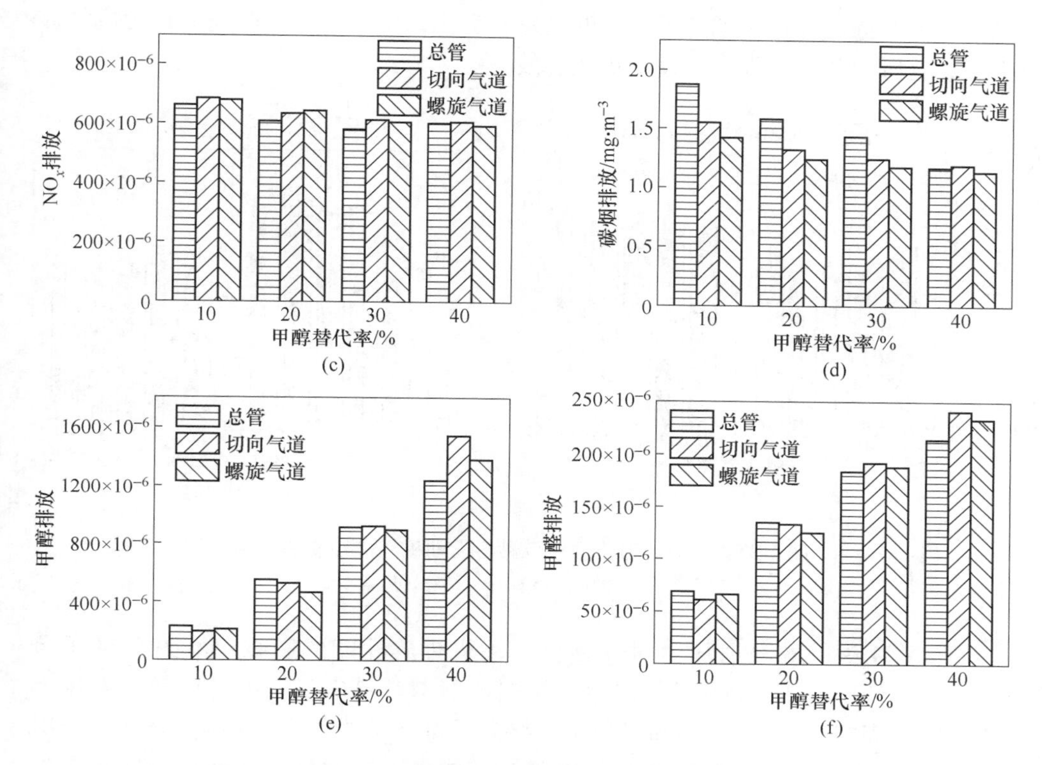

图 5-22　甲醇喷射位置对双燃料发动机排放特性的影响

(a) NMHC 排放；(b) CO 排放；(c) NO_x 排放；(d) 碳烟排放；(e) 甲醇排放；(f) 甲醛排放

呈现相反的趋势，总管喷射时的未燃甲醇和甲醛较小。这是因为当替代率较低时，甲醇蒸发雾化好，和空气形成均匀混合气，但是随着甲醇喷射量的增加，由于进气歧管的空间较少，形成的混合气没有进气总管的均匀，所以未燃甲醇有所增大。

5.2.3　甲醇喷射压力对双燃料发动机性能的影响

甲醇喷射压力较大时，贯穿距增大，液体受到惯性力的作用增强，更容易破碎雾化。与高喷射压力相比，甲醇液滴在低喷射压力下较大，破碎雾化效果差，更容易碰壁形成液膜[171]。因此，适当的甲醇喷射压力，可以改善甲醇的雾化效果，提高双燃料发动机的燃烧效率。

图 5-23 为甲醇喷射压力对双燃料发动机经济性能的影响。从图 5-23 中可以看出，无论柴油是单次喷射还是两次喷射，随着甲醇压力的升高，有效燃油消耗率降低，有效热效率升高。当喷射压力增大时，会导致液滴更容易破碎，从而进一步增强了雾化效果。此外，在进气过程中，发动机内的空气流动如湍流、涡

流、挤流和滚流等作用加速了液滴的蒸发和雾化，使得液滴在燃烧前将变成气体形式，这种现象有效提升了发动机燃烧效率。

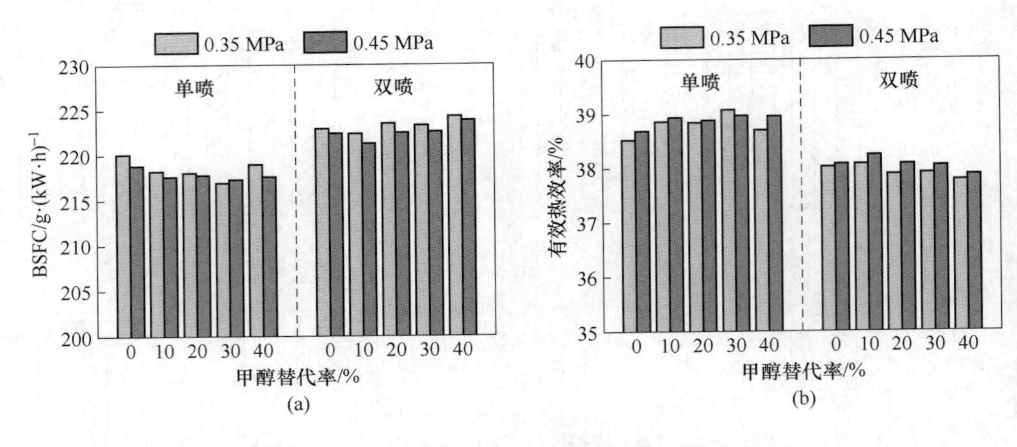

图 5-23　甲醇喷射压力对双燃料发动机经济性能的影响
（a）有效燃油消耗率；（b）有效热效率

图 5-24 为甲醇喷射压力对双燃料发动机排放性能的影响。由图 5-24（a）（b）（e）（f）可知，高活性燃料单喷策略或者双喷策略下，随着甲醇喷射压力的升高，NMHC、CO、甲醇和甲醛排放都会不同程度的降低。原因主要在于当甲醇的喷射压力增大时，液体能更好地雾化，使得液滴在燃烧前会完全转化为气态，进而有效提高发动机的燃烧效率。同时，这也能促进缸内的氧化反应，进一步降低有害排放。

由图 5-24（c）可知，在单喷射策略下，随着甲醇替代率的增加，NO_x 排放表现出了一种先降后升的趋势。在这种情况下，当甲醇的喷射压力逐渐升高时，NO_x 的排放则呈下降趋势。然而，对于双喷射策略，随着甲醇替代率的增加，NO_x 排放率呈下降趋势。与此同时，当甲醇的喷射压力不断升高时，NO_x 的排放率也随之升高。

由图 5-24（d）可知，碳烟排放随着甲醇替代率的升高，在两种高活性燃料的喷射策略下都呈现降低的趋势，在单喷射策略下，随着甲醇喷射压力的升高，呈现降低趋势，而双喷策略下，变化不大。

究其原因，NO_x 和碳烟的生成原因比较复杂，甲醇喷射压力影响了甲醇的雾化特性，进而影响缸内的温度和氧浓度。单喷策略下，甲醇压力升高，缸内温度会有所降低，此时温度占主要影响因素，所以 NO_x 和碳烟排放有所降低。双喷射策略下，由于有预喷放热，缸内温度降低对主喷燃烧阶段的影响较小，但甲醇良好的雾化特性，增加了缸内的氧气含量，导致 NO_x 有所升高。

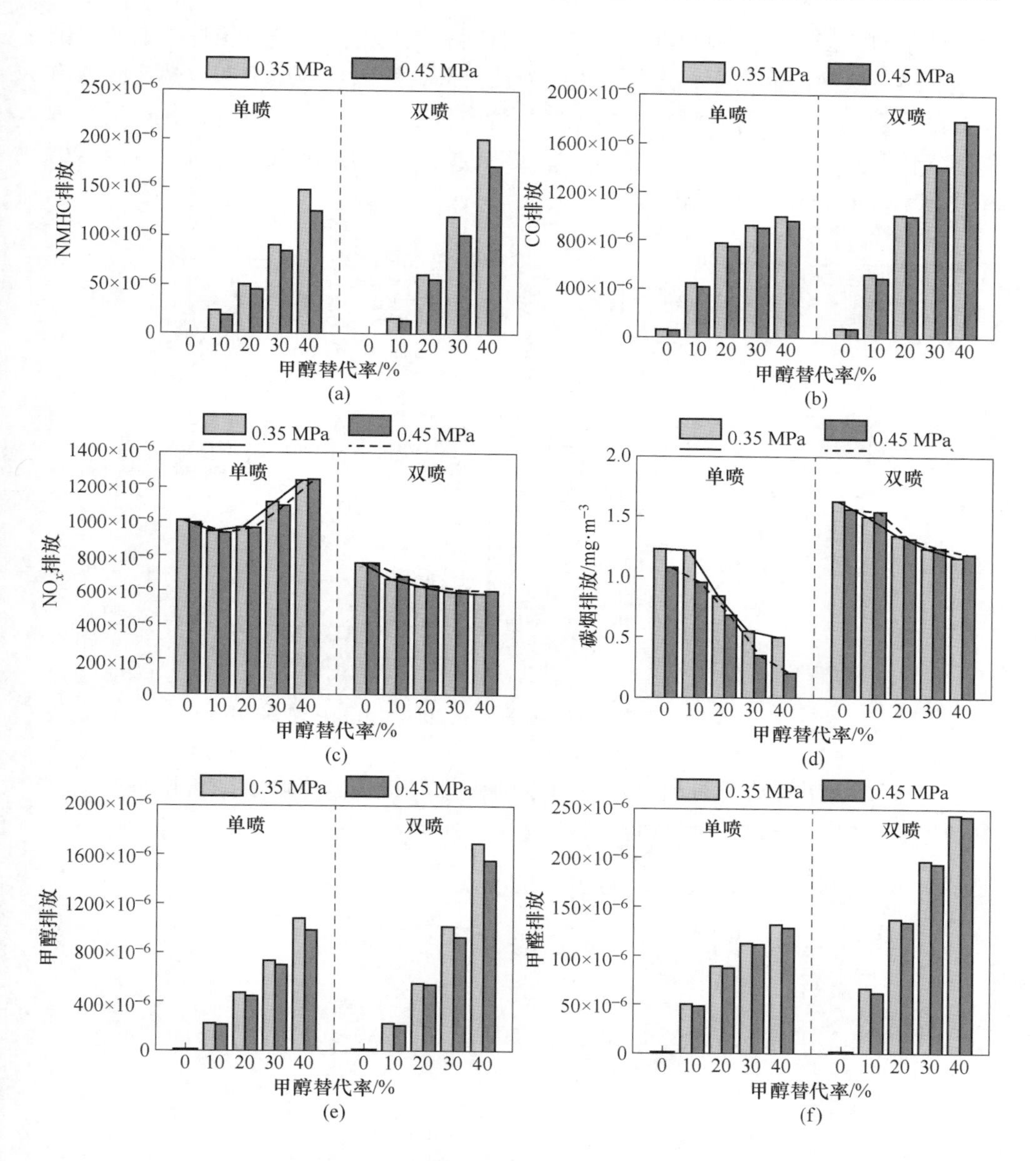

图 5-24 甲醇喷射压力对双燃料发动机排放特性的影响

(a) NMHC 排放；(b) CO 排放；(c) NO_x 排放；(d) 碳烟排放；(e) 甲醇排放；(f) 甲醛排放

5.2.4 甲醇喷射时刻对双燃料发动机性能的影响

图 5-25 为甲醇喷射时刻对双燃料发动机缸内压力和放热率的影响，缸内压力峰值和放热率峰值均随着甲醇喷射时刻的延迟有所升高，但是其值变化较小。

甲醇喷射时刻影响的是甲醇混合气的生成时间和汽化时间，随着甲醇喷射时刻的延迟，汽化吸热时间变短，进气温度会有所升高，所以缸内压力和放热率峰值有所升高。但是由于甲醇喷嘴安装在进气歧管的位置，距离气门较近，在进气行程伴随气体高速流动进入气缸，时间较短，对进气温度的影响较小，所以缸内压力和放热率峰值的升高幅度较小。

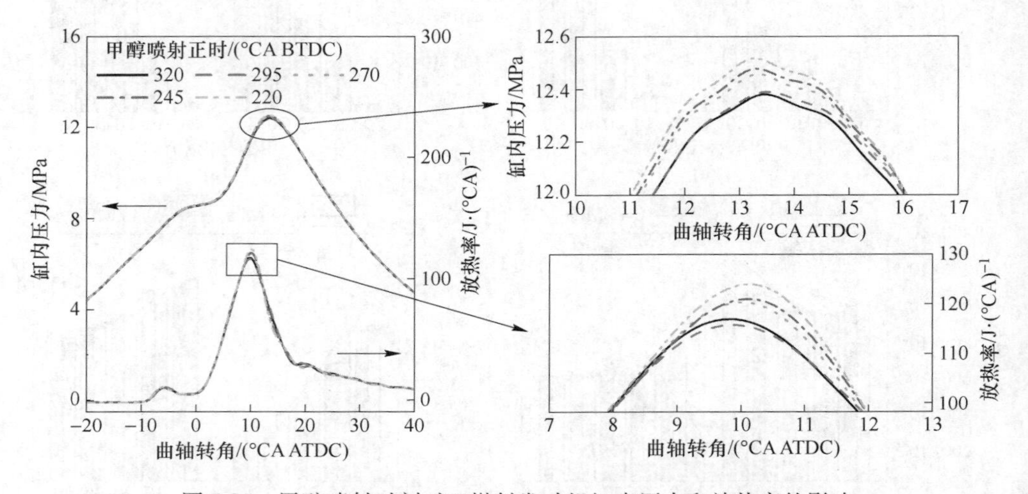

图 5-25　甲醇喷射时刻对双燃料发动机缸内压力和放热率的影响

图 5-26 为甲醇喷射时刻对双燃料发动机排放特性的影响。随着甲醇喷射时刻的提前，CO、碳烟、甲醇和甲醛排放均有所升高，而 NO_x 和 CO_2 排放降低。

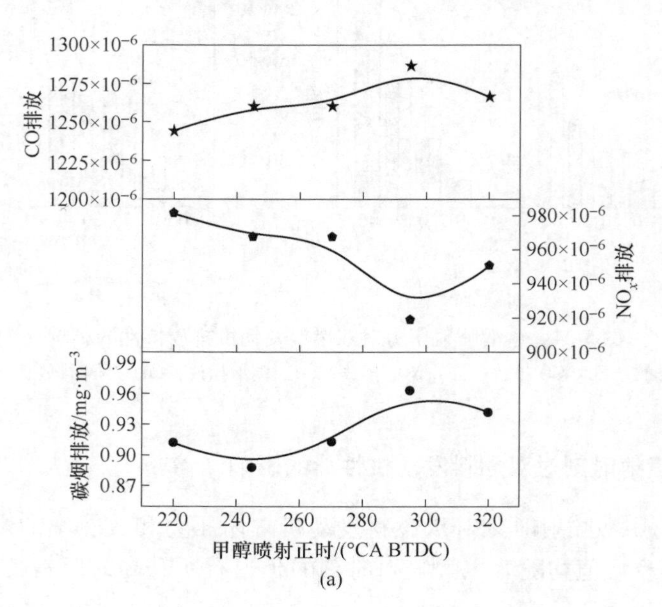

(a)

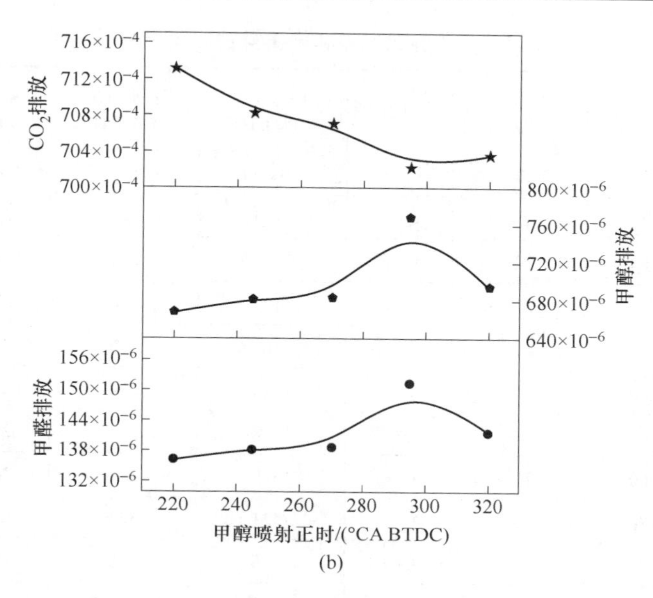

图 5-26　甲醇喷射时刻对双燃料发动机排放特性的影响
（a）常规排放物；（b）非常规排放物

这是因为当甲醇喷射时刻提前时，甲醇汽化吸热时间变长，进气温度降低，缸内温度随着降低，导致燃烧不充分，而 CO、碳烟、甲醇和甲醛排放都是因为燃烧不充分产生的，所以这几种排放物有所升高，而 NO_x 排放则相反，较低的缸内温度会抑制 NO_x 排放的生成。当甲醇喷射时刻为 270°CA BTDC，各排放处于居中的位置，所以选择甲醇喷射时刻为 270°CA BTDC。

5.3　双燃料发动机全工况性能标定

5.3.1　试验方案

首先要进行单燃料试验，记录 F-T 柴油喷油时刻。然后切换到双燃料模式，采用醇进油退的策略，通过调节甲醇喷油脉宽来调节甲醇替代率，等发动机稳定运行 3 min 后开始测量记录数据。结合双燃料发动机的特性和混合动力专用发动机的特点，在转速为 1400 r/min、1600 r/min、1800 r/min、2000 r/min、2200 r/min、2400 r/min 和 2600 r/min，负荷为 20%、40%、60%、80%、100% 时，一共选取 35 个标定点，甲醇替代率从 20% 开始以 10% 的间隔增加，当发动机达到边界（低效率、失火、缸压、压力升高率）后停止。每一次测试工况都同时进行 EGR 的应用，关闭或打开。具体试验运行工况和 F-T 柴油的喷射参数如表 5-4 所示。

表 5-4　试验工况点和 F-T 柴油喷射参数

转速 /r · min⁻¹	负荷/%	甲醇替代率 /%	EGR	预喷时刻 /(°CA BTDC)	主喷时刻 /(°CA BTDC)	预喷脉宽 /μs	喷油压力 /MPa
1400	20	0、20、…	关/开	10.3	1.3	280	93
	40	0、20、…	关/开	11.4	1.8	279	99
	60	0、20、…	关/开	12.5	2.2	277	104
	80	0、20、…	关/开	14	2.8	271	113
	100	0、20、…	关/开	16	3.5	261	123
1600	20	0、20、…	关/开	11.4	2.2	276	105
	40	0、20、…	关/开	12.8	2.6	274	112
	60	0、20、…	关/开	13.9	3.1	267	119
	80	0、20、…	关/开	15.1	3.3	258	126
	100	0、20、…	关/开	16.5	3.8	251	134
1800	20	0、20、…	关/开	13.2	3.3	272	117
	40	0、20、…	关/开	15.2	4.2	263	124
	60	0、20、…	关/开	16.4	4.6	258	130
	80	0、20、…	关/开	18.2	5.0	251	140
	100	0、20、…	关/开	19.7	5.5	249	146
2000	20	0、20、…	关/开	15.1	4.4	260	128
	40	0、20、…	关/开	17.2	5.5	256	135
	60	0、20、…	关/开	18.6	5.8	249	140
	80	0、20、…	关/开	20.8	6.4	248	150
	100	0、20、…	关/开	21.8	6.5	247	153
2200	20	0、20、…	关/开	17.5	5.6	251	140
	40	0、20、…	关/开	19.4	6.4	249	143
	60	0、20、…	关/开	21	6.8	249	147
	80	0、20、…	关/开	23.3	7.6	243	158
	100	0、20、…	关/开	24.6	8.3	232	159
2400	20	0、20、…	关/开	20	7.0	249	145
	40	0、20、…	关/开	22	7.8	248	148
	60	0、20、…	关/开	23.8	8.3	247	151
	80	0、20、…	关/开	25.9	9.1	240	160
	100	0、20、…	关/开	27.4	9.9	240	160

续表 5-4

转速 /r·min⁻¹	负荷/%	甲醇替代率 /%	EGR	预喷时刻 /(°CA BTDC)	主喷时刻 /(°CA BTDC)	预喷脉宽 /μs	喷油压力 /MPa
2600	20	0、20、…	关/开	22.8	9.1	248	147
	40	0、20、…	关/开	25.5	10.1	247	151
	60	0、20、…	关/开	26.8	10.6	246	154
	80	0、20、…	关/开	28.8	11.1	245	160
	100	0、20、…	关/开	30	11.8	244	160

5.3.2 以经济性为目标的策略

本节所研究的经济性是指有效燃油消耗率，不考虑燃油本身的成本及发动机改装费用。为了方便制定相关策略，对发动机的运行工况进行分类，将工况分为低负荷工况（低于20%）、中低负荷工况（20%~40%）、中高负荷工况（60%~80%）、高负荷工况（80%~100%）和满负荷工况（100%）5种。速度分为低速工况（小于1400 r/min）、常用工况（1600~2200 r/min）、高速工况（大于2400 r/min）。

图5-27为不同工况下甲醇替代率和EGR对双燃料发动机燃油经济性的影响。随着负荷增加，在相同转速下，有效燃油消耗率会降低。甲醇替代率对有效燃油消耗率的影响取决于不同的运行工况。在低负荷工况下，随着甲醇替代率的增加，有效燃油消耗率会增加。而在高负荷工况下，随着甲醇替代率的增加，有效燃油消耗率将会下降。在中低和中高负荷的工况下，甲醇替代率的影响与转速有关。

由图5-27（a）可知，在1400 r/min转速下，20%、40%、60%负荷时，随着甲醇替代率的升高有效燃油消耗率增大，EGR的开启，可以改善双燃料模式的燃油经济性；80%和100%负荷时，随着甲醇替代率的升高有效燃油消耗率增大，EGR的开启，会恶化其燃油经济性。

由图5-27（b）可知，在1600 r/min转速下，20%负荷时，当EGR关闭时，有效燃油消耗率随着甲醇替代率的升高而升高，当EGR开启时，则呈现先降低后升高的趋势；40%负荷时，当EGR关闭时，有效燃油消耗率随着甲醇替代率的升高呈现先降低后升高的趋势，当EGR开启时，则呈现先降低后不变的趋势，EGR的开启会改善双燃料模式的燃油经济性；60%~100%负荷时，无论EGR是否开启，有效燃油消耗率均随着甲醇替代率的升高而降低，EGR的开启会导致其燃油经济性恶化。

由图5-27（c）可知，在1800 r/min转速下，20%负荷时，当EGR关闭时，

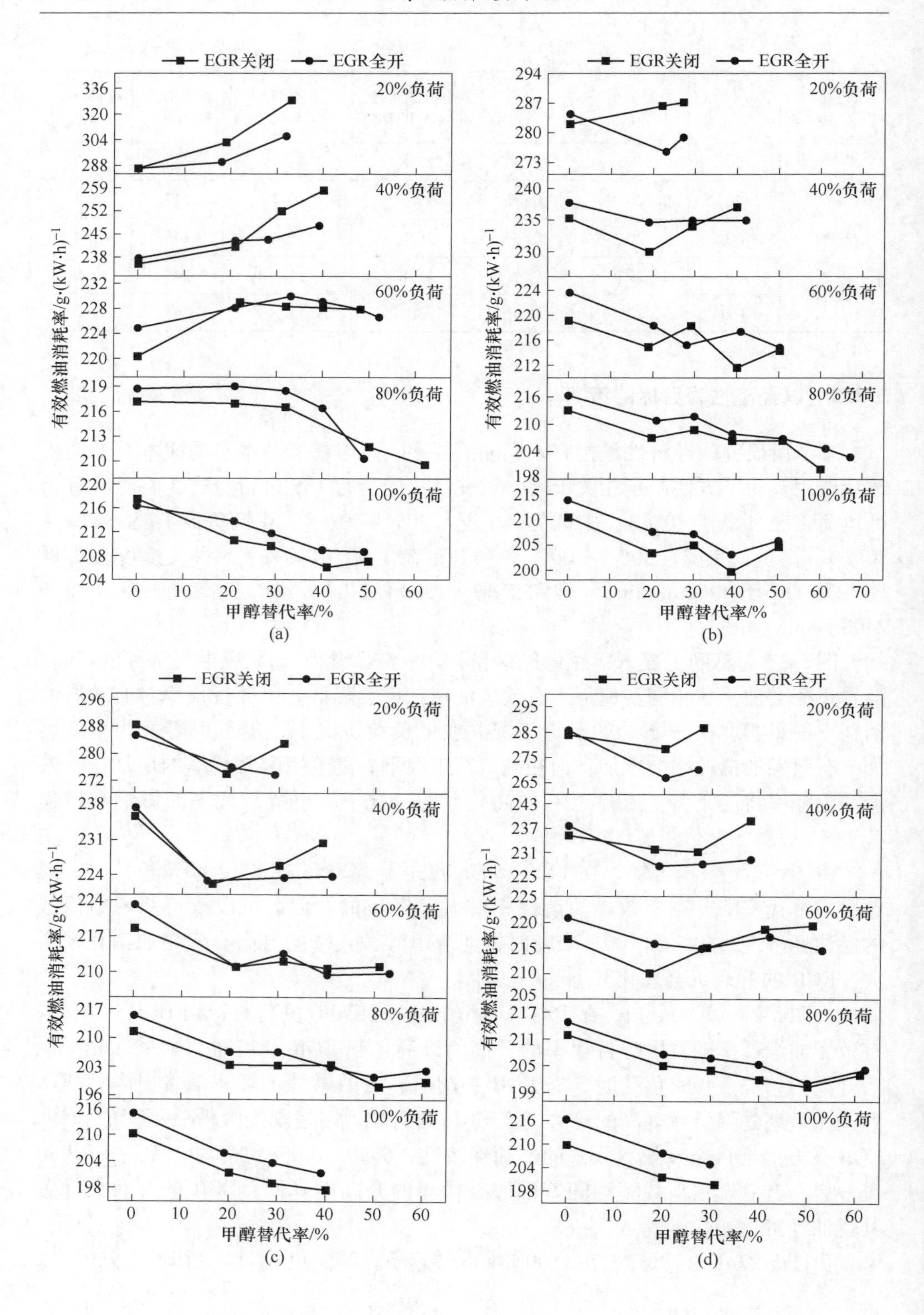

EGR关闭
EGR全开
20%负荷
40%负荷
60%负荷
80%负荷
100%负荷
有效燃油消耗率/g·(kW·h)$^{-1}$
甲醇替代率/%
(a)
(b)
(c)
(d)

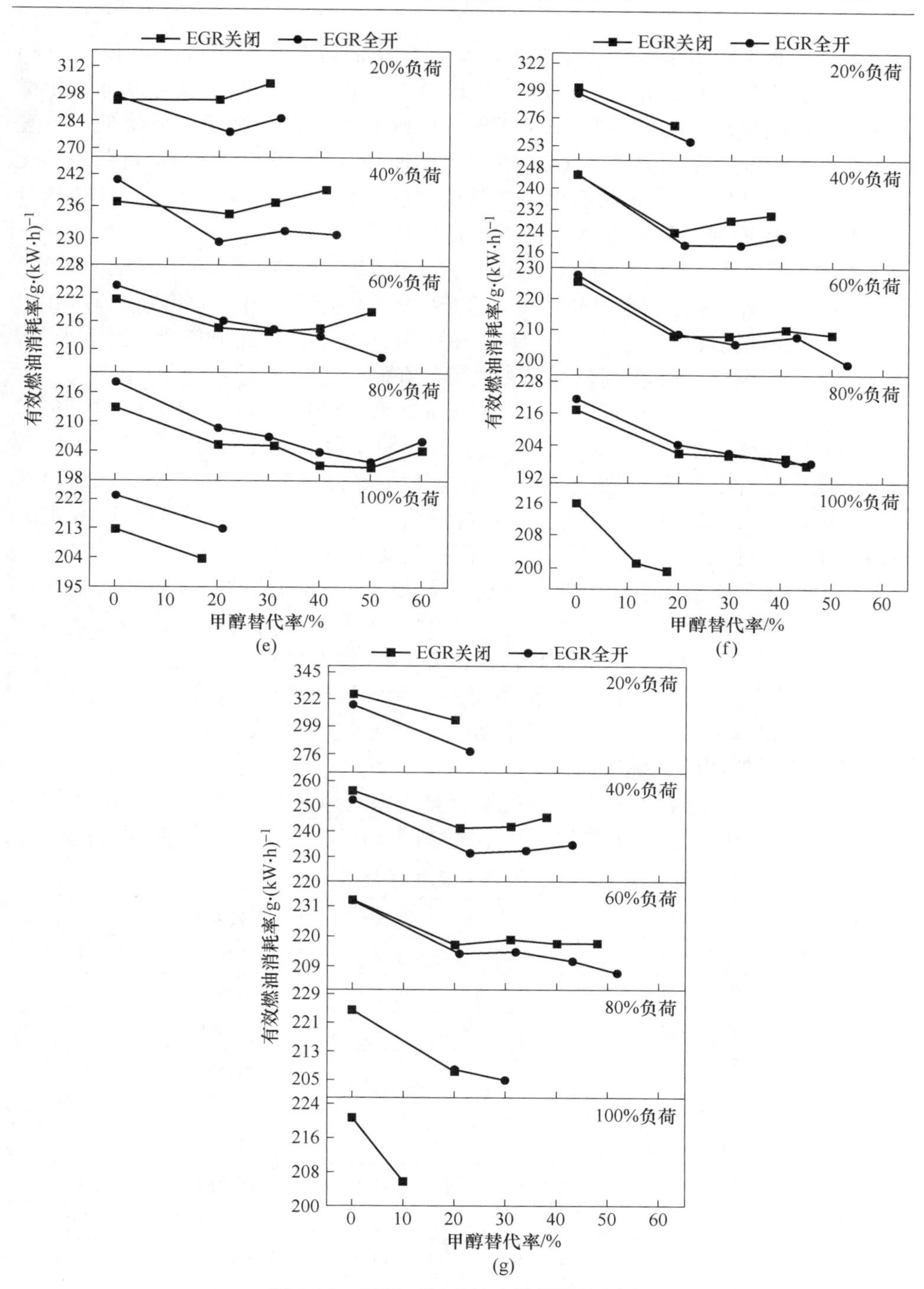

图 5-27 不同工况下的有效燃油消耗率

(a) 1400 r/min; (b) 1600 r/min; (c) 1800 r/min; (d) 2000 r/min; (e) 2200 r/min; (f) 2400 r/min; (g) 2600 r/min

有效燃油消耗率随着甲醇替代率的升高呈现先降低后升高的趋势，当EGR开启时，则一直降低趋势；40%负荷时，当EGR关闭时，有效燃油消耗率随着甲醇替代率的升高呈现先降低后升高的趋势，当EGR开启时，则呈现先降低后不变的趋势，EGR的开启会改善双燃料模式的燃油经济性；60%~100%负荷时，无论EGR是否开启，有效燃油消耗率均随着甲醇替代率的升高而降低，EGR的开启会恶化60%和80%负荷工况下的燃油经济性。

由图5-27（d）（e）可知，在2000 r/min和2200 r/min转速下，20%~60%负荷时，有效燃油消耗率随着甲醇替代率的升高呈现先降低后升高的趋势，EGR的开启会改善双燃料模式的燃油经济性；80%~100%负荷时，EGR的开启会恶化其燃油经济性，随着甲醇替代率的升高，有效燃油消耗率降低，但当超过一定值时会升高。

由图5-27（f）（g）可知，在2400 r/min和2600 r/min转速下，20%负荷时，随着甲醇替代率的增加，有效燃油消耗率将下降；40%~60%负荷时，有效燃油消耗率随着甲醇替代率的上升，会出现先下降再趋于平稳的趋势；80%负荷时，随甲醇替代率的增加，有效燃油消耗率将减少。在100%负荷时，EGR的开启会恶化双燃料发动机的燃油经济性，但在其他负荷则相反。

综上，在低速工况下，中低负荷适合无EGR单燃料燃烧模式，高负荷工况下适合无EGR的双燃料燃烧模式；在常用转速和高转速工况下，高负荷适合无EGR的双燃料燃烧模式，而其他负荷适合有EGR的双燃料燃烧模式。

以经济性为主的F-T柴油/甲醇双燃料发动机策略的制定原则：

（1）不出现低效燃烧、高循环变动、高压升率和高爆发压力；

（2）有效燃油消耗率最低；

（3）相同有效燃油消耗率的情况下，替代率选择最大。

依照以上原则制定F-T柴油/甲醇双燃料发动机策略，具体如表5-5所示。

表5-5　以经济性为主的F-T柴油/甲醇双燃料发动机策略

转速/r · min^{-1}	负荷/%	扭矩/N · m	EGR策略	燃烧策略	甲醇替代率/%
<1400	0~100	—	关	单燃料	0
1400	20	56	关	单燃料	0
	40	112	关	单燃料	0
	60	168	关	单燃料	0
	80	224	关	双燃料	50
	100	280	关	双燃料	40
1600	20	60	开	双燃料	20
	40	120	开	双燃料	20
	60	180	关	双燃料	40
	80	240	关	双燃料	60
	100	300	关	双燃料	40

续表 5-5

转速/$r \cdot min^{-1}$	负荷/%	扭矩/$N \cdot m$	EGR 策略	燃烧策略	甲醇替代率/%
1800	20	63	开	双燃料	20
	40	126	开	双燃料	20
	60	189	开	双燃料	50
	80	252	关	双燃料	50
	100	315	关	双燃料	40
2000	20	66	开	双燃料	20
	40	132	开	双燃料	40
	60	198	开	双燃料	50
	80	264	关	双燃料	50
	100	330	关	双燃料	30
2200	20	66	开	双燃料	20
	40	132	开	双燃料	20
	60	198	开	双燃料	50
	80	264	关	双燃料	50
	100	330	关	双燃料	17
2400	20	64	开	双燃料	20
	40	128	开	双燃料	30
	60	192	开	双燃料	50
	80	256	关	双燃料	50
	100	320	关	双燃料	20
2600	20	60	开	双燃料	20
2600	40	120	开	双燃料	30
	60	180	开	双燃料	50
	80	240	关	双燃料	20
	100	300	关	双燃料	10
2800	0～100	—	关	单燃料	0

图 5-28 为单燃料发动机和双燃料发动机的有效燃油消耗率对比。从图 5-28 可以明显看出，相比单燃料发动机，双燃料发动机的低油耗高效率区明显较大，以经济性为目标的双燃料发动机在燃油经济性方面具有明显优势。

图 5-29 为单燃料发动机和双燃料发动机的 NO_x 排放对比。从图 5-29 可以看出，相比单燃料发动机，双燃料发动机的低 NO_x 区域较大，以经济性为目标的双

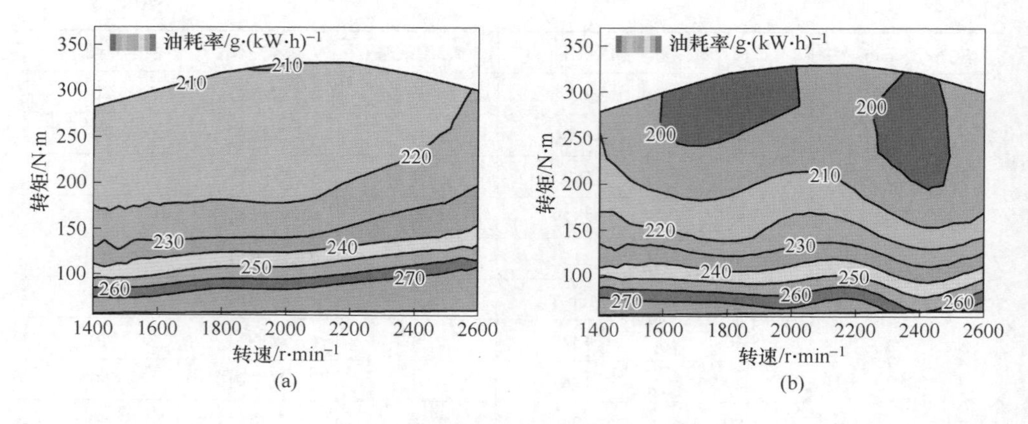

图 5-28　有效燃油消耗率对比

(a) F-T 柴油单燃料发动机；(b) F-T 柴油/甲醇双燃料发动机

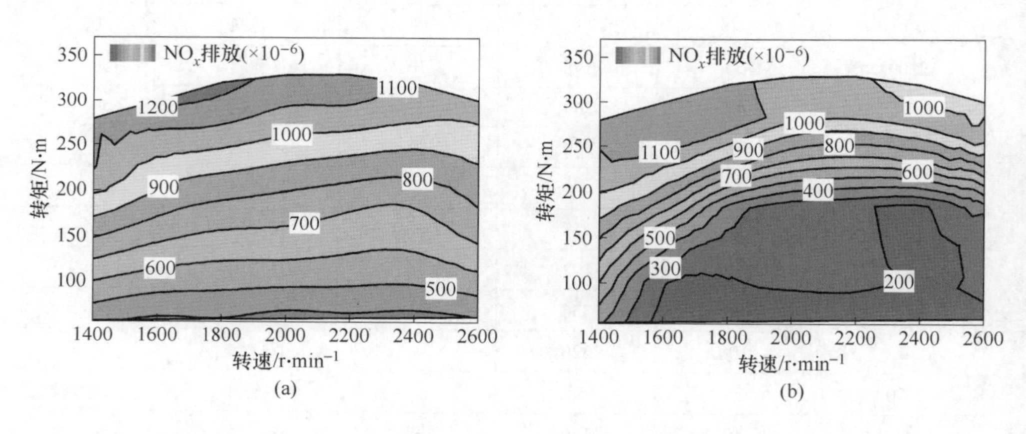

图 5-29　NO_x 排放对比

(a) F-T 柴油单燃料发动机；(b) F-T 柴油/甲醇双燃料发动机

燃料发动机在 NO_x 排放方面也具有优势，但是其高效区部分的 NO_x 仍然较高，需要进一步标定。

图 5-30 为单燃料发动机和双燃料发动机的碳烟排放对比。相比单燃料发动机，双燃料发动机的低碳烟排放区域较大，以经济性为目标的双燃料发动机在 NO_x 排放方面也具有优势，但是其高转速部分的碳烟排放仍然较高，需要进一步标定。

5.3.3　以 NO_x 排放为目标的策略

图 5-31 为不同工况下甲醇替代率和 EGR 对双燃料发动机 NO_x 排放的影响。

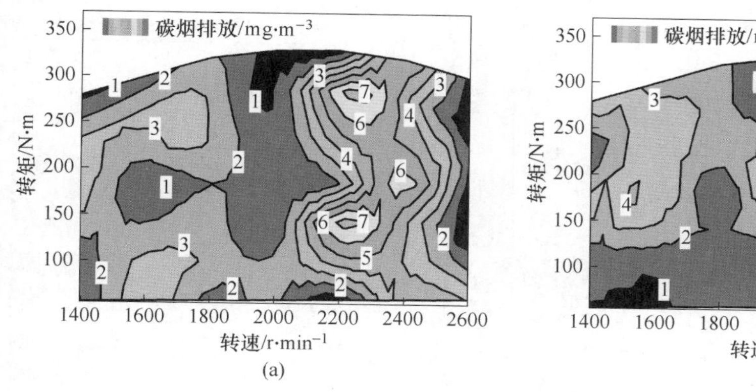

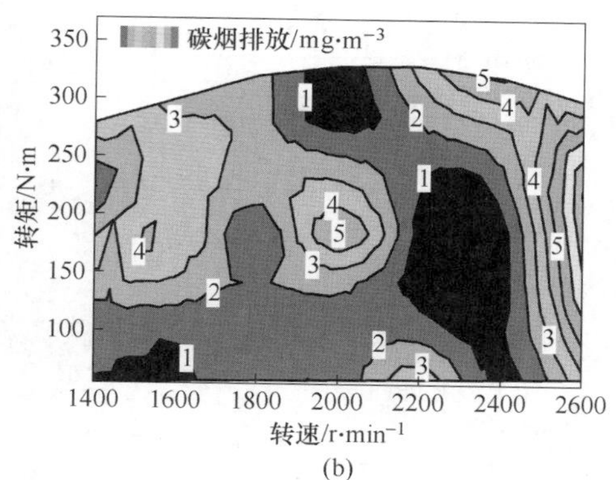

图 5-30 碳烟排放对比

（a）F-T 柴油单燃料发动机；（b）F-T 柴油/甲醇双燃料发动机

在同一转速下，随着负荷的增加，发动机排放的 NO_x 也会增加。而甲醇替代率对 NO_x 排放的影响则与发动机的运行工况有关。在中低负荷时，随着甲醇替代率的升高，NO_x 的排放量会降低。而在高负荷时，随着甲醇替代率的升高，NO_x 的排放量则会呈现先降低后升高的趋势。EGR 对 NO_x 排放的影响巨大，开启 EGR 可以显著降低 NO_x 排放。

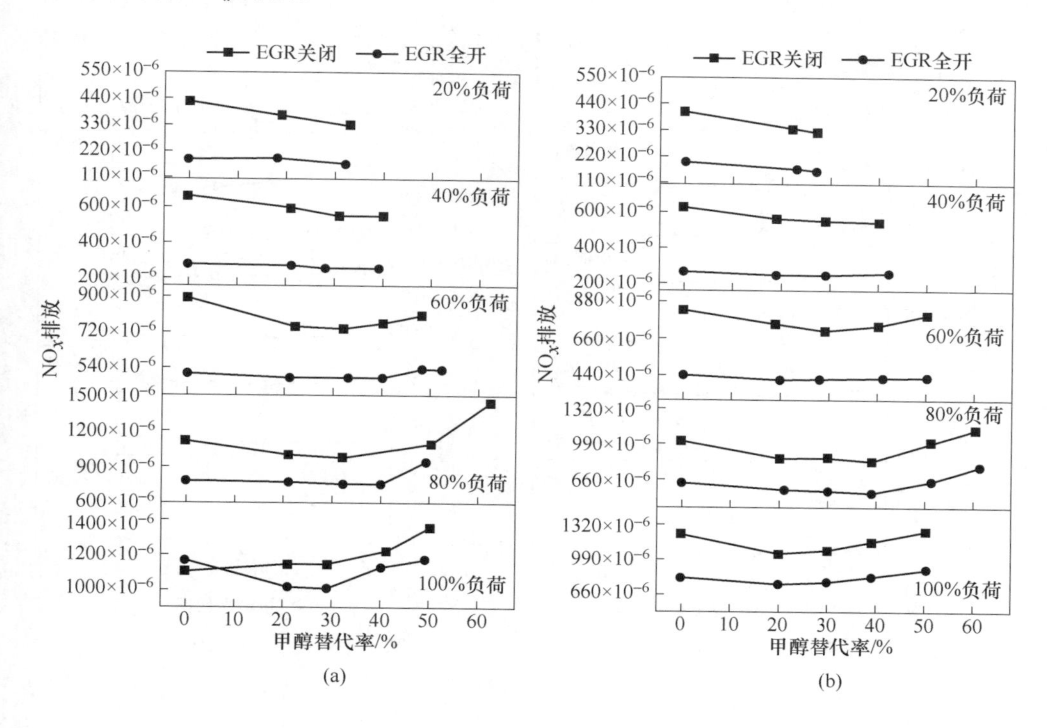

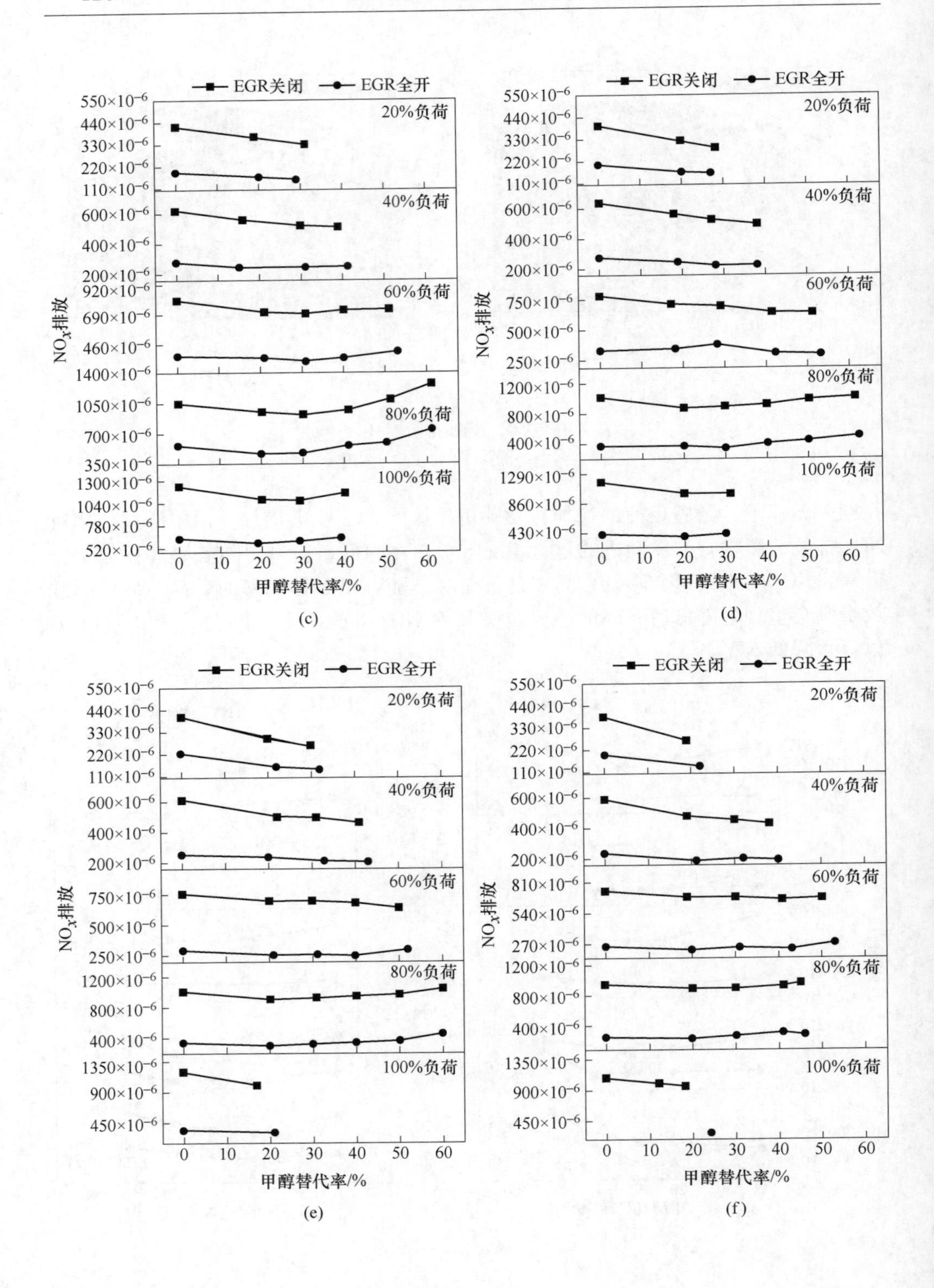
EGR关闭
EGR全开
20%负荷
40%负荷
60%负荷
80%负荷
100%负荷
NOx排放
甲醇替代率/%
(c)
(d)
(e)
(f)

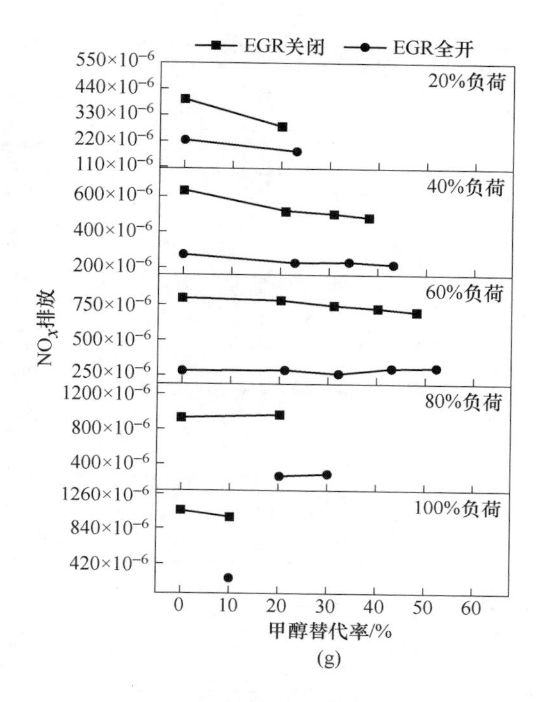

图 5-31 不同工况下的 NO_x 排放

(a) 1400 r/min; (b) 1600 r/min; (c) 1800 r/min; (d) 2000 r/min; (e) 2200 r/min; (f) 2400 r/min; (g) 2600 r/min

以 NO_x 排放为主的 F-T 柴油/甲醇双燃料发动机策略的制定原则:

(1) 不出现低效燃烧、高循环变动、高压升率和高爆发压力;

(2) NO_x 排放最低;

(3) 相同 NO_x 排放的情况下，替代率选择最大。

依照以上原则制定 F-T 柴油/甲醇双燃料发动机策略，具体如表 5-6 所示。

表 5-6 以 NO_x 排放为主的 F-T 柴油/甲醇双燃料发动机策略

转速/r · min⁻¹	负荷/%	扭矩/N · m	EGR 策略	燃烧策略	甲醇替代率/%
<1400	0 ~ 100	—	关	单燃料	0
1400	20	56	开	单燃料	30
	40	112	开	单燃料	40
	60	168	开	单燃料	40
	80	224	开	双燃料	40
	100	280	开	双燃料	30

续表 5-6

转速/r · min^{-1}	负荷/%	扭矩/N · m	EGR 策略	燃烧策略	甲醇替代率/%
1600	20	60	开	双燃料	30
	40	120	开	双燃料	30
	60	180	开	双燃料	50
	80	240	开	双燃料	40
	100	300	开	双燃料	20
1800	20	63	开	双燃料	30
	40	126	开	双燃料	40
	60	189	开	双燃料	30
	80	252	开	双燃料	20
	100	315	开	双燃料	20
2000	20	66	开	双燃料	30
	40	132	开	双燃料	40
	60	198	开	双燃料	50
	80	264	开	双燃料	30
	100	330	开	双燃料	20
2200	20	66	开	双燃料	30
	40	132	开	双燃料	40
	60	198	开	双燃料	40
	80	264	开	双燃料	20
	100	330	开	双燃料	20
2400	20	64	开	双燃料	20
	40	128	开	双燃料	40
	60	192	开	双燃料	40
	80	256	开	双燃料	20
	100	320	开	双燃料	20
2600	20	60	开	双燃料	20
	40	120	开	双燃料	40
	60	180	开	双燃料	30
	80	240	开	双燃料	20
	100	300	开	双燃料	10
2800	0 ~ 100	—	关	单燃料	0

图 5-32 为以 NO_x 排放为主的策略下的有效燃油消耗率。从图 5-32 可以看出，双燃料发动机的低油耗高效率区依然较大，以 NO_x 为目标的双燃料发动机在燃油经济性方面具有优势，但是其优势小于以经济性为主的双燃料发动机策略。

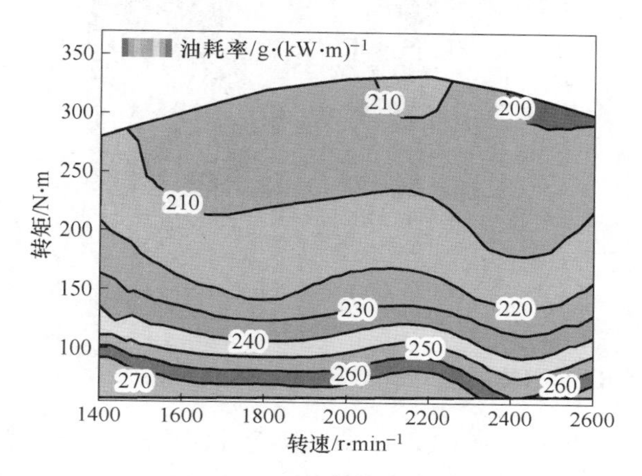

图 5-32 有效燃油消耗率

图 5-33 为以 NO_x 排放为主的策略下的 NO_x 排放。从图 5-33 中可以看出，双燃料发动机的低 NO_x 区域较大，运行范围较广，只有在低转速高负荷时 NO_x 偏高，但远远低于单燃料燃烧模式，同时也低于以经济性为主的双燃料发动机策略下的 NO_x 排放。以 NO_x 为目标的双燃料发动机在 NO_x 排放方面具有很大优势，但是仍没有达到国标要求，需要继续优化。

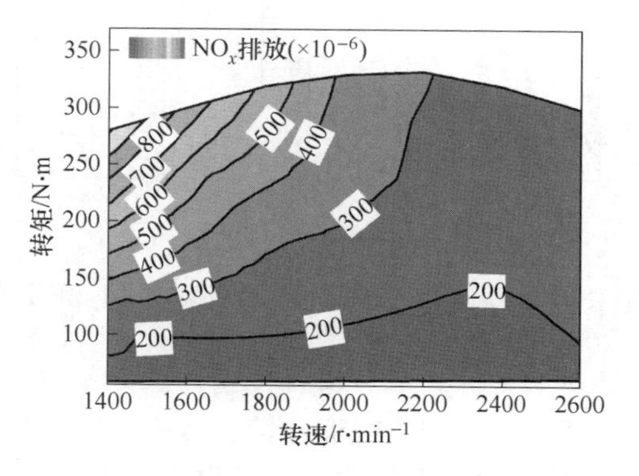

图 5-33 NO_x 排放

图 5-34 为以 NO_x 排放为主的策略下的碳烟排放。从图 5-34 中可以看出，双燃料发动机的碳烟排放在常用转速 2000 r/min 高负荷工况下有所恶化，这主要是因为 EGR 使用导致缸内缺氧。其他工况与以经济性为主的双燃料发动机策略下的碳烟排放相差不大。

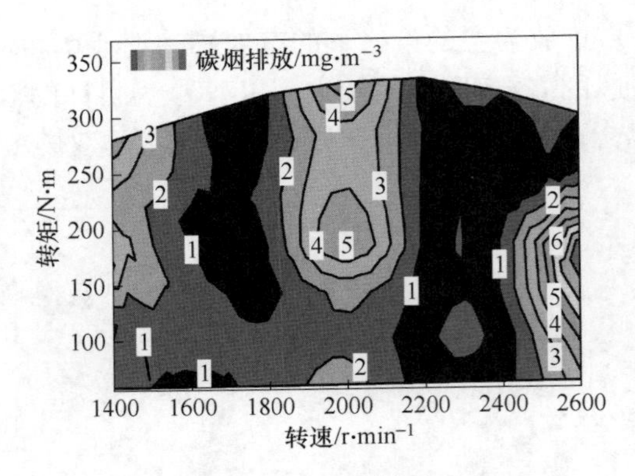

图 5-34　碳烟排放

5.3.4　后处理 DOC + CDPF 的转化效率

图 5-35 为后处理 DOC + CDPF 前端对双燃料发动机 NMHC 排放的影响。由图 5-35 可知，后处理 DOC + CDPF 对 NMHC 的催化转化效率为 100%。通过安装后处理 DOC + CDPF 设备，可以将 NMHC 转化为 CO_2 和 H_2O。因此，后处理 DOC + CDPF 耦合设备能够显著提升 NMHC 排放的转化效率，使转化率达到 100%。

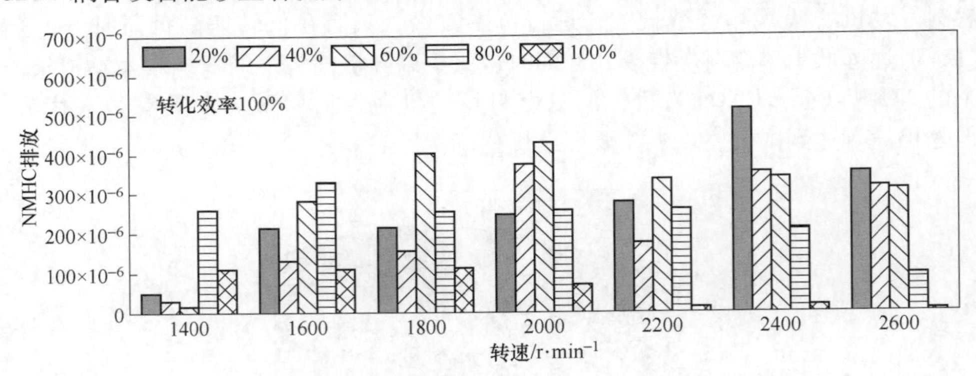

图 5-35　后处理 DOC + CDPF 前端对双燃料发动机 NMHC 排放的影响

图 5-36 为后处理 DOC + CDPF 对双燃料发动机 CO 排放的影响。由图 5-36 可知，后处理 DOC + CDPF 对 CO 排放的催化转化效率不小于 99.70%。CO 是内燃机排气中的一种中间产物，由烃燃料在燃烧过程中生成，因为燃油在气缸中未充分燃烧。加装后处理 DOC + CDPF 设备的好处在于，它可以将 CO 氧化为 CO_2，而这两个设备都内置贵金属催化剂涂层，提供更良好的条件来促进 CO 的氧化。此外，DOC 设备的氧化反应可以放出热能，为 CDPF 设备中的 CO 氧化提供高温环境[172]。总之，加装后处理 DOC + CDPF 设备的效果非常明显，可以显著改善 CO 的排放效果。

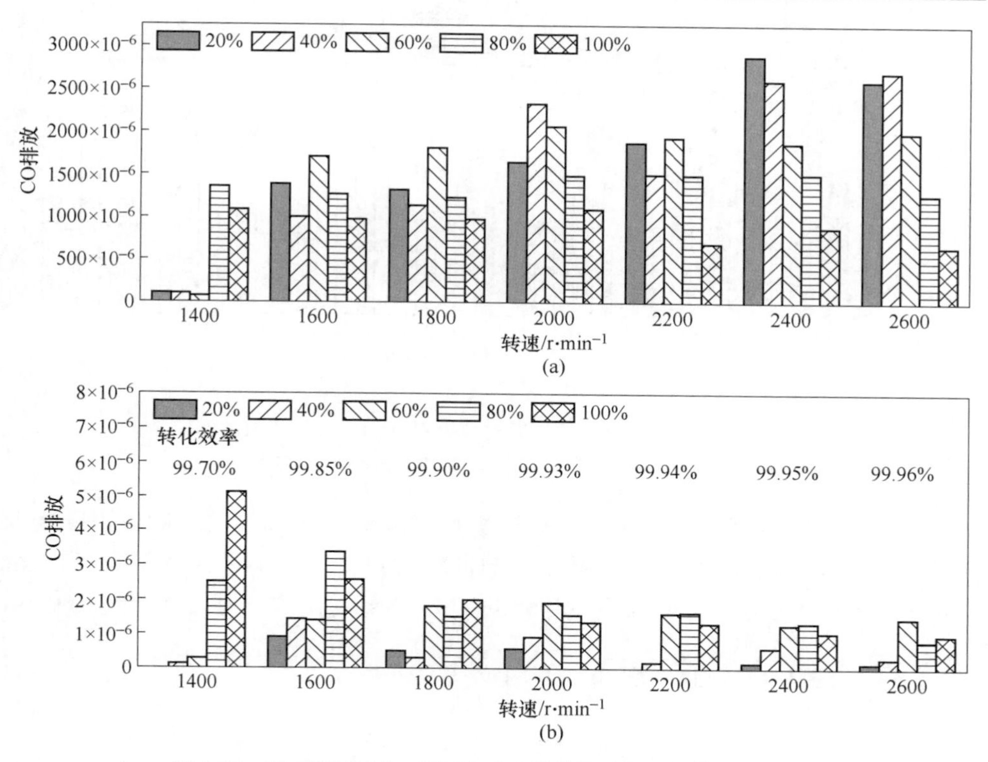

图 5-36 后处理 DOC + CDPF 对双燃料发动机 CO 排放的影响
（a）后处理 DOC + CDPF 前端；（b）后处理 DOC + CDPF 后端

图 5-37 为后处理 DOC + CDPF 对双燃料发动机甲醇排放的影响。由图 5-37 可知，后处理 DOC + CDPF 对甲醇的催化转化效率不小于 99.44%。后处理 DOC + CDPF 中的贵金属可以促进甲醇发生氧化反应消失，同时少部分的甲醇会发生脱氢反应生成甲醛，而后处理中的贵金属可以作为甲醇脱氢反应的催化剂，促进反应的进行。

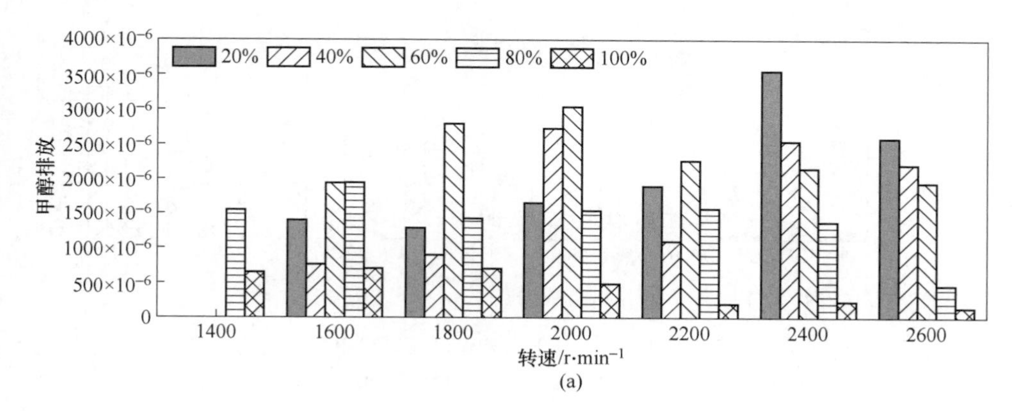

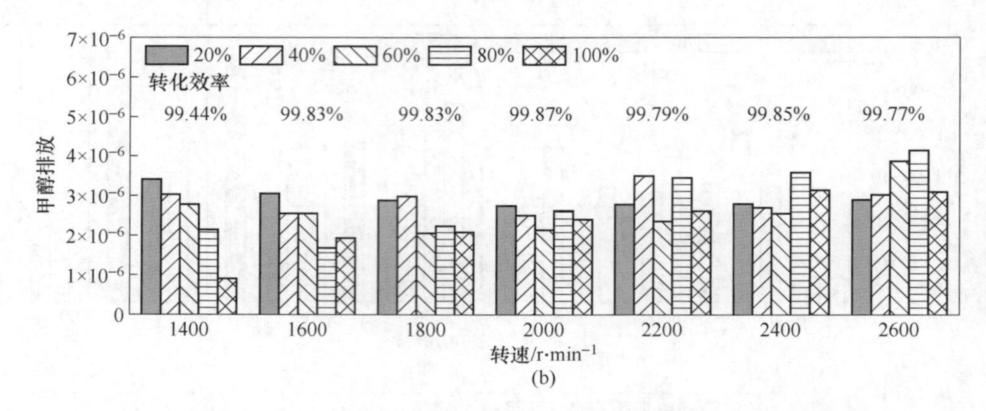

图 5-37　后处理 DOC + CDPF 对双燃料发动机甲醇排放的影响

（a）后处理 DOC + CDPF 前端；（b）后处理 DOC + CDPF 后端

图 5-38 为后处理 DOC + CDPF 对双燃料发动机甲醛排放的影响。由图 5-38 可知，后处理 DOC + CDPF 对甲醛排放的催化转化效率不小于 89.42%。后处理 DOC + CDPF 中的贵金属可以促进甲醛进一步与氧气反应生成 CO_2 和 H_2O。由

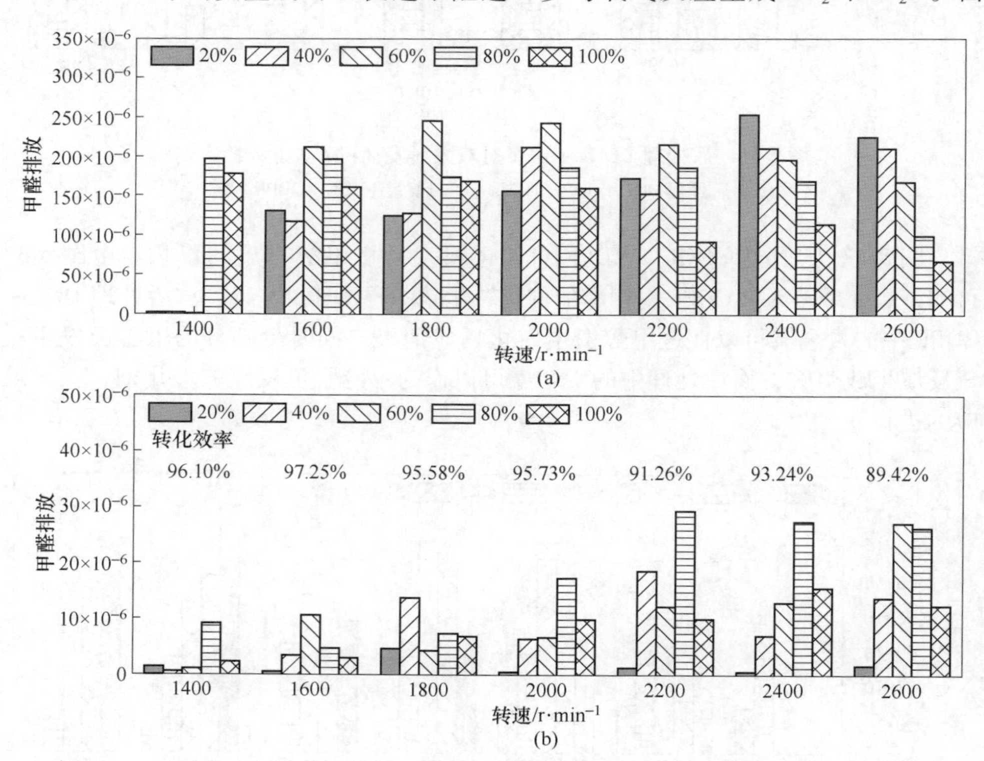

图 5-38　后处理 DOC + CDPF 对双燃料发动机甲醛排放的影响

（a）后处理 DOC + CDPF 前端；（b）后处理 DOC + CDPF 后端

4.4.3 节分析可知，DOC 对甲醛排放的催化转化效率最大为 81.68%，小于后处理 DOC + CDPF 的转化效率，这是因为 CDPF 中也含有与 DOC 一样的贵金属材料。

图 5-39 为后处理 DOC + CDPF 对双燃料发动机 NO_x 排放的影响。由图 5-39 可知，后处理 DOC + CDPF 对 NO_x 基本没有影响。这主要不是因为后处理设备进行了催化反应，氮氧化物经过后处理设备只是把 NO 氧化成 NO_2，其总的 NO_x 几乎不变，而是因为加装后处理设备后，影响了排气背压，进而影响了缸内燃烧，加装后处理 DOC + CDPF 耦合设备后，排气背压变大，缸内燃烧有所恶化，故 NO_x 略有增加。

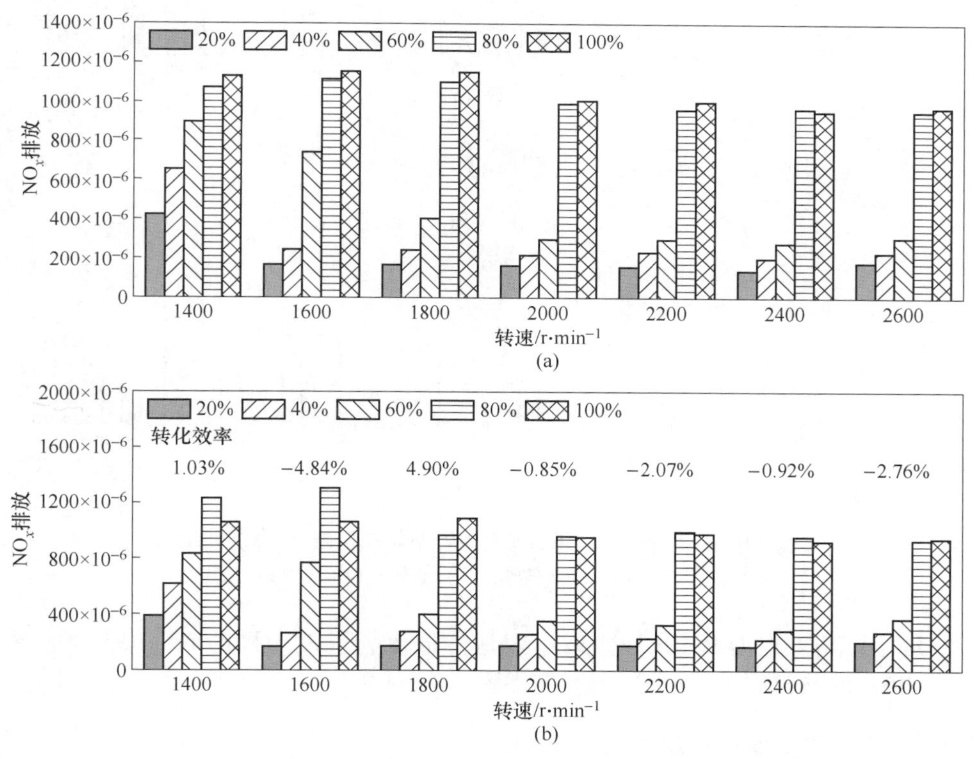

图 5-39 后处理 DOC + CDPF 对双燃料发动机 NO_x 排放的影响

（a）后处理 DOC + CDPF 前端；（b）后处理 DOC + CDPF 后端

图 5-40 为后处理 DOC + CDPF 对双燃料发动机碳烟排放的影响。由图 5-40 可知，后处理 DOC + CDPF 对碳烟排放的催化转化效率不小于 98.42%。后处理设备 DOC 含有 Pt、Pd、Rh 贵金属氧化催化剂，可以催化氧化颗粒物中的一些可溶性有机组分，从而降低颗粒物的排放量，但与颗粒物中的碳烟并没有发生反应，后处理设备 CDPF 也含有贵金属氧化催化剂，用来降低被动再生温度，尾气

经过 CDPF 时，即经过壁流式蜂窝陶瓷过滤体，进行捕集，当温度达到 200 ℃时，开始被动再生，使用后处理 DOC + CDPF 耦合设备时，前边的 DOC 所发生的氧化反应放出大量的热，为 CDPF 提供了高温环境，更有利于净化碳烟。

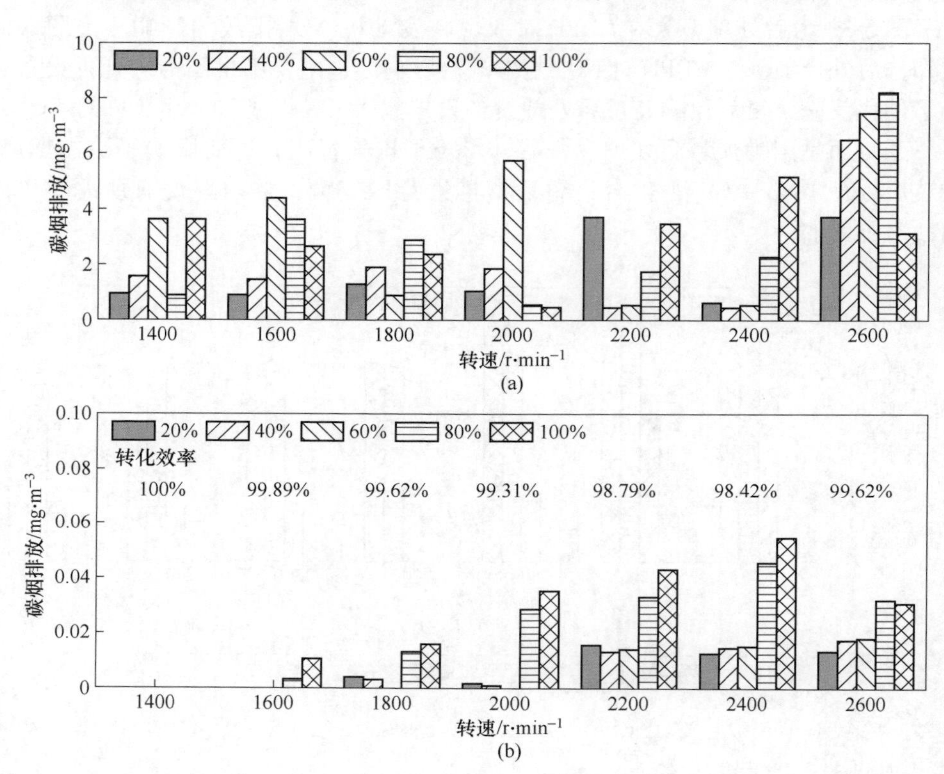

图 5-40 后处理 DOC + CDPF 对双燃料发动机碳烟排放的影响

（a）后处理 DOC + CDPF 前端；（b）后处理 DOC + CDPF 后端

综上，后处理 DOC + CDPF 以有效地降低双燃料发动机的 NMHC、CO、甲醇、甲醛和碳烟排放，基本达到近零排放。

5.3.5 高效清洁双燃料发动机性能

以综合燃油经济性和排放性能为目标，以喷射策略、EGR 和后处理 DOC + CDPF 为手段，标定双燃料发动机，从而达到高效清洁燃烧的目的，从而开发一款高效清洁双燃料发动机。

兼顾燃油经济性和排放性能的 F-T 柴油/甲醇双燃料发动机策略的制定原则为：

（1）不出现低效燃烧、高循环变动、高压升率和高爆发压力；

（2）中低负荷以经济性为主要目标，高负荷以 NO_x 排放为主要目标；

（3）相同条件下，替代率选择最大。

依照以上原则制定 F-T 柴油/甲醇双燃料发动机策略，标定 F-T 柴油/甲醇双燃料发动机。

图 5-41 为高效清洁双燃料发动机的甲醇替代率分布。由图 5-41 可知，高效清洁双燃料发动机在 1400 r/min 转速下，使用纯 F-T 柴油模式，这主要是为了避免燃油经济性恶化。针对小负荷工况，为了保证高热效率，需使用相对较低比例的甲醇替代油量，因为此时引燃油量小，缸内燃烧温度低。随着转速和负荷的增加，引燃油量增多，缸内温度也随之上升。高温时，可以增加甲醇的比例，这样可以有效控制 NO_x 的排放，并且还能保持高热效率。研发双燃料发动机时的初衷在于减少高活性燃料的使用量，因此在满足发动机的限制性条件下，应尽可能地增加预混甲醇比例。在中高负荷下，最大甲醇替代率可达 60% 以上，这是双燃料发动机高效运行的区域。但是在满负荷工况下，高甲醇替代率会导致爆发压力和最大压升率超过限制，因此甲醇替代率控制在 30% 以下比较合适。

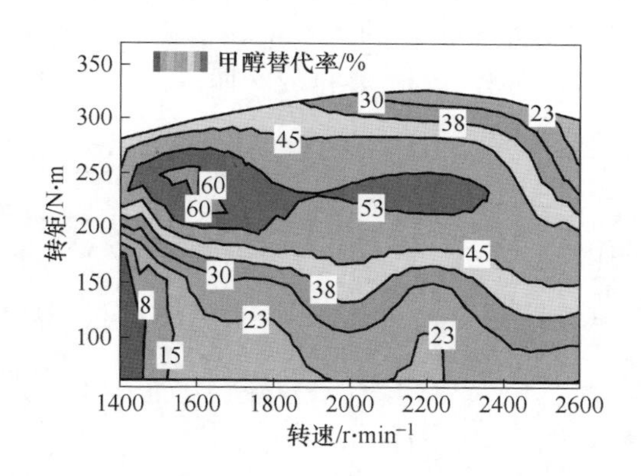

图 5-41 甲醇替代率

在小负荷、中等负荷、大负荷和满负荷这些工况下，甲醇替代率提高所受到的限制因素分别为：低效燃烧、高循环变动、高压升率和高爆发压力。因此，在双燃料发动机的大部分运行区间内，甲醇已经成为主要燃料。采用进气预混高比例甲醇和提前预喷的策略，能够在着火前在缸内形成具有浓度和活性分层的预混合气，这是实现 F-T 柴油/甲醇燃烧超低碳烟排放和保持高热效率的关键[117]。

图 5-42 为高效清洁双燃料发动机的有效燃油消耗率分布。由图 5-42 可知，高效清洁双燃料发动机的高效运行区间在 1600～2600 r/min 的中高负荷，有效燃油消耗率不大于 220 g/(kW · h)，属于低油耗高效率区，在后期混合动力能量管理的制定中应该注意。同时可以看出，双燃料发动机并不是所有运行工况都是高效的，其运行范围相对较窄，可以通过混合动力技术控制其运行区间，这就体现了混合动力系统的优势，这也是接下来要研究的内容。

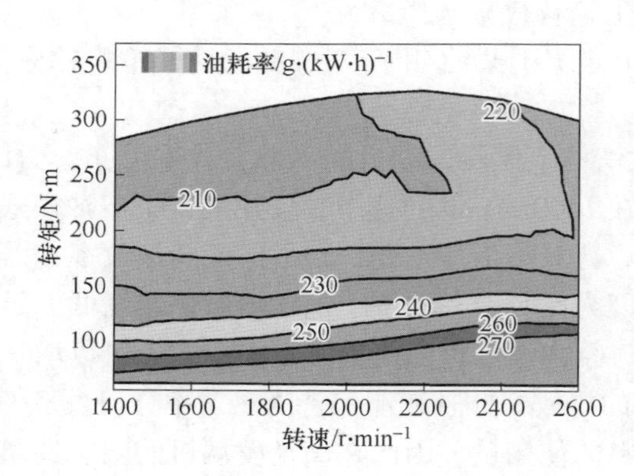

图 5-42　有效燃油消耗率

图 5-43 为高效清洁双燃料发动机的排放特性分布。由图 5-43 可知，高效清洁双燃料发动机的排放都处于很低的区域，相比单燃料发动机，其 CO、甲醇、甲醛、NMHC 和碳烟排放基本达到近零排放，而 NO_x 排放略高，但大大低于原机

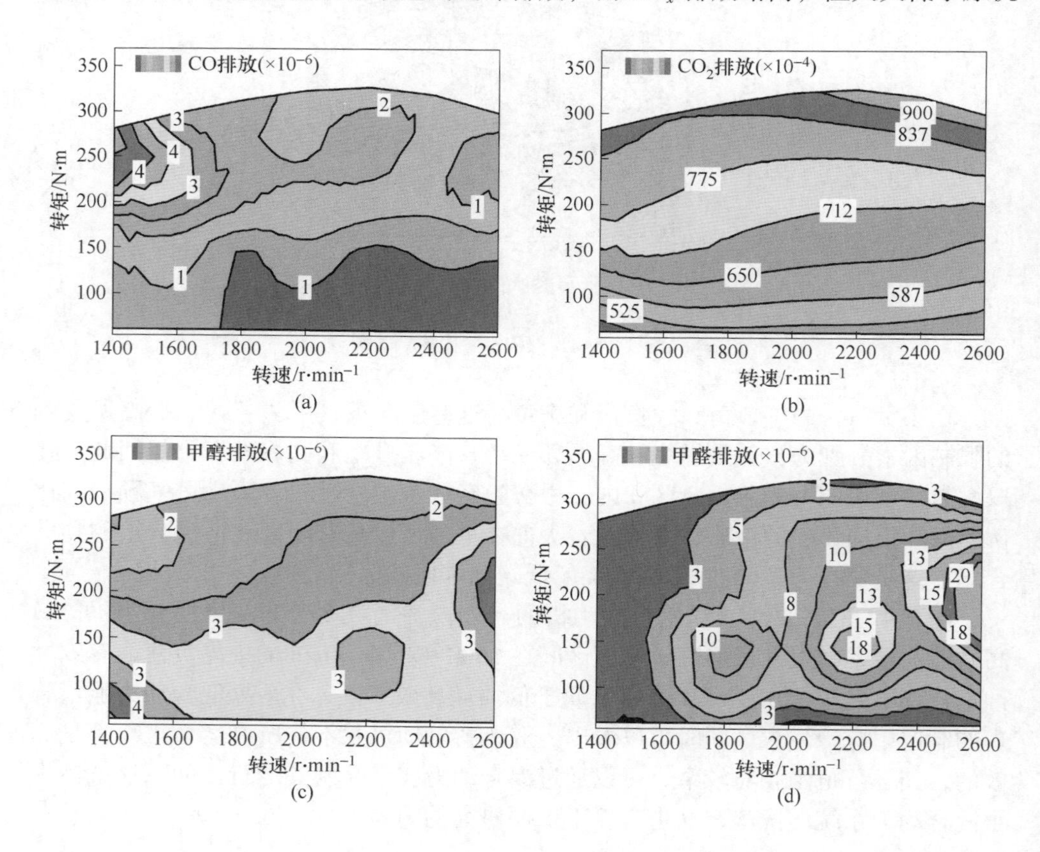

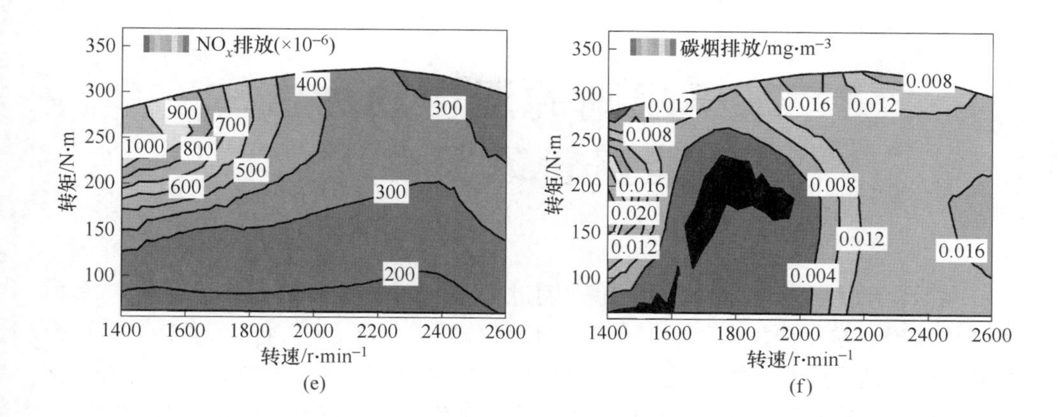

图 5-43 排放特性

（a）CO 排放；（b）CO_2 排放；（c）甲醇排放；（d）甲醛排放；（e）NO_x 排放；（f）碳烟排放

排放，结合混合动力系统可以使发动机运行在低 NO_x 排放区间。其中 CO 排放不超过 4×10^{-6}，CO_2 排放不超过 900×10^{-4}，甲醇排放不超过 4×10^{-6}，甲醛排放不超过 20×10^{-6}，NO_x 排放不超过 1000×10^{-6}，碳烟排放不超过 0.2 mg/m³。

6　基于规则的混合动力汽车能量管理策略

在混合动力汽车的整车设计和开发过程中，需要通过仿真软件建立整车模型，从而提高整车研发效率，降低开发时间和成本。混合动力汽车的整车模型是验证能量管理策略的载体，制定合理高效的能量管理策略非常重要，通过合理分配能量，以达到节能的目的。本章搭建了混合动力汽车整车模型，制定了基于逻辑门限和模糊控制的能量管理策略，在欧洲行驶循环试验工况（New European Driving Cycle，NEDC）工况下进行仿真分析，并通过台架试验验证了模型的可信性。

6.1　混合动力系统建模

6.1.1　仿真类型

图 6-1 为混合动力汽车建模过程中的前向仿真流程和后向仿真流程。

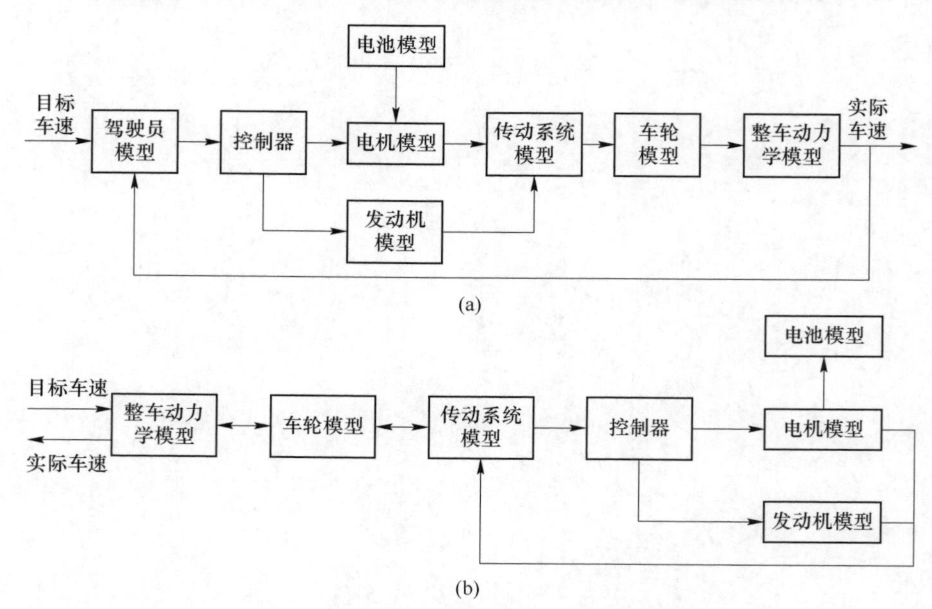

图 6-1　仿真流程
（a）前向仿真流程；（b）后向仿真流程

在前向仿真中，驾驶员模型输入目标车速和实际车速，据此计算出当前制动或油门踏板开度，接着能量管理策略将发动机和电机的需求转矩分配，随后传动系统将其转化为车轮驱动力。后向仿真中，通过动力学模型计算出整车行驶阻力，并将其通过动力系统传递至车轮，最终发动机和电机输出的转矩经传动系统转化为车轮驱动力[173]。换言之，前向仿真主要着重于输入目标车速和实际车速，得到最终的驱动力；而后向仿真则关注整车行驶阻力和驱动力的关系，计算出驱动力所需的转矩。

本章采用后向仿真方法，因为相较于前向仿真，后向仿真可以更接近目标车速，并且得到的转矩分配更合理。在模型搭建方面，使用 AVL Cruise 软件进行整车模型搭建，该软件可以实现模块化和分层建模，并且可以将不同的模型进行排列组合。在能量管理策略的制定方面，使用了 MATLAB/Simulink 这一可视化建模工具，这是一种成熟的仿真软件，能够对能量管理策略进行制定，并对发动机和电机的转矩进行控制分配。

6.1.2 动力系统建模

6.1.2.1 整车模块

汽车总质量和所载货物质量有关，可表示为：

$$m_{v,act} = m_v(Z_{v,load}) \tag{6-1}$$

式中，$m_{v,act}$为汽车质量，kg；$Z_{v,load}$为负载系数，当空载时取 0，半载时取 1，满载时取 2。

在汽车行驶时车辆质心位置与前后轮分配载荷有关，质心的高度和与前后轮的距离与车辆负载有关。

$$h_{v,cog,act} = h_{v,cog}(Z_{v,load}) \tag{6-2}$$

$$l_{v,cog,act} = l_{v,cog}(Z_{v,load}) \tag{6-3}$$

式中，$h_{v,cog,act}$为车辆质心高度，mm；$l_{v,cog,act}$为车辆质心距前轮的距离，mm。

车辆在行驶过程中要克服整车行驶阻力，AVL Cruise 中关于整车阻力模型的计算，通常有以下 3 种方式。

（1）经验模式在整车模块中通过经验值定义行驶阻力。

$$F_{V,res} = F_{V,air} + F_{V,incl} + (k_{V,add,trac} + k_{V,add,push}) \cdot m_{V,act} \cdot g \tag{6-4}$$

$$F_{V,air} = -0.5 \cdot c_W \cdot A_V \cdot \rho_{U,air} \cdot v_{U,V,rel}^2 \tag{6-5}$$

$$v_{U,V,rel} = v_V + v_{U,air} \tag{6-6}$$

$$F_{V,incl} = m_{v,act} \cdot g \cdot \sin\alpha_U \tag{6-7}$$

式中，$F_{V,res}$为总行驶阻力，N；$F_{V,air}$为空气阻力，N；$F_{V,incl}$为坡道阻力，N；$k_{V,add,trac}$为额外的牵引力系数；$k_{V,add,push}$为额外的推力系数；c_W 为空气阻力系数；A_V 为迎风面积，m^2；$\rho_{U,air}$为空气的密度，$N \cdot s^2/m^4$；$v_{U,air}$为空气的流动速度，

m/s；$v_{U,V,rel}$为汽车与空气的相对速度，m/s；α_U 为道路实际坡度，rad。

（2）无参考车辆阻力函数是定义车辆的阻力函数和参数，通过公式修正获得当前车辆整车阻力。

$$F_{V,res} = c_A + c_B \cdot v_V + c_C \cdot v_V^2 \tag{6-8}$$

式中，c_A、c_B 和 c_C 为实际车型行驶阻力系数。

（3）参考车辆阻力曲线是定义车辆阻力曲线和参数，通过公式修正获得当前车辆整车阻力。

$$F_{V,res} = \frac{m_{act}}{m_{ref}} \cdot c_A + \frac{m_{act}}{m_{ref}} \cdot c_B \cdot v_V + \frac{c_W \cdot A}{c_{W,ref} \cdot A_{ref}} \cdot c_C \cdot v_V^2 \tag{6-9}$$

式中，m_{act}为实际车型的质量，kg；m_{ref}为参考汽车的质量，kg；c_A、c_B 和 c_C 为参考车型行驶阻力系数。

6.1.2.2　发动机模块

理论建模利用基本理论公式对发动机的转矩、转速等参数进行表达，用微分和代数方程来表示各参数间的关系，建模复杂，计算量较大，主要用于研究结构、机理及不同参数对性能的影响。AVL Cruise 采用实验建模方式，根据台架试验得到发动机万有特性曲线，建立输入输出关系，发动机万有特性曲线如图 6-2 所示，通过查表或数据拟合的方法得到发动机转矩和油耗。

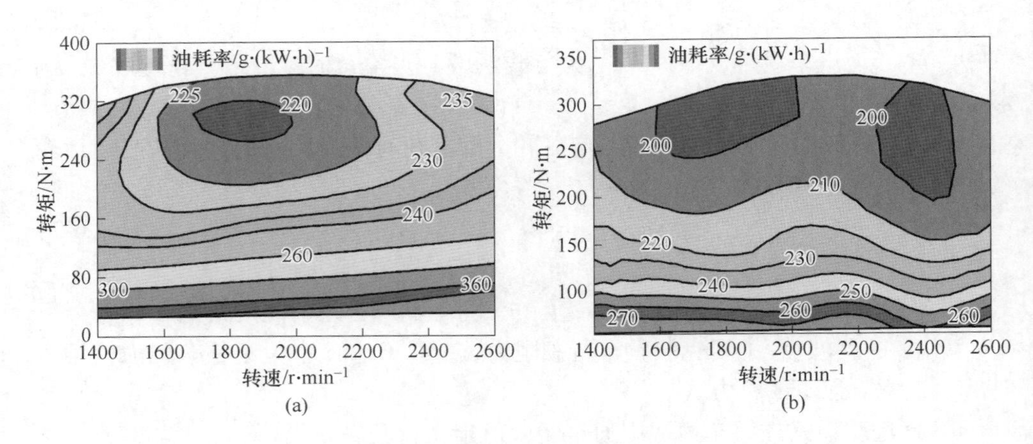

图 6-2　发动机万有特性图
（a）原机；（b）双燃料发动机

发动机输出转矩为：

$$T_e = f_{torque}(a_e, n_e) \tag{6-10}$$

发动机瞬时油耗为：

$$m_f = f_{fuel}(T_e, n_e) \tag{6-11}$$

式中，a_e 发动机油门开度；n_e 为发动机转速，r/min；T_e 为发动机转矩，N · m；

m_f 为发动机瞬时油耗，g/(kW·h)。

6.1.2.3　电机模块

ISG电机在混合动力车辆行驶中既能够充当动力源为车辆提供驱动力，又能回收部分能量流入电池。ISG电机为永磁同步电机，电机内部是较为复杂的系统，本章对电机模型建模方式与发动机一样，均为实验建模。不同转速不同负荷下的电机效率曲线如图6-3所示。

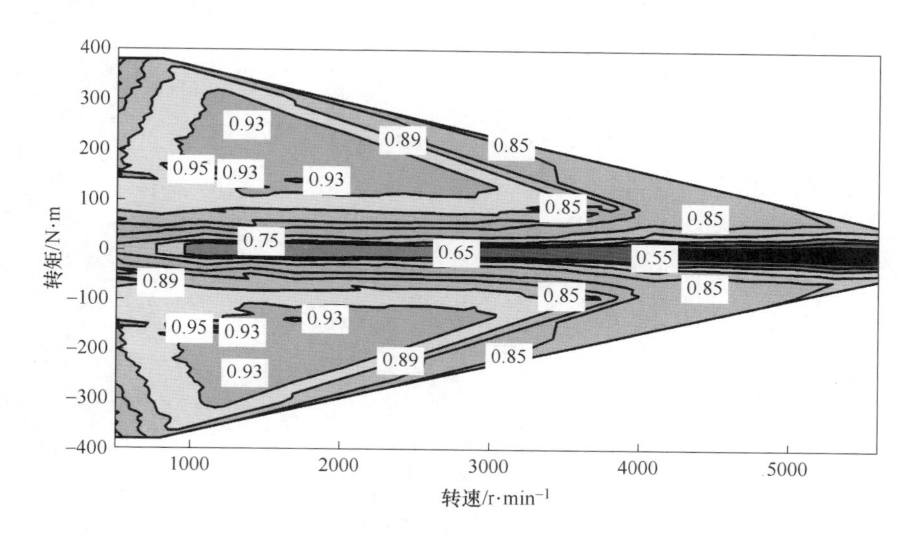

图6-3　电机效率特征图

电机的效率为：

$$\eta_m = \eta(n_m, T_m) \tag{6-12}$$

电机的功率为：

$$P_m = \begin{cases} \dfrac{T_m n_m}{\eta_m}, & T_m \geqslant 0 \\ T_m n_m \eta_m, & T_m < 0 \end{cases} \tag{6-13}$$

式中，n_m 为电机转速，r/min；T_m 为电机转矩，N·m；η_m 为电机效率；P_m 为电机功率，kW。

6.1.2.4　动力电池模块

根据电池使用过程电压下降的特性，采用电池充放电效率曲线确定电池电压与SOC的关系，图6-4为单体电池在充放电时不同SOC下的单体电压升高降低曲线。设置电池电阻为恒定值，电池单体等效电路如图6-5所示。通过计算得知，使用单个单体以及单体的任何组合，可以构造任何想要的动力电池模块。

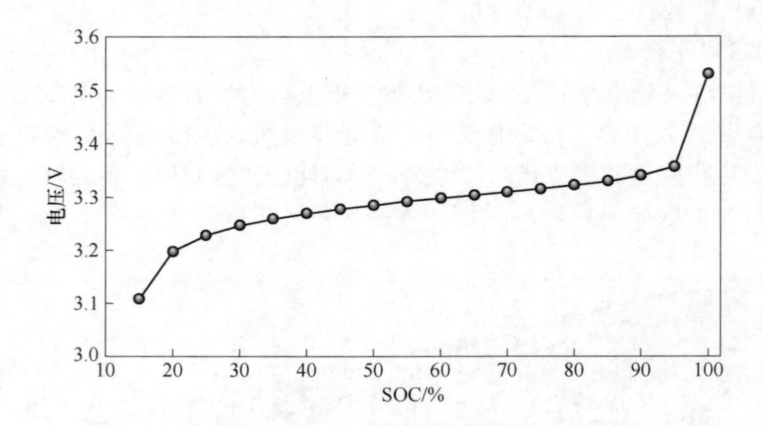

图 6-4 单体充放电曲线

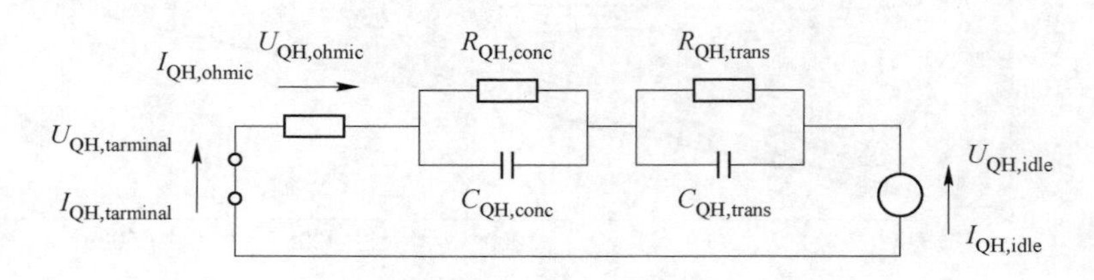

图 6-5 动力电池等效电路

电池电学方程为：

$$U_{QH,termal} = U_{QH,idle}(T_{QH},SOC_{QH}) - I_{QH,ohmis}R_{QH}(T_{QH},SOC_{QH}) - \frac{Q_{QH,conc}}{C_{QH,conc}}(T_{QH},SOC_{QH}) - \frac{Q_{QH,trans}}{C_{QH,trans}}(T_{QH},SOC_{QH}) \tag{6-14}$$

式中，$U_{QH,termal}$为单体终端电压，V；$U_{QH,idle}$为单体电源电压，V；$I_{QH,ohmis}$为通过单体的实际电流，A；R_{QH}为电阻，Ω；$Q_{QH,conc}$为电容集中过电压量；$Q_{QH,trans}$为电容转移电压量；$C_{QH,conc}$为焓容量系数；$C_{QH,trans}$为电容转移系数；T_{QH}为单体温度,℃；SOC_{QH}为单体电容量。

放电时电池最大电流为：

$$I_{QH,max,discharge} = \frac{U_{QH,idle} - U_{QH,min} - \frac{Q_{QH,trans}}{C_{QH,trans}} - \frac{Q_{QH,conc}}{C_{QH,conc}}}{R_{QH}} \tag{6-15}$$

式中，$I_{QH,max,dischage}$为最大放电电流，A；$U_{QH,min}$为单体最小电压，V。

放电时最大输出功率为：

$$U_{QH,net} = U_{QH,idle} - I_{QH,max,discharge}R_{QH} \tag{6-16}$$

$$P_{QH,out,max}=U_{QH,net}I_{QH,max,discharge} \tag{6-17}$$

式中，$P_{QH,out,max}$为电池放电时最大输出功率，W；$U_{QH,net}$为单体净电压，V。

充电时电池最大电流为：

$$I_{QH,max,charge}=\frac{U_{QH,idle}-U_{QH,max}-\dfrac{Q_{QH,trans}}{C_{QH,trans}}-\dfrac{Q_{QH}}{C_{QH,conc}}}{R_{QH}} \tag{6-18}$$

式中，$I_{QH,max,charge}$为最大充电电流，A；$U_{QH,max}$为单体最大电压，V。

充电时最大输出功率为：

$$U_{QH,net}=U_{QH,idle}-I_{QH,max,charge}R_{QH} \tag{6-19}$$

$$P_{QH,in,max}=U_{QH,net}I_{QH,max,charge} \tag{6-20}$$

式中，$P_{QH,in,max}$为电池充电时最大输出功率，W。

6.1.2.5 变速箱及其控制模块

为了发动机和车辆各自的性能曲线相对应，变速箱速比设置为六挡。变速箱换挡时会有5种损失，包括效率损失、变速箱效率与挡位的损失、变速箱效率和转矩损失的效率损失、变速箱效率图和不同变速箱油温下的效率图。本章选择第2种方式设置损失。对于手动变速箱，变速器、质量惯性力矩和损失矩可以将发动机转矩转化为动力输出，从而实现换挡。而自动变速箱则需要变速箱控制模块进行换挡控制。在本章中，选择了自动挡换挡方式，并将具体的换挡控制逻辑列于表6-1中。

表6-1 换挡逻辑

挡位	升挡车速/km · h^{-1}	降挡车速/km · h^{-1}
1	10	10
2	18.5	18.5
3	29.5	29.5
4	46.5	46.5
5	62.25	62.25
6	100	100

6.1.2.6 制动器模块

制动器部件的性能取决于多个因素，其中包括制动器活塞缸面积、摩擦系数以及制动因子等参数。制动因子是区分盘式制动器和鼓式制动器的特征参数之一。鉴于本书研究的对象为轻型卡车，因此本章选择使用盘式制动器。

制动器制动压力为：

$$M_B=2p_BA_B\eta_B\mu_Br_Bc_B \tag{6-21}$$

式中，p_B为制动压力，Pa；A_B为制动器活塞面积，m^2；η_B为制动器制动效率；

μ_B 为制动器摩擦系数；r_B 为有效摩擦半径，mm；c_B 为制动器制动因子。

6.1.2.7　信号连接

所有部件设置完成后，需要通过机械信号和电气信号将它们连接起来形成一个整体。机械信号的作用是传递发动机和电机输出的转矩，经过离合器、变速箱、主减速器和差速器等部件，最终转化为车轮的驱动力。电气信号则连接电机、电池和其他电气设备，用来传输电气信号。同时，监控器模块可以连接任意模块的输入输出信号，实现对信号变化的直观观测。信号连接界面如图 6-6 所示。

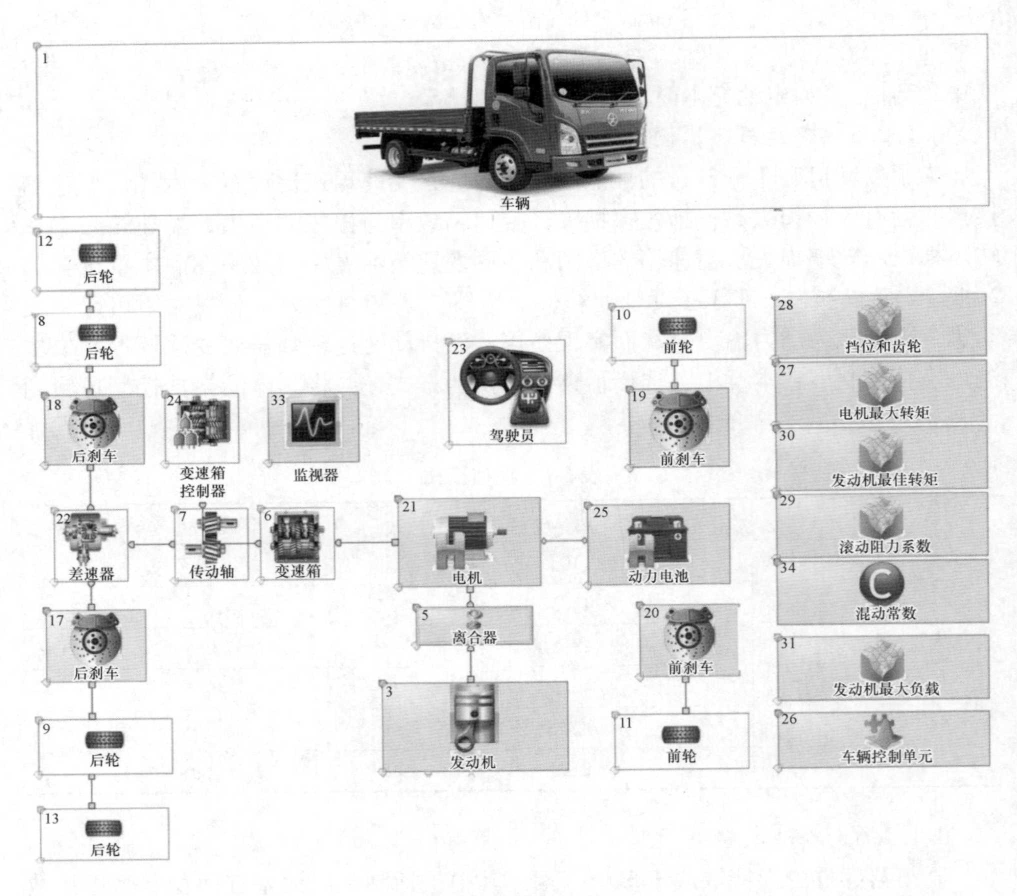

图 6-6　信号连接

AVL Cruise 和 MTLAB/Simulink 联合仿真可以分为应用程序编程接口、模型编译器、Interface 和动态链接库（Dynamic Link Library，DLL）4 种。相比其他类型，动态链接库可供任何安装了 AVL Cruise 软件的计算机使用，通过 Simulink 生成的动态链接库文件集成到 AVL Cruise 进行耦合仿真。虽然部分产出结果无法查看，但计算速度快。因此，本章采用动态链接库类型，能量管理策略生成 DLL 文件在 AVL Cruise 中调用并仿真。

6.2　基于逻辑门限的能量管理策略

制定高效的能量管理策略非常重要，通过合理分配能量，以达到节能的目的。本章的研究对象是 P2 构型混合动力汽车，并采用后向混合仿真的方式确定整车需求转矩。基于这个需求转矩，制定了基于逻辑规则的能量管理策略。

6.2.1　转矩需求

求得需求转矩的方法可分为两种：车辆行驶状态和制动状态。来源于 AVL Cruise 软件 DLL 模块的输入数据，通过制定数学模型，利用整车行驶阻力方程，得到车辆在行驶状态下的需求转矩，并通过仿真结果分析，发现实际车速和需求车速不能很好地匹配，发动机和电机的转矩分配不合理，无法满足整车动力性需求。因此，采用 PID 控制策略，对当前车速和需求车速的差值进行调节，进一步修正需求转矩。仿真结果表明，此方法能使实际车速和需求车速表现出较好的匹配性，发动机和电机转矩的分配与能量管理策略的制定也符合实际情况。

在制动状态下，需求转矩根据当前的制动压力得出。当最大制动压力大于前一时刻制动压力时，使用电子制动，最大制动压力为制动器制动压力。当最大制动压力小于前一时刻制动压力时，机械制动提供剩余的制动力。另外，还需考虑 SOC 和当前车速对制动压力的影响。当 SOC 较高时，制动压力由机械制动提供，当 SOC 较低时，则需要机械制动和电子制动共同提供制动压力。

6.2.2　模式切换

混合动力系统采用最佳转矩分配，发动机最优燃油经济曲线如图 6-7 所示。

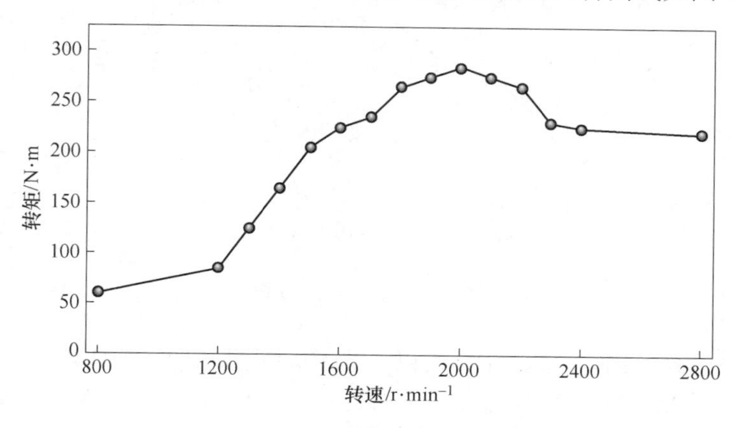

图 6-7　发动机最优燃油经济曲线

当车速小于二挡以下车速或需求转矩小于 800 r/min 发动机经济转矩时，动力完全由电机提供。混合驱动模式分为两种情况：在发动机能够满足整车行驶需求时，发动机工作在最佳经济曲线上；当整车需求大于发动机能提供的最大转矩时，电机输出最大转矩，其余由发动机提供，制动以电制动回收为主，但当车速较低或 SOC 较高时，以机械制动为主。根据行驶车速、转矩和 SOC 的不同，可以划分为不同模式。当达到某一区域的边界条件时，动力系统会做出相应的响应。本章提出的能量管理策略包括纯电动模式、行车充电模式、混合驱动模式、制动能量回收模式和停车模式，模式切换流程如图 6-8 所示。

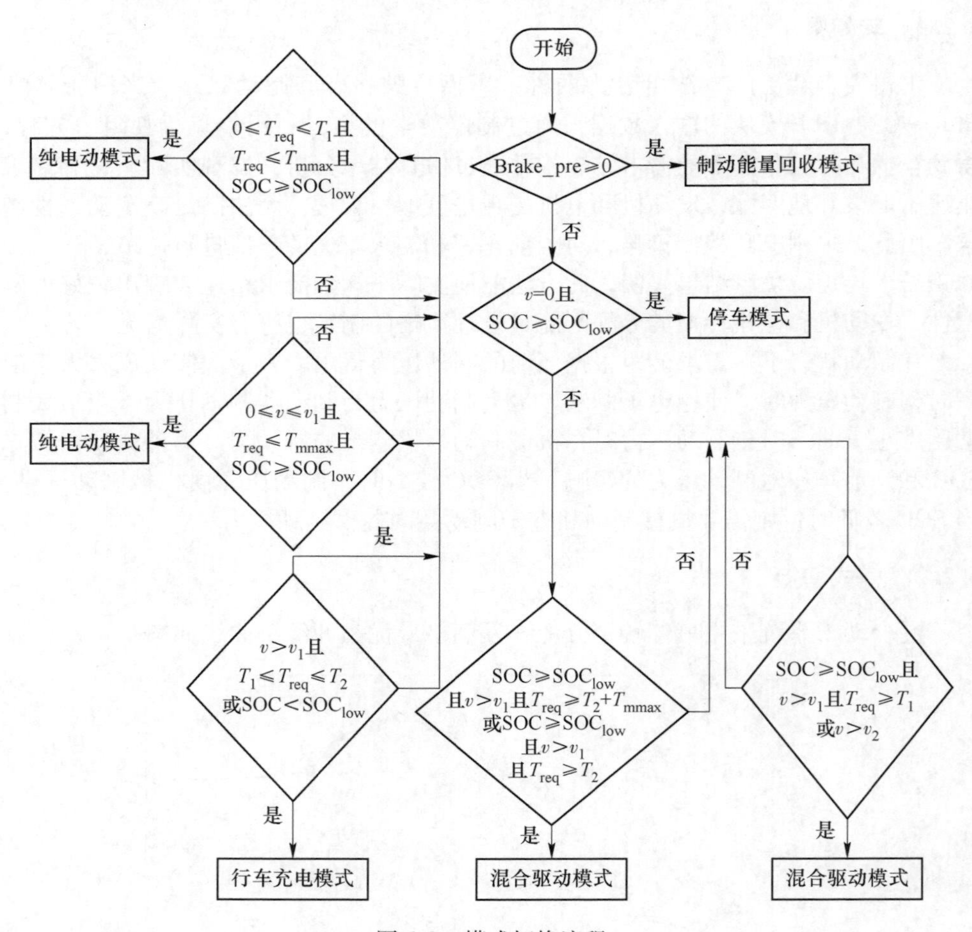

图 6-8　模式切换流程

纯电动模式：当汽车运行满足以下条件时：当 $SOC \geqslant SOC_{low}$、$T_{req} \leqslant T_{mmax}$、$0 \leqslant T_{req} \leqslant T_1$ 或者当 $SOC \geqslant SOC_{low}$、$T_{req} \leqslant T_{mmax}$、$0 < v \leqslant v_1$ 时，进入纯电动模式。此时，Switch_em = 1，$T_{EM} = T_{req}$，电机开启提供整车需求转矩；Switch_en = 0，

$T_{EN}=0$，发动机关闭不提供转矩；Cltuch_state = 1，离合器分离。

行车充电模式：当汽车运行满足以下条件时：当 $v \geqslant v_1$、$T_1 \leqslant T_{req} \leqslant T_2$ 或者当 $SOC < SOC_{low}$时，进入行车充电模式。此时，Switch_em = 1，$T_{EM}=T_{req}-T_2$，电机开启提供部分转矩；Switch_en = 1，$T_{EN}=T_2$，发动机开启提供部分转矩；Cltuch_state = 0，离合器结合。

混合驱动模式：当汽车满足以下条件时：当 $SOC \geqslant SOC_{low}$、$v > v_1$、$T_{req} \geqslant T_2$ 或者当 $SOC \geqslant SOC_{low}$、$v > v_1$、$T_{req} \geqslant T_1$ 或者当 $v > v_2$ 时，进入混合驱动模式。此时，Switch_em = 1，$T_{EM}=T_{req}-T_2$，电机开启提供部分转矩；Switch_en = 1，$T_{EN}=T_2$，发动机开启提供部分转矩；Cltuch_state = 0，离合器结合。

当汽车满足以下条件时：当 $SOC \geqslant SOC_{low}$、$v > v_1$、$T_{req} \geqslant T_2 + T_{mmax}$时，进入混合驱动模式。此时，Switch_em = 1，$T_{EM}=T_{mmax}$，电机开启提供部分转矩；Switch_en = 1，$T_{EN}=T_{req}-T_{mmax}$，发动机开启提供部分转矩；Cltuch_state = 0，离合器结合。

制动能量回收模式：当汽车满足以下条件时：当 Break_pre≥0 时；进入制动能量回收模式。此时，Switch_em = 1，$T_{EM}=T_{req}$，电机开启提供转矩；Switch_en = 0，$T_{EN}=0$，发动机关闭不提供转矩；Cltuch_state = 1，离合器分离。

停车模式：当汽车满足以下条件时：当 $SOC \geqslant SOC_{low}$、$v=0$ 时；进入停车模式。此时，Switch_em = 0，$T_{EM}=0$，电机关闭不提供转矩；Switch_en = 0，$T_{EN}=0$，发动机关闭不提供转矩；Cltuch_state = 1，离合器分离。

其中，T_{req}、T_{mmax}、T_{EM}、T_{EN}分别为驾驶员需求转矩、电机最大转矩、电机转矩、发动机转矩，N · m；T_1 为发动机最小油耗对应的转矩，N · m；T_2 为发动机在不同转速下高效区对应的转矩，N · m；v_1 为变速箱在 2000 r/min 二挡时换挡的车速，km/h；v_2 为确保高速时处于混合驱动模式，取值为 100 km/h；Switch_em、Switch_en 分别为电机和发动机的开启状态；Cltuch_state 为离合器工作状态。当电池 SOC 在 0.75 ~ 0.65 时可以提供最长的循环寿命[174]，SOC_{low}为电池低阈值，取值 0.65，SOC_{high}为电池高阈值，取值 0.75。

6.3　基于模糊控制的能量管理策略

6.3.1　模糊控制介绍

模糊控制是一种仿效人类思维逻辑的方法。它利用计算机软件设计和构建模糊控制器，用于那些难以建立精确数学模型的特定物体或对象。模糊控制器能实现模仿人类逻辑语言所表达的比较模糊的数学控制推理规则。模糊控制器是模糊控制系统的核心，由模糊接口、规则库、结论机制和模糊逆接口 4 部分组成，如图 6-9 所示。它的操作流程采用模糊逻辑，在输入一个或多个参数的情况下进行输出参数的映射，通常包括 5 个关键步骤，分别为输入量模糊化、模糊逻辑运算、模糊蕴含、模糊合成、输出量逆模糊化[175]。

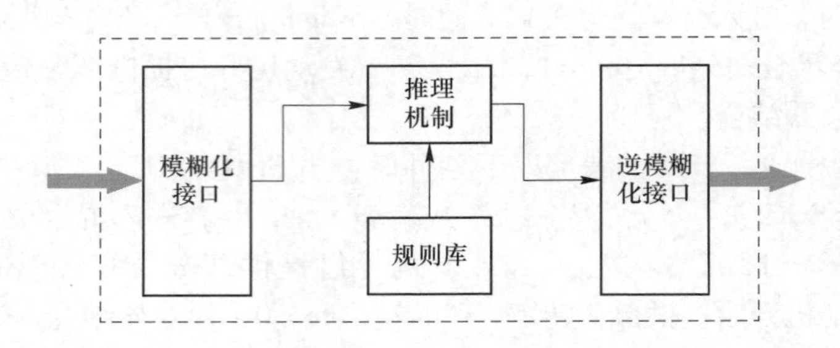

图 6-9　模糊控制器的组成

（1）模糊化过程：

$$\mu\tilde{A}(x)=\begin{cases}1,\ x\equiv u_i\\0,\ x\neq u_i\end{cases}\tag{6-22}$$

（2）模糊蕴含方法：

$$\tilde{R}=\tilde{P}\rightarrow\tilde{Q}\tag{6-23}$$

（3）Mamdani 最小蕴含：

$$\mu\tilde{R}(x,y)=\min(\mu\tilde{P}(x),\ \mu\tilde{P}(x))\tag{6-24}$$

6.3.2　模糊控制策略制定

本章研究的 P2 构型混合动力汽车在行驶时发动机工作时间较长，电机帮助其工作在最佳状态。在设计控制策略时尽量要求发动机工作在油耗最小曲线，只有当混动模式下 $0\leqslant T_{Dr}<T_{emin}$ 或者发电模式 $T_{Dr}\geqslant 0$ 且 $T_{Dr}-T_{emin}+T_{mmax}<0$ 时，发动机才偏离该曲线工作，并保证动力电池 SOC 在规定的阈值范围内变化。为满足以上要求，将模糊控制器的输入变量设为需求转矩 T_{Dr} 与 SOC 变化量 ΔSOC（$SOC-SOC_I$），输出变量设为发动机转矩系数 r_q。发动机的转矩输出为 $r_q\times T_{emax}$，其中 T_{emax} 为发动机最大转矩。

模糊控制器框图如图 6-10 所示，需求转矩 T_{Dr} 与 ΔSOC 一起输入，经过模糊控制器的运算之后得到发动机转矩系数 r_q。

需求转矩的模糊子集｛NH、NM、NL、PL、PM、PH｝，其论域为［-400，400］，SOC 变化量的模糊子集｛NB、NS、Z、PS、PB｝，其论域为［-0.05，0.05］，发动机转矩系数的模糊子集｛L0、L1、L2、L3、L4、L5｝，其论域为［0，1］。T_{Dr}、ΔSOC 和 r_q 隶属度函数如图 6-11 所示，采用三角形的隶属度函数。模糊控制规则如表 6-2 所示。

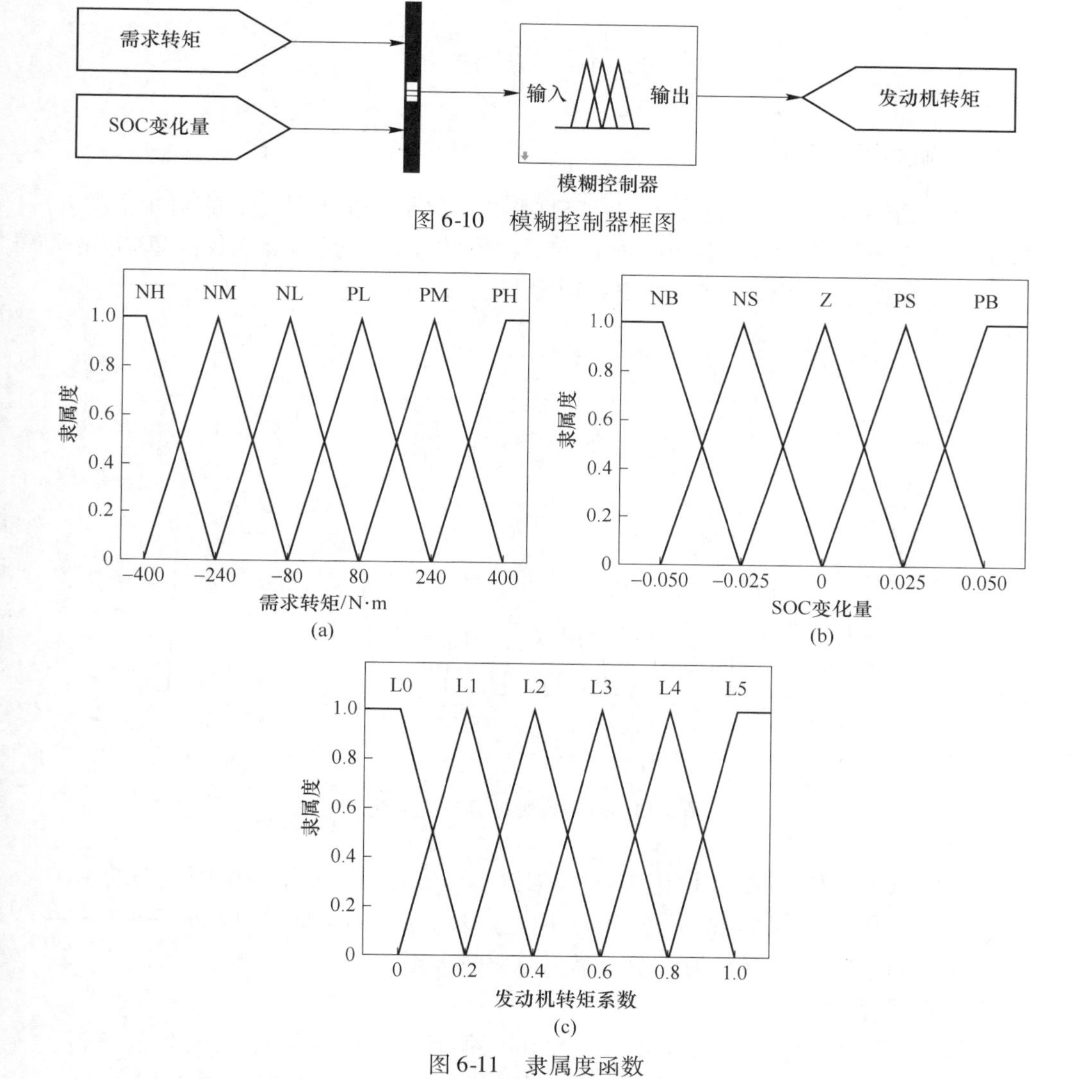

图 6-10 模糊控制器框图

(a)

(b)

(c)

图 6-11 隶属度函数

（a）需求转矩隶属度函数；（b）SOC 变化量隶属度函数；（c）发动机转矩系数隶属度函数

表 6-2 模糊控制规则

r_q		ΔSOC				
		NB	NS	Z	PS	PB
T_{Dr}	NH	L0	L0	L0	L0	L0
	NM	L0	L0	L0	L0	L0
	NL	L0	L0	L0	L0	L0
	PL	L3	L2	L1	L0	L0
	PM	L4	L3	L2	L1	L0
	PH	L5	L4	L3	L2	L1

6.4 仿真分析

6.4.1 循环工况选择

汽车循环测试工况是汽车燃油经济性和排放性能评价的基础，它对车辆的开发结果产生了重要影响，不同国家制定了不同的循环工况标准。我国 2021 年 7 月 1 日之前使用 NEDC 标准，如图 6-12 所示。

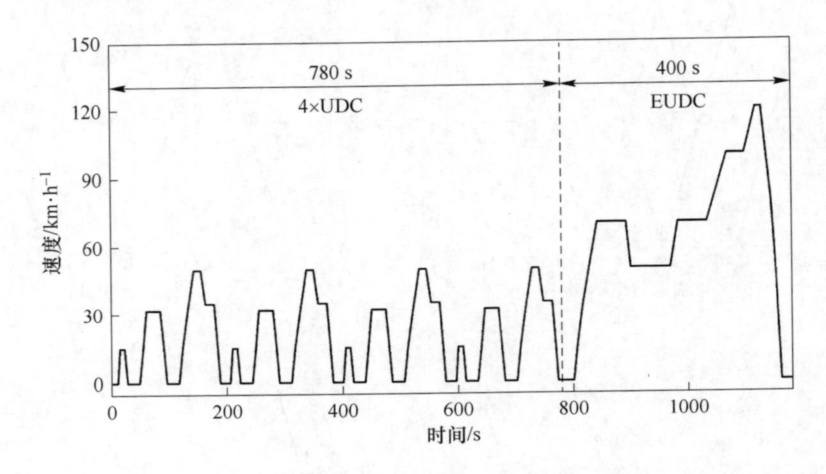

图 6-12　欧洲行驶循环试验工况

中国汽车行驶工况专门为中国行驶的汽车构建开发，其中，中国重型商用车（GVM≤5500 kg）测试循环（China Heavy-Duty Commercial Vehicle Test Cycle-Truck，CHTC-LT）工况是为轻型卡车（总质量大于 3.5 t，小于 5.5 t）设计，具体如图 6-13 所示。

NEDC 工况共包括 5 个工况：4 个市区循环、1 个模拟郊区循环的工况。0～780 s 是模拟市区工况，最大车速不超过 50 km/h，平均时速在 18.5 km/h。从第 780 s 开始进行郊区循环工况模拟测试，时速最高 120 km/h，平均时速为 62 km/h 左右。CHTC-LT 工况共包 3 个速度区间，工况时长共计 1652 s，其中市区区间时间比例为 18.7%，城郊区间时间比例为 58.9%，高速区间时间比例为 28.4%，平均车速为 34.6 km/h，最大车速为 97.0 km/h，怠速比例为 12.4%[176]。

6.4.2 仿真结果分析

将 NEDC 工况的前 780 s 作为输入工况，在该工况下两种控制策略进行仿真。

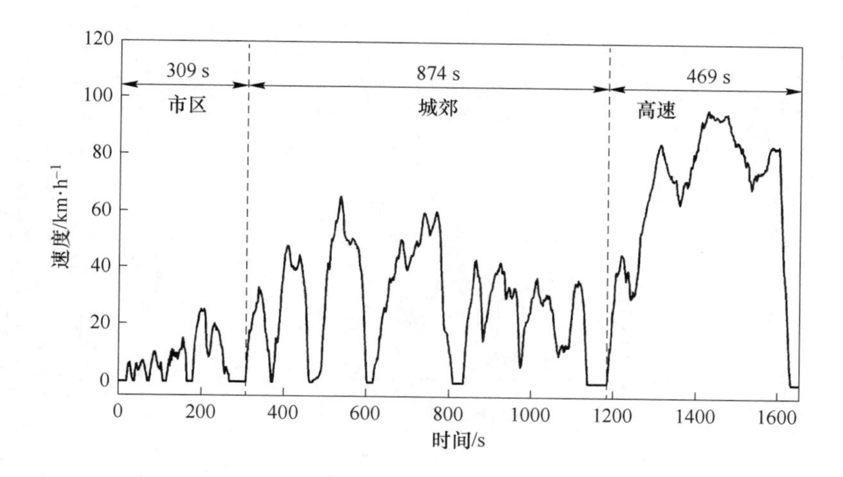

图 6-13 CHTC-LT 行驶工况

图 6-14 为车速的跟随情况，可以看出两种控制策略在仿真过程中很好地跟随了目标车速，车速误差小于 2 km/h，完全满足了整车动力性的要求。

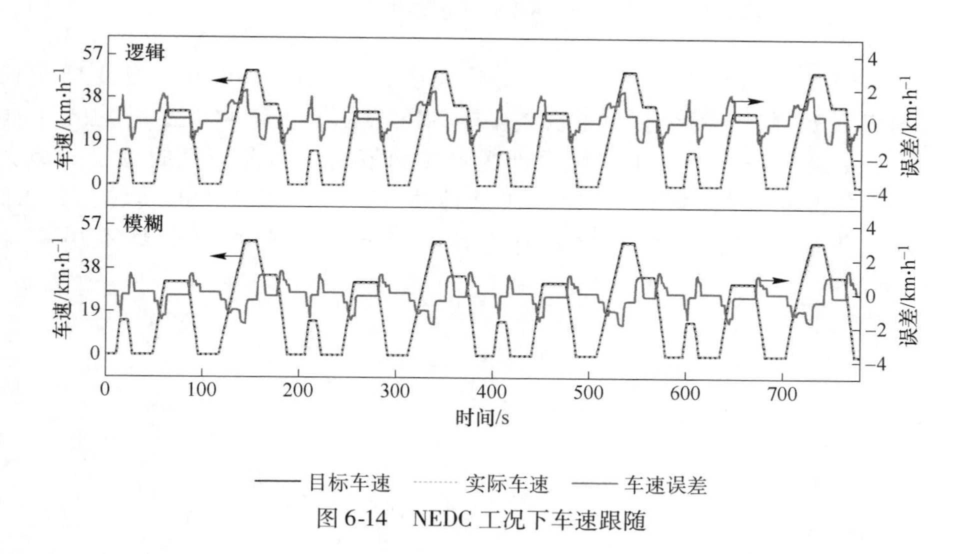

图 6-14 NEDC 工况下车速跟随

图 6-15 为车辆转矩的变化曲线。从图 6-15 中可以得知，当采用逻辑门控制策略进入混动模式后，NEDC 工况前 780 s 的 4 个相同的市区循环中，发动机和电机输出的转矩分配相同。但在采用模糊逻辑控制策略时，发动机输出的转矩要高于逻辑门控制策略，而且在 4 个循环中，发动机输出的转矩会逐渐下降。

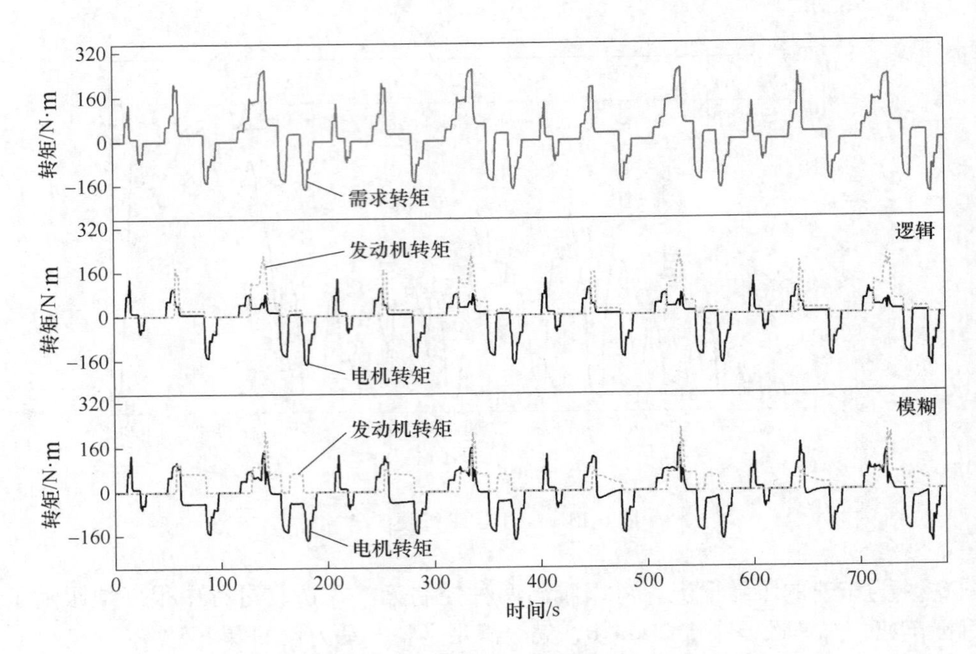

图 6-15　NEDC 车辆转矩变化

图 6-16 为 NEDC 工况下 SOC 的变化曲线。由图 6-16 可知，基于模糊控制的 SOC 值比基于逻辑门限的高。据图 6-15 显示，发动机在工作时处于非最小油耗曲线状态下，如果采用模糊逻辑控制策略，则发动机的输出转矩会大于逻辑门控制策略的输出转矩。在这种情况下，电机产生的负转矩越大，发电的效果就越好，因此动力电池的 SOC 将比逻辑门控制策略下更快地增长。

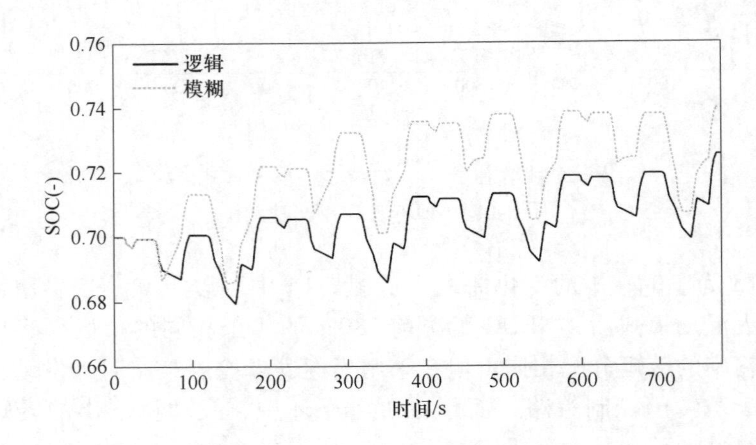

图 6-16　NEDC 工况下 SOC 变化曲线

与逻辑门控制策略相比，模糊逻辑控制策略的百公里燃油消耗更高，达到6.46 L，比逻辑门控制策略高出570 mL。两种策略下，SOC最终都保持在允许范围内，逻辑门控制策略的SOC为73%，模糊控制策略的SOC为74%。

6.5 台 架 验 证

图6-17为在NEDC工况中选取的试验工况点。由图6-17可知，在高速阶段选取（808～835 s、1044～1116 s）101个工况点，将工况点输入测控系统中，进行台架试验。

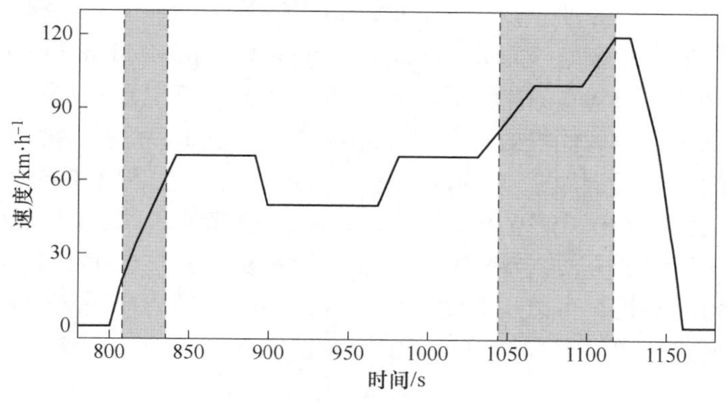

图6-17 试验工况点

图6-18为能量管理策略在101个工况点下的油耗量变化曲线。从图6-18中可知，仿真结果与试验结果曲线吻合较好，提高了能量管理策略的可信度，在808～835 s内油耗变化较为剧烈，在1044～1116 s内油耗变化较为平缓。

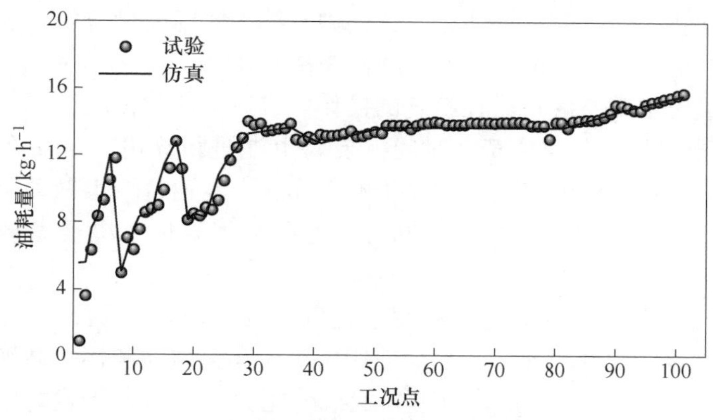

图6-18 逻辑规则能量管理策略油耗变化曲线

7 基于瞬时优化的混合动力汽车能量管理策略

第6章介绍了基于规则的能量管理策略，虽然该策略稳定性较好，易于实车应用，但其阈值是基于工程经验确定的，因此缺乏普遍适用性，不能最大限度地改善混合动力汽车的燃油经济性。为此，基于该策略，制定了以燃油经济性为目标的等油消耗最小化策略（Equivalent Consumption Minimization Strategy，ECMS）。本章介绍了ECMS的基本原理，并对比分析了基于逻辑规则和基于ECMS的仿真结果。不同工况下的最优等效因子可能不同，但传统ECMS能量管理策略的等效因子是固定的，其工况适应性相对较差。因此，为了在各种不同的工况下应用ECMS策略，本章提出了建立典型工况、训练识别等效因子、制定基于学习的自适应A-ECMS策略的方法。该策略通过工况识别实时调整最优等效因子，在不同工况下进行仿真分析，可以更好地适应不同的工况。最后应用双燃料发动机，探讨了双燃烧模式油醇电混合动力系统的综合性能。

7.1 等效油耗最小能量管理策略

7.1.1 等效油耗最小能量管理策略介绍

1999年，Paganelli首先提出了ECMS方法。该方法将全局最小化问题简化为瞬时最小化问题，每个时刻仅使用基于动力系统中实际能量流的参数来解决[177]。ECMS的设计理念是，在混合动力电动汽车中，动力电池只是用作能量的缓冲，所有的能量最终都来自燃料。在给定的操作点有以下两种情况。

（1）放电情况：在未来某个时间需要对电池进行充电，从而在未来产生一些额外的燃油消耗。电池充电时发动机的工作状态和通过再生制动可回收的能量决定电池补电所需要燃料的多少。同时，这两个因素也取决于车辆负荷和行驶循环。

（2）充电情况：储蓄的电能将用于辅助发动机驱动车辆，这意味着节省燃油。同样，电能作为燃料能替代品的使用取决于车辆负荷和行驶循环。

ECMS方法的基本原理是将成本分配给电能，从而使电储能的使用等同于使用（或节省）一定量的燃料。这一成本显然是未知的，因为它取决于未来的车辆。ECMS实现的概念如图7-1所示，它指的是并联混合动力汽车。在放电状态时（见图 7-1（a）），电动机提供动力，虚线路线与未来所用电能的回收有关，充电的工作点无法预先知道。在充电的情况下（见图 7-1（b）），电机将机械能转换为电能存储在电池，虚线路线与未来利用这种电能所产生的机械能有关，被认为是一种节油的方法，在这种情况下，电动机的等效燃油流量为负。

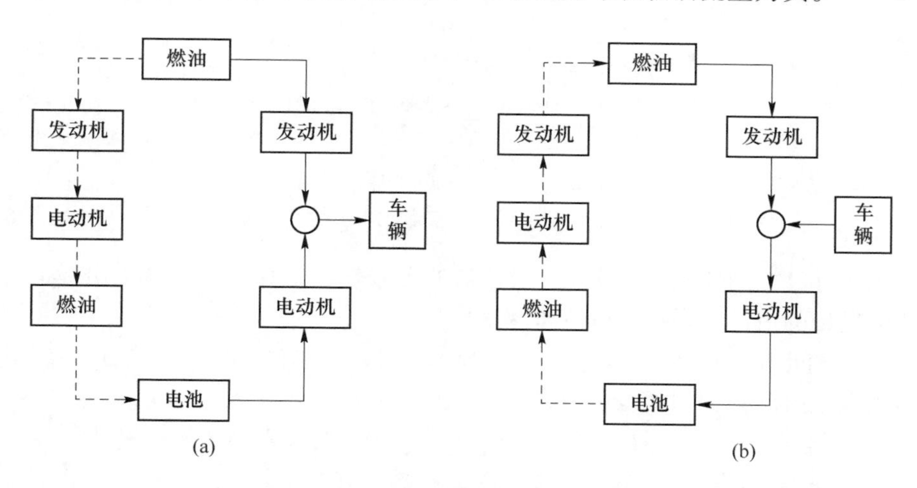

图 7-1 充放电过程中的能量路径

（a）放电；（b）充电

ECMS 的关键思想是，在充电和放电过程中，等效燃料消耗量可以与电能的使用相关，等效未来（或过去）燃料消耗量 $\dot{m}_{\text{ress}}$(g/s)，当前实际燃油消耗量为燃油质量流量 $\dot{m}_{\text{f}}$(g/s)，瞬时等效燃油消耗量 $\dot{m}_{\text{f,eqv}}(t)$ 为：

$$\dot{m}_{\text{f,eqv}}(t) = \dot{m}_{\text{f}} + \dot{m}_{\text{ress}} \tag{7-1}$$

瞬时燃油消耗量为：

$$\dot{m}_{\text{f}} = \frac{P_{\text{eng}}(t)}{\eta_{\text{eng}}(t) Q_{\text{lhv}}} \tag{7-2}$$

式中，$\eta_{\text{eng}}(t)$ 为发动机效率；$P_{\text{eng}}(t)$ 为发动机在一定效率下运行时产生的功率。

电机等效虚拟燃料消耗量为：

$$\dot{m}_{\text{ress}}(t) = \frac{\boldsymbol{s}(t)}{Q_{\text{lhv}}} P_{\text{batt}}(t) \tag{7-3}$$

等效因子 $\boldsymbol{s}(t)$ 是一个向量，$\boldsymbol{s}(t) = [s_{\text{chg}}(t), s_{\text{dis}}(t)]$，分别用于充电和放电。它的任务是分配用电成本，把电能转换成同等的燃料消耗。实际上，等效因子 $\boldsymbol{s}(t)$ 代表燃料转化为电能的效率链，反之亦然。因此，它会因动力总成的每个工作条件而改变。传统的 ECMS 公式中，等效因子是一个常数，或者更确切地说是一组常数，它可以用来解释特定行驶循环的平均等效效率。

根据 P_{batt} 的正负（即电池是否充电或放电），虚拟燃油流量可以为正也可以为负，从而使等效燃油消耗量高于或低于实际燃油消耗量。

通过使用 ECMS 将总成本最小化的全局问题归结为最小化 $\dot{m}_{f,eqv}(t)$ 的局部（瞬时）问题：

$$\text{Globat} = \begin{cases} \min_{P_{batt}(t) \in U_{P_{batt}}} \int_{t_0}^{t_f} \dot{m}_f(t)\,dt \\ SOC_{min} \leqslant SOC \leqslant SOC_{max} \end{cases}$$
$$\text{Local} = \begin{cases} \int_{t_0}^{t_f} \min_{P_{batt}(t) \in U_{P_{batt}}} \dot{m}_{f,equ}(t)\,dt \\ SOC_{min} \leqslant SOC \leqslant SOC_{max} \end{cases} \tag{7-4}$$

每次计算控制变量 P_{batt} 的几个候选值的等效燃油消耗量，选择给出最低等效燃油消耗量的值，必须执行以下步骤来实现 ECMS：

（1）给定系统的 P_{req}、ω_{eng}、ω_{em}、SOC 等状态，确定满足瞬时约束（功率、转矩、电流限制）的可接受控制范围 $[P_{batt,min}(t),\ \cdots,\ P_{batt,max}(t)]$；

（2）将区间 $[P_{batt,min}(t),\ \cdots,\ P_{batt,max}(t)]$ 离散为有限数量的候选控件；

（3）计算对应于每个候选控制的等效燃料消耗量 $\dot{m}_{f,eqv}(t)$；

（4）选择使 $\dot{m}_{f,eqv}(t)$ 最小化的控制值 $P_{batt}(t)$。

步骤（1）~（4）在整个驾驶循环期间的每一时刻计算，该方法能很好地逼近全局最优解。瞬时最小化问题比动态规划求解的全局问题在计算上要求更低，并且适用于实际情况，因为它不依赖于关于未来驾驶条件的信息，但必须事先选择充电等效因子 $s_{chg}(t)$ 和放电等效因子 $s_{dis}(t)$。在实际应用中，只要给定一个 $\boldsymbol{s}(t)$ 值，就可以预先计算电机和发动机功率或扭矩的组合，以满足车辆功率或扭矩需求，同时瞬时等效油耗最小。等效因子的大小影响着车辆的燃油消耗量和蓄电池电荷状态的变化趋势，$s_{chg}(t)$ 和 $s_{dis}(t)$ 的选择，对于任何给定的驾驶条件来说，保证最佳性都是 ECMS 面临的挑战。

等效因子代表了发动机和车载充电能量储存系统过去、现在和未来的效率，其值影响充电的可持续性和能量管理策略的有效性。如果该参数过高，代表使用电能的成本高，因此无法充分实现混合动力的潜力，如果该参数过低，则相反，电池耗电加快。

在实现 ECMS 时，通常使用罚函数来保证 SOC 不超过容许极限 $SOC_{min} \leqslant SOC \leqslant SOC_{max}$。罚函数对于实现可靠的电池充电状态在线估计起着关键作用。因此，通过构造适当的罚函数 $p(SOC)$ 对等效燃料消耗进行修正，如式（7-5）所示：

$$\dot{m}_{f,eqv} = \dot{m}_f + s(t)\frac{P_{batt}}{Q_{lhv}}p(SOC) \tag{7-5}$$

瞬时等效成本中使用的罚函数是一个修正函数，它考虑了当前 SOC(t) 与目

标荷电状态 SOC_{targe}的偏差：

$$p(SOC)=1-\left[\frac{SOC(t)-SOC_{target}}{(SOC_{max}-SOC_{min})/2}\right]^{a} \tag{7-6}$$

一方面，当 $SOC>SOC_{targe}$时，$p(SOC)<1$，这意味着电池能量的成本较低，因此当 SOC 高于参考值时，放电的可能性更大；另一方面，当 $SOC<SOC_{targe}$时，$p(SOC)>1$，在这种情况下，电池的能量消耗增加，使其放电的可能性降低。

7.1.2 等效油耗最小能量管理策略制定

ECMS 算法涉及 3 个关键问题：(1) 确定等效因子。目前，通常采用 PMP 原理、打靶法和效率转化等方法来确定等效因子。(2) 根据车辆在道路上的行驶状态，将能量分配给动力源，以达到等效油耗最小的目的，同时优化动力源的转矩分配。(3) 确保在整车循环工况下或某一段行驶结束时，初始 SOC 和终止 SOC 具有收敛性。这 3 个问题是 ECMS 算法的核心内容。

7.1.2.1 ECMS 等效因子的选取

PMP 原理是求解最优问题的一种算法。其核心思想是在满足电池 SOC 约束、发动机和电机机械约束等条件的情况下，通过引入拉格朗日函数生成新的哈密顿函数，找到一个控制变量使得性能指标函数值最小，从而求解极值。

PMP 原理引入拉格朗日函数得到的哈密顿方程为：

$$H(x(t),u(t),\lambda(t),t)=L(x(t),u(t),t)+\lambda(t)^{T}f(x(t),u(t),t) \tag{7-7}$$

式中，$L(x(t),u(t),t)$ 为瞬时成本函数；$\lambda(t)$为优化变量向量，$f(x(t),u(t),t)$为动态协调方程。

考虑发动机、电机和电池 SOC 的影响，相应的哈密顿方程为：

$$H(SOC,P_{batt},\lambda)=\dot{m}_{f}(P_{batt})+\lambda f_{soc}(SOC,P_{batt}) \tag{7-8}$$

式中，$\dot{m}_{f}(P_{batt})$ 为发动机是实际油耗的函数；P_{batt}为哈密顿函数考虑电池 SOC 的方程。

PMP 原理指出，若整个驾驶循环 t 从 t_0 到 t_f 的过程，求出最佳控制 P_{batt}，不仅要满足一系列约束条件，还要满足以下约束条件：

$$\dot{\lambda}^{*}(t)=\frac{\partial H}{\partial SOC}=\frac{\partial f(SOC^{*}(t),P_{batt}^{*}(t))}{\partial SOC} \tag{7-9}$$

$$SOC^{*}(t_0)=SOC(0) \tag{7-10}$$

$$SOC^{*}(t_f)=SOC(target) \tag{7-11}$$

根据图 7-1 所示的信息，无论电池处于放电状态还是充电状态，对应的等效油耗和等效电耗本质上都是燃油和电能之间的转化。因此，本章可以根据发动机的平均效率和电池的充电效率，分别计算出电池在充放电状态下的等效因子。在不考虑能量传输损耗的情况下，电池在充放电过程中，因车辆状态经常变化，电池的状态也随之变化。因此，电池的充放电效率分别为：

$$\eta_{dis\_batt}=\frac{P_{dis\_em}}{E_{dis\_batt}} \tag{7-12}$$

$$\eta_{charg\_batt}=\frac{E_{charg\_batt}}{P_{charg\_em}} \tag{7-13}$$

式中，E_{dis_batt}为单位时间内电池输出电能；P_{dis_em}为电机从电池中的得到的功率；E_{charg_batt}为单位时间内电池从电机得到的电能；P_{charg_em}为电机发电功率。

$$s=\begin{cases}\dfrac{1}{\overline{\eta}_{charg\_eng}\overline{\eta}_{charg\_batt}}, & P_{batt}\geqslant 0\\ \dfrac{\overline{\eta}_{dis\_batt}}{\overline{\eta}_{dis\_eng}}, & P_{batt}<0\end{cases} \tag{7-14}$$

式中，P_{batt}为电池充放电功率，当$P_{batt}\geqslant 0$，表示电池放电，当$P_{batt}<0$，表示电池充电，kW；s为等效因子；$\overline{\eta}_{charg_eng}$为行车充电下发动机的平均效率；$\overline{\eta}_{charg_batt}$为电池的平均充电效率；$\overline{\eta}_{dis_eng}$为混合驱动下发动机的平均效率；$\overline{\eta}_{dis_batt}$为电池放电时的平均效率。

7.1.2.2 ECMS 模型搭建

在整个驾驶循环中，把电机转矩离散化，将某一时刻下的电机最大最小转矩划分为j步，每一时刻发动机和电机转矩之和与整车需求转矩相等。根据式（7-15）计算每一个步长的需要发动机输出的转矩：

$$T_{EN}(j)=T_{req}(i)-T_{EM}(j) \tag{7-15}$$

每步长对应电机输入功率为：

$$P_{EM}(j)=\begin{cases}\dfrac{n_{EM}(j)T_{EN}(j)}{\eta_{m}(j)}, & T_{EN}\geqslant 0\\ n_{EM}(j)T_{EN}(j)\eta_{EM}(j), & T_{EN}<0\end{cases} \tag{7-16}$$

式中，n_{EM}为电机转速，r/min；η_{EM}为电机效率。

根据电池等效电路得到每步长对应的电池电流为$I_{batt}(j)$，则每步长对于电池的功率为：

$$P_{batt}(j)=V_{oc}(j)I_{batt}(j)\eta_{batt}(j) \tag{7-17}$$

式中，V_{oc}为电池开路电压，V；η_{batt}为电池效率。

根据发动机万有特性图得到每步长的发动机瞬时油耗，每步长对应的等效燃油油耗为：

$$\dot{m}_{f,eqv}(j)=\dot{m}_{f}(j)+\frac{s(j)}{Q_{lhv}}P_{batt}(j) \tag{7-18}$$

求解每一步长下的最小油耗：

$$\dot{m}_{f,eqv}=\min[\dot{m}_{f,eqv\_1},\dot{m}_{f,eqv\_2},\cdots,\dot{m}_{f,eqv\_j}] \tag{7-19}$$

同时要满足以下约束条件：

$$\begin{cases} T_{\mathrm{mmin}}(n_{\mathrm{EM}}) \leqslant T_{\mathrm{EM}}(j) \leqslant T_{\mathrm{mmax}}(n_{\mathrm{EM}}) \\ 0 \leqslant T_{\mathrm{EN}}(j) \leqslant T_{\mathrm{eng\_max}}(n_{\mathrm{EN}}) \\ 0 \leqslant n_{\mathrm{EN}}(t) \leqslant n_{\mathrm{EN\_max}} \\ 0 \leqslant n_{\mathrm{EM}}(t) \leqslant n_{\mathrm{EM\_max}} \end{cases} \tag{7-20}$$

式中，$T_{\mathrm{mmin}}(n_{\mathrm{EM}})$ 为电机某一转速下的最小转矩，N · m；$T_{\mathrm{mmax}}(n_{\mathrm{EM}})$ 为电机某一转速下的最大转矩，N · m；$T_{\mathrm{eng\_max}}(n_{\mathrm{EM}})$ 为发动机某一转速下的最大转矩，N · m；$n_{\mathrm{EN_max}}$为发动机最大转速，r/min；$n_{\mathrm{EM_max}}$为电机最大转速，r/min。

根据上述求解，由式（7-14）求解到电池充电和放电时的等效因子，由式（7-15）求解离散下的发动机和电机转矩分配组合，进一步求解到相应的电机功率组合，最后由式（7-19）求解各种组合下瞬时油耗最低的一组组合。

7.2 自适应等效油耗最小能量管理策略

7.2.1 标准工况分析

7.2.1.1 标准工况选择

为了设计基于工况识别的能量管理策略，必须考虑对循环工况进行恰当的分类。目前，道路工况可以主要分为城区、郊区和高速3种类型。城区工况的特点在于，车辆大多时间在严重的拥堵路况下行驶。因此，这种工况主要代表城市交通状态，并且存在着多个十字路口，导致动力源频繁起动，车辆密集，行驶速度偏低。郊区工况与城区工况相比，主要特点在于十字路口相对较少，因此动力源的怠速时间相对较短，车辆密度较低，行驶速度往往处于中低速状态，但也存在一些停止行驶和缓慢行驶的情况。高速工况则采用两侧封闭以及立交桥通行方式，且进出口须要管制，与城区和城郊工况相比，总体车速较高，同时车辆的停车次数最少。因此本节分别选择郊区工况（Urban Dynamometer Driving Schedule，UDDS）、城区工况（The New York City Cycle，NYCC）和高速工况（Highway Fuel Economy Test，HWFET）代表3种工况，如图7-2所示。

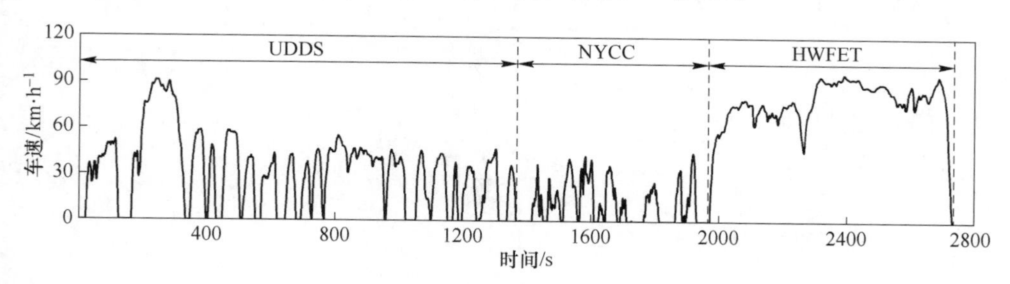

图7-2 标准工况

7.2.1.2　工况特征参数分析

为了描述道路工况的特征，可以使用特征参数，这些参数反映了工况的不同方面。有许多工况参数可以用来描述工况，选取过多的工况特征参数将显著增加计算量。然而，若选取的工况特征参数太少，将影响训练结果的准确性，增加识别误差，不能很好地表示工况特征。因此，本节选择10种特征参数来描述工况特征，这些参数分别是：

（1）最大速度 $v_{\max}$：

$$v_{\max} = \max v_i \quad (i=1,\ 2,\ 3,\ \cdots,\ n) \tag{7-21}$$

（2）平均速度 $\bar{v}$：

$$\bar{v} = \frac{\int v_i \mathrm{d}t}{t} \quad (i=1,\ 2,\ 3,\ \cdots,\ n) \tag{7-22}$$

（3）最大加速度 $a_{\max}$：

$$a_{\max} = \max a_i \quad (i=1,\ 2,\ 3,\ \cdots,\ n) \tag{7-23}$$

（4）平均加速度 $\bar{a}$：

$$\bar{a} = \frac{\int a_i \mathrm{d}t}{t} \quad (i=1,\ 2,\ 3,\ \cdots,\ n) \tag{7-24}$$

（5）最大减速度 $d_{\max}$：

$$d_{\max} = \max d_i \quad (i=1,\ 2,\ 3,\ \cdots,\ n) \tag{7-25}$$

（6）平均减速度 $\bar{d}$：

$$\bar{d} = \frac{\int d_i \mathrm{d}t}{t} \quad (i=1,\ 2,\ 3,\ \cdots,\ n) \tag{7-26}$$

（7）加速时间比例 r_{a}：

$$r_{\mathrm{a}} = \frac{T_{\mathrm{a}}}{T} \tag{7-27}$$

（8）减速时间比例 r_{b}：

$$r_{\mathrm{b}} = \frac{T_{\mathrm{b}}}{T} \tag{7-28}$$

（9）匀速时间比例 r_{c}：

$$r_{\mathrm{c}} = \frac{T_{\mathrm{c}}}{T} \tag{7-29}$$

（10）怠速时间比例 r_{d}：

$$r_{\mathrm{d}} = \frac{T_{\mathrm{d}}}{T} \tag{7-30}$$

式中，i 为采样点数；T_a 为在整个工况下车辆加速时间，s；T_b 为在整个工况下车辆减速时间，s；T_c 为在整个工况下车辆匀速时间，s；T_d 为在整个工况下车辆怠速时间，s；T 为整个工况时长，s。

为了确保训练结果的正确性，每个标准工况应当被分成多个微工况。由于每种工况的时间周期不同，仅使用每种工况作为一组数据，则得到的样本空间过小，难以代表工况的特征。因此，将每个工况分成多个微工况，以便更好地表示其特征。行程分析法和定步长分析法是两种可行的方法。行程分析法即将两次停车之间的工况视为一个微工况，而定步长分析法则按照一定的时间间隔等分工况。本节选用了定步长分析法，选择步长为 120 s。为了增加微工况的数量，在连续两个微工况交汇处取一个中间的微工况。

特征参数求解具体步骤如下：

（1）在 MATLAB 上加载标准工况数据；

（2）搭建 Simulink 模型，导入时间和速度序列，对速度求导，求解每一刻的加速度；

（3）通过循环语句对工况进行切割，每个微工况 120 s；

（4）在命令窗口求解各个微工况的 10 个特征参数；

（5）对每组微工况做标识和计数，整理成表格形式，如表 7-1 所示。

表 7-1 微工况特征参数

序号	特征	v_{max} /m·s^{-1}	a_{max} /m·s^{-2}	d_{max} /m·s^{-2}	$\bar{v}$ /m·s^{-1}	$\bar{a}$ /m·s^{-2}	$\bar{d}$ /m·s^{-2}	r_a	r_b	r_c	r_d
1	1	22.128	1.431	−0.224	17.525	0.279	−0.089	0.7	0.183	0.025	0.100
2	1	21.458	0.492	−1.207	19.945	0.168	−0.229	0.500	0.383	0	0.117
3	1	26.375	0.983	−0.849	21.085	0.231	−0.220	0.533	0.383	0	0.083
4	1	26.778	0.224	−0.224	25.762	0.091	−0.075	0.267	0.224	0	0.317
5	1	25.034	0.004	−0.268	23.941	0.063	−0.089	0.200	0.425	0	0.375
6	1	26.465	0.536	−1.028	23.134	0.173	−0.219	0.625	0.317	0	0.058
7	1	26.152	0	−1.475	16.045	0	−0.611	0	0.956	0.017	0
8	1	22.128	0.492	−1.207	20.741	0.115	−0.185	0.533	0.358	0	0.108
9	1	21.950	0.894	−0.849	19.435	0.195	−0.234	0.383	0.475	0	0.142
10	1	26.554	0.983	−0.134	24.265	0.193	−0.075	0.592	0.233	0	0.175
11	1	26.778	0.179	−0.224	25.245	0.056	−0.068	0.225	0.375	0	0.400
12	1	25.034	0.536	−1.028	22.858	0.211	−0.169	0.325	0.517	0	0.158
13	1	26.464	0.268	−1.475	20.523	0.127	−0.485	0.404	0.558	0.019	0.029
14	2	14.48	1.34	−1.475	8.85	0.404	−0.425	0.475	0.333	0.18	0.042

续表 7-1

序号	特征	v_{max} /m·s^{-1}	a_{max} /m·s^{-2}	d_{max} /m·s^{-2}	$\overline{v}$ /m·s^{-1}	$\overline{a}$ /m·s^{-2}	$\overline{d}$ /m·s^{-2}	r_a	r_b	r_c	r_d
15	2	25. 347	1. 47	－1. 475	10. 996	0. 544	－0. 659	0. 475	0. 158	0. 317	0. 050
16	2	25. 347	1. 475	－1. 475	16. 377	0. 572	－0. 412	0. 233	0. 550	0. 110	0. 100
17	2	16. 32	1. 475	－1. 475	9. 52	0. 72	－0. 743	0. 375	0. 342	0. 192	0. 092
18	2	15. 870	1. 475	－1. 475	7. 122	0. 474	－0. 727	0. 392	0. 325	0. 180	0. 100
19	2	12. 070	1. 475	－1. 475	5. 325	0. 533	－0. 965	0. 392	0. 242	0. 317	0. 050
20	2	15. 333	1. 475	－1. 431	10. 191	0. 634	－0. 467	0. 375	0. 475	0	0. 15
21	2	13. 054	0. 894	－1. 475	10. 742	0. 214	－0. 327	0. 400	0. 458	0. 017	0. 125
22	2	12. 741	1. 475	－1. 475	7. 228	0. 590	－0. 497	0. 375	0. 342	0. 242	0. 058
23	2	12. 070	1. 475	－1. 475	5. 278	0. 572	－0. 644	0. 375	0. 400	0. 200	0. 025
24	2	13. 009	1. 475	－1. 475	6. 537	0. 402	－0. 686	0. 483	0. 325	0. 108	0. 108
25	2	10. 014	1. 475	－1. 341	4. 107	0. 715	－0. 625	0. 286	0. 347	0. 388	0
26	2	14. 484	1. 475	－1. 475	7. 613	0. 376	－0. 560	0. 400	0. 275	0. 316	0. 025
27	2	25. 347	1. 431	－1. 475	21. 529	0. 367	－0. 233	0. 492	0. 392	0	0. 150
28	2	21. 726	1. 475	－1. 475	9. 906	0. 749	－0. 691	0. 333	0. 475	0. 150	0. 042
29	2	16. 183	1. 475	－1. 475	8. 503	0. 639	－0. 734	0. 367	0. 333	0. 192	0. 108
30	2	12. 070	1. 475	－1. 475	5. 016	0. 539	－0. 927	0. 375	0. 217	0. 342	0. 067
31	2	12. 785	1. 475	－1. 431	6. 607	0. 655	－0. 782	0. 458	0. 375	0. 108	0. 058
32	2	15. 333	0. 671	－0. 805	12. 538	0. 227	－0. 215	0. 400	0. 433	0. 042	0. 125
33	2	12. 741	1. 475	－1. 475	9. 792	0. 392	－0. 461	0. 375	0. 475	0. 017	0. 033
34	2	12. 651	1. 475	－1. 475	5. 850	0. 500	－0. 453	0. 417	0. 308	0. 242	0. 033
35	2	11. 399	1. 475	－1. 475	4. 332	0. 615	－0. 745	0. 317	0. 367	0. 292	0. 025
36	2	13. 089	1. 475	－1. 475	6. 091	0. 501	－0. 774	0. 375	0. 267	0. 217	0. 050
37	3	10. 237	2. 503	－2. 056	1. 975	0. 741	－0. 631	0. 292	0. 300	0. 392	0. 025
38	3	11. 802	2. 682	－2. 638	6. 262	0. 674	－0. 627	0. 433	0. 508	0. 017	0. 042
39	3	10. 014	2. 235	－1. 386	2. 843	0. 617	－0. 510	0. 325	0. 392	0. 275	0. 008
40	3	7. 063	1. 431	－1. 475	1. 752	0. 384	－0. 416	0. 242	0. 225	0. 508	0. 025
41	3	12. 383	1. 833	－2. 459	3. 038	0. 621	－0. 857	0. 333	0. 242	0. 408	0
42	3	11. 265	2. 503	－2. 056	4. 577	0. 705	－0. 565	0. 392	0. 475	0. 083	0. 025
43	3	11. 802	2. 682	－2. 638	5. 279	0. 768	－0. 662	0. 383	0. 458	0. 117	0. 042
44	3	6. 124	1. 609	－1. 386	1. 676	0. 505	－0. 493	0. 292	0. 300	0. 392	0. 017
45	3	9. 388	1. 475	－2. 459	2. 436	0. 474	－0. 668	0. 342	0. 258	0. 392	0. 008

7.2.2 LVQ 识别器构建与验证

7.2.2.1 LVQ 概述

学习向量量化（Learning Vector Quantization，LVQ）是一种被广泛应用于识别、诊断和优化等领域的神经网络。它可训练输入层、竞争层和输出层的前向神经网络。竞争层将紧密相关的两个或多个输入向量分为同一类。与其他模式识别相比，LVQ 不需要复杂的神经网络结构，只需计算与竞争神经元之间的距离。每个输入单元都与所有竞争神经元完全连接，每个竞争神经元与所有输入神经元相连，但每个竞争神经元只能与一个输出神经元连接。输入信号首先通过输入神经元，并经过神经元之间的相互竞争，最终只有一个神经元代表输入输出。连接阈值为 0 或 1，其中 1 代表激活，0 代表未激活。使用 LVQ 算法，可以准确地找到最优竞争神经元。如果无法在一次训练中找到最优解，则可以进行多次训练，直到达到最优解。

LVQ 神经网络算法具体步骤如下[178]：

（1）确定神经元之间的连接阈值矩阵 $\boldsymbol{w}_{ij}$ 和学习效率。

（2）将输入向量 $\boldsymbol{x}_i$ 输入到输入神经元，并按照式（7-31）计算与竞争神经元之间的距离，S^1 为竞争神经元。

$$d_i = \sqrt{\sum_{j=1}^{R}(\boldsymbol{x}_i - \boldsymbol{w}_{ij})^2} \quad (i=1,\ 2,\ \cdots,\ S^1) \tag{7-31}$$

（3）选择与输入向量距离最小的竞争神经元，则与之相连的输出神经元记为标签 S^1。

（4）若标签 S^1 与输入向量类别相同，则按照式（7-32）调整阈值，若标签 S^1 与输入向量类别不同，则按照式（7-33）调整阈值。

$$\boldsymbol{w}_{ij\_\mathrm{new}} = \boldsymbol{w}_{ij\_\mathrm{old}} + \boldsymbol{\eta}(\boldsymbol{x} - \boldsymbol{w}_{ij\_\mathrm{old}}) \tag{7-32}$$

$$\boldsymbol{w}_{ij\_\mathrm{new}} = \boldsymbol{w}_{ij\_\mathrm{old}} - \boldsymbol{\eta}(\boldsymbol{x} - \boldsymbol{w}_{ij\_\mathrm{old}}) \tag{7-33}$$

7.2.2.2 训练 LVQ 工况识别器

根据训练样本,随机选取 80% 数据作为训练集,20% 数据作为测试集。输入神经元设置为 10,分别代表每组数据的 10 个特征参数,输出神经元设置为 3,分别代表城区、城郊和高速 3 种。训练步骤如下:

(1)加载数据到 MATLAB 中,采用随机函数将训练数据按照比例划分随机打散。

(2)创建 LVQ 网络,分别计算不同工况下在训练数据中所占比例,通过 newlvq 函数创建 LVQ 网络,设置隐含层个数为 10。

（3）设置网格参数，学习速率为0.01，训练迭代1000次以内确保均方根误差减少到0.1以内，测试样本识别结果如图7-3所示，20%的测试数据识别正确率达到100%，表明将LVQ神经网络用于模式识别可行。

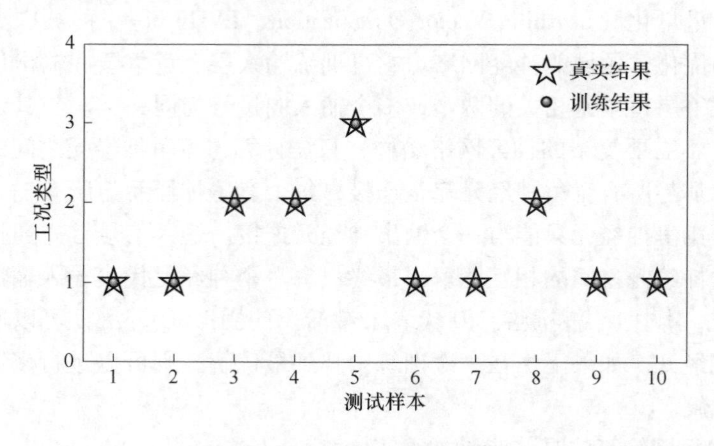

图7-3　测试样本识别结果

7.2.2.3　构建LVQ工况识别器

通过MATLAB/Simulink将LVQ神经网络封装成模块，构建LVQ识别器。首先选取道路工况，计算其特征参数，将特征参数以向量的形式输入到LVQ识别网络中，将微工况对应的等效因子使用代码表示，再将代码封装成Simulink模块，实现离线识别工况的等效因子。MATLAB function模块可以将MATLAB函数在Simulink模型中使用，创建的MATLAB函数执行仿真，内部封装函数为式（7-34）所示。

$$(y_1, y_2, \cdots, y_n) = \mathrm{fcn}(x_1, x_2, \cdots, x_n) \tag{7-34}$$

式中，x为函数自变量；y为函数因变量。

本节使用的MATLAB function函数自变量为仿真时间和等效因子初始值，因变量为每个微工况下的最优等效因子。封装完成的模块与ECMS模型相互结合，称为基于学习（基于工况识别）的A-ECMS能量管理策略。

7.3　仿真分析

7.3.1　仿真工况分析

根据式（7-21）~式（7-30）分别求得在CHTC-LT、NEDC工况下各个微工况的特征参数，如表7-2和表7-3所示，通过LVQ工况识别器得到在不同微工况下的最优等效因子。

表 7-2 CHTC-LT 微工况特征参数

序号	v_{max} /m·s^{-1}	a_{max} /m·s^{-2}	d_{max} /m·s^{-2}	$\bar{v}$ /m·s^{-1}	$\bar{a}$ /m·s^{-2}	$\bar{d}$ /m·s^{-2}	r_a	r_b	r_c	r_d
1	10.5	0.667	-0.583	3.528	0.256	-0.227	0.333	0.317	0.283	0.075
2	25.7	1.111	-1.278	12.837	0.322	-0.324	0.467	0.375	0.117	0.042
3	33.4	1.472	-0.778	11.543	0.348	-0.283	0.258	0.375	0.333	0.033
4	47.9	1.306	-1.056	24.228	0.318	-0.378	0.425	0.417	0.1	0.058
5	65.4	1.111	-1.361	40.751	0.364	-0.342	0.150	0.483	0	0.067
6	50.4	0.750	-0.472	30.122	0.242	-0.189	0.642	0.233	0.117	0.008
7	60.4	0.972	-1.278	31.34	0.274	-0.357	0.308	0.450	0.208	0.033
8	43.5	1.028	-0.917	32.648	0.254	-0.338	0.583	0.333	0	0.083
9	37.3	0.861	-1.056	22.811	0.242	-0.296	0.433	0.492	0	0.075
10	36.8	1.222	-0.944	14.036	0.484	-0.361	0.308	0.267	0.392	0.033
11	84.9	0.861	-0.889	55.788	0.246	-0.219	0.658	0.308	0	0.033
12	97	0.583	-0.583	80.461	0.183	-0.169	0.567	0.383	0	0.05
13	95.6	0.389	-1.361	83.101	0.117	-0.177	0.400	0.508	0	0.092
14	84.2	0.389	-1.389	43.999	0.144	-0.585	0.230	0.342	0.192	0.025

表 7-3 NEDC 微工况特征参数

序号	v_{max} /m·s^{-1}	a_{max} /m·s^{-2}	d_{max} /m·s^{-2}	$\bar{v}$ /m·s^{-1}	$\bar{a}$ /m·s^{-2}	$\bar{d}$ /m·s^{-2}	r_a	r_b	r_c	r_d
1	32	1.042	-0.928	11.11	0.771	-0.816	0.158	0.133	0.45	0.267
2	50	1.042	-0.928	20.44	0.609	-0.722	0.225	0.208	0.292	0.275
3	50	0.742	-0.928	23.50	0.599	-0.687	0.317	0.158	0.208	0.317
4	35	1.042	-0.928	15.68	0.816	-0.805	0.133	0.183	0.325	0.358
5	50	1.042	-0.928	19.66	0.602	-0.729	0.250	0.217	0.325	0.208
6	36.67	0.742	-0.928	13.92	0.636	-0.816	0.250	0.133	0.350	0.275
7	68.57	0.694	-0.972	29.32	0.474	-0.772	0.400	0.150	0.225	0.225
8	70	0.397	-0.694	59.08	0.397	-0.694	0.008	0.067	0	0.925
9	100	0.427	0	75.67	0.289	0	0.400	0	0	0.600
10	120	0.278	-1.389	73.20	0.278	-0.980	0.167	0.283	0.167	0.217

7.3.2 NEDC 工况性能对比

在 NEDC 工况下，图 7-4 为不同能量管理策略下的车速跟随情况。可以看出 3 种能量管理策略的实际车速曲线与目标车速曲线相吻合。其中，基于逻辑的能量管理策略的最大车速误差约为 2 km/h；基于 ECMS 和 A-ECMS 能量管理策略的最大车速误差都小于 2 km/h。

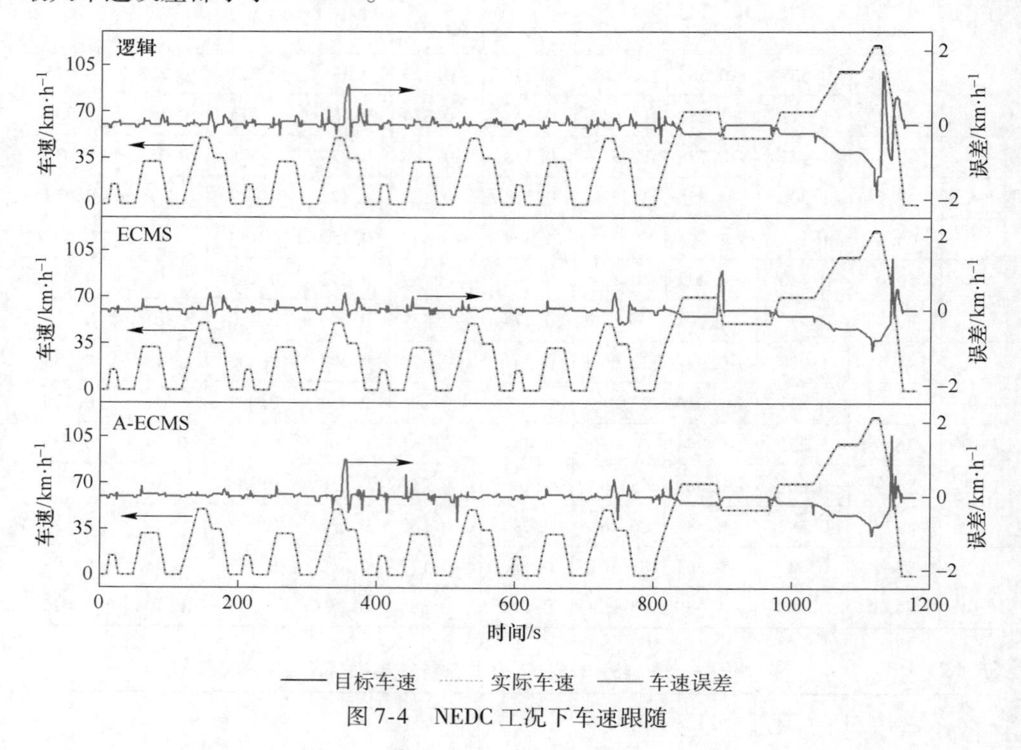

图 7-4　NEDC 工况下车速跟随

图 7-5 为 NEDC 工况下的识别结果，在该工况下，车辆在 0 ~ 120 s 和 600 ~ 720 s 的时间段内处于郊区工况状态，其行车充电和混合驱动模式等效因子分别为 3. 5 和 2. 77。而在其他时间段内，车辆处于高速工况状态，其行车充电和混合驱动模式等效因子分别为 2. 58 和 2. 84。

图 7-6 为 NEDC 工况下发动机和电机转矩分配，可以看出在 0 ~ 780 s 时间段内，发动机和电机转矩呈周期性变化。发动机在 250 N · m 左右时达到最大转矩。随着车速的增加，780 ~ 1180 s 时间段内，转矩也随之增加。相较于逻辑规则的能量管理，ECMS 能量管理策略实现了更大范围的转矩分配变化，频繁起动和停止发动机的次数更多。这是由于 ECMS 策略基于每个瞬间的最小油耗，因此需要更频繁地起动发动机。在约 1100 s 时，逻辑规则能量管理策略下电机转矩为负数，但在 ECMS 能量管理策略下电机转矩接近于零，相应的需求转矩也有较大的差别。这是因为车辆从匀速状态逐渐转为加速状态，通过比较发动机和电机的油耗和电耗，发动机单独使用的燃油经济性更好。在 A-ECMS 控制策略下，发动机转矩约为 300 N · m，电机转矩约为 200 N · m，这样可以调整发动机和电机的工作区域，更好地优化整车的燃油经济性。

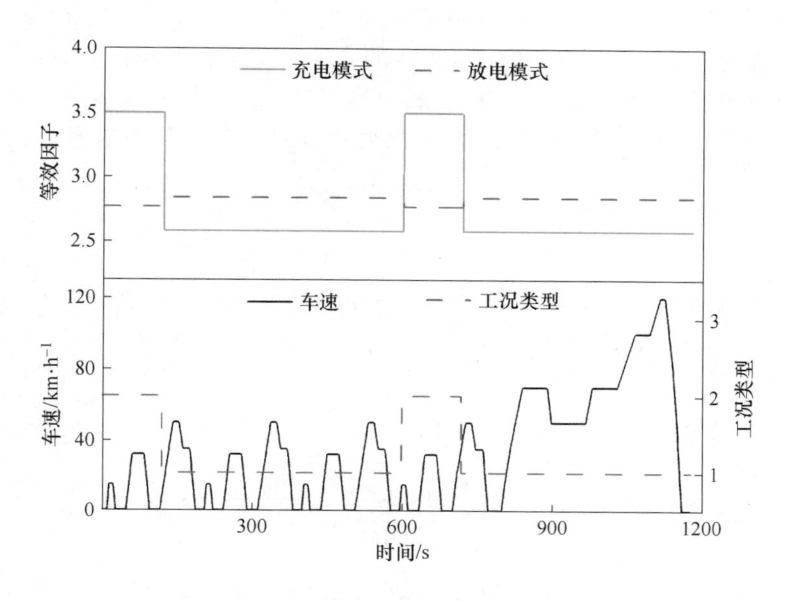

图 7-5 NEDC 工况下工况识别结果

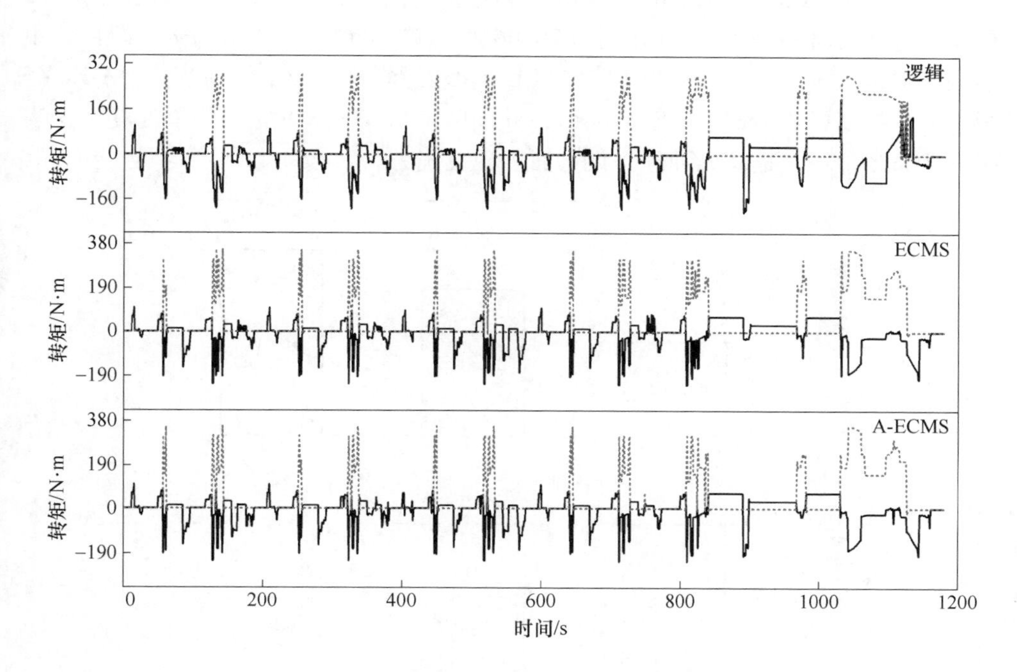

图 7-6 NEDC 工况下发动机和电机转矩分配

图 7-7 为 NEDC 工况下电池的 SOC 变化曲线。在 0 ~ 780 s 的工况下，SOC 处于阶梯逐步上升的状态。在 780 ~ 1180 s 的高速工况下，发动机和电机同时驱动车辆，导致 SOC 下降，随后在制动能量回收模式下，电机回收能量向电池充电，使得 SOC 逐步上升。3 种策略下，SOC 的变化范围均在可接受的范围内。

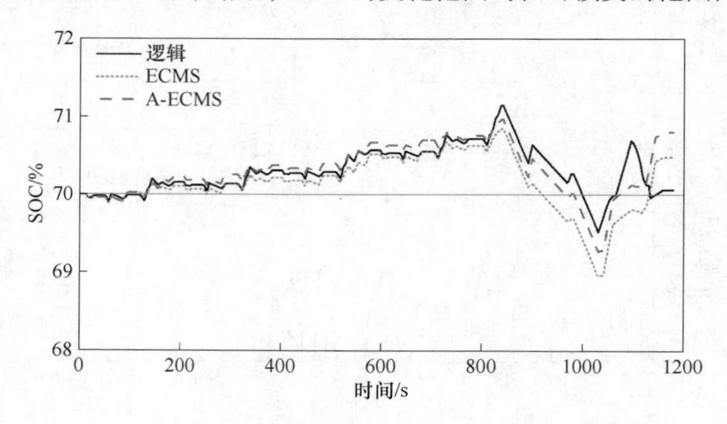

图 7-7　NEDC 工况下电池 SOC 变化曲线

图 7-8 为 NEDC 工况下的终点 SOC 和百公里油耗对比。由图 7-8 可以得知 3 种能量管理策略的 SOC 终值分别为 70. 064%、70. 486% 和 70. 801%，而百公里油耗分别是 7. 565 L、7. 285 L 和 7. 278 L。比较逻辑规则能量管理策略，A-ECMS 策略成功提高了 1. 1% 终点 SOC 的值，并同时降低了 3. 8% 的百公里油耗。这表明 A-ECMS 策略在提高燃油经济性方面表现更优秀。

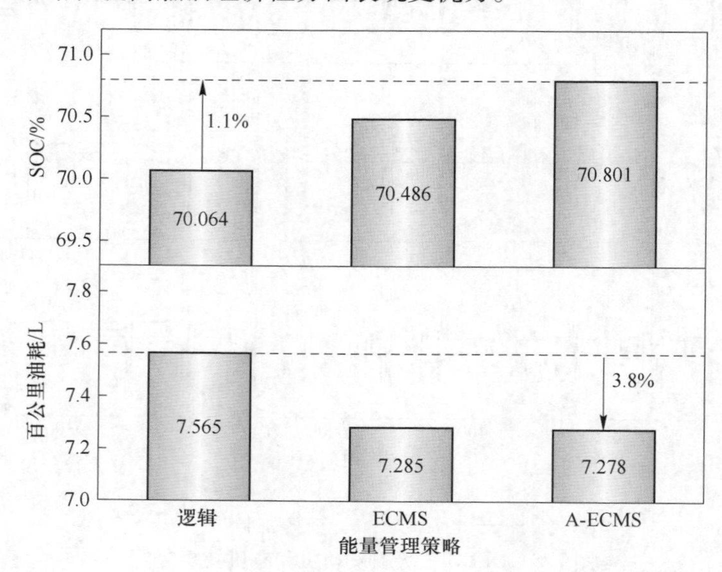

图 7-8　NEDC 工况下百公里油耗和 SOC 对比

7.3.3 CHTC-LT 工况性能对比

图 7-9 为 CHTC-LT 工况下车速的跟随情况。可以看出实际车速曲线与目标车速曲线的吻合度较高。基于逻辑的能量管理策略的最大车速误差约为 2.5 km/h，基于 ECMS 策略的最大车速误差约为 4 km/h，而基于 A-ECMS 策略的最大车速误差小于 2 km/h。因此，A-ECMS 表现出最好的跟随效果。

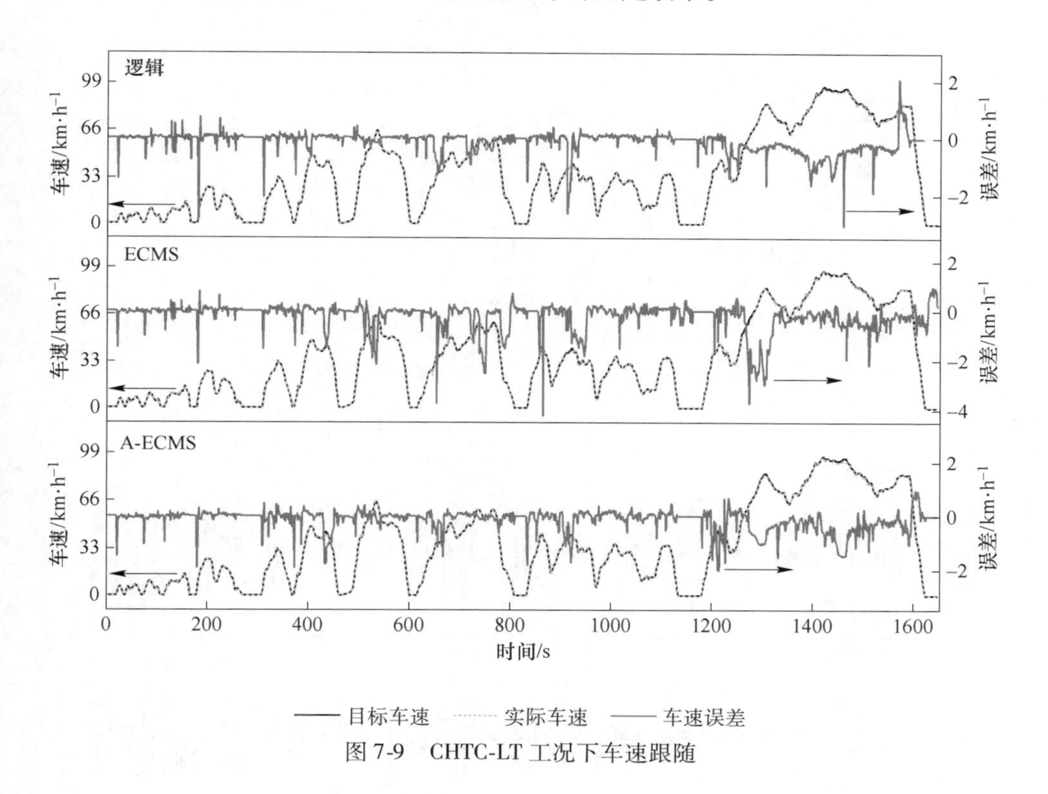

图 7-9 CHTC-LT 工况下车速跟随

图 7-10 为 CHTC-LT 工况下的识别结果，可以看出工况识别器在 0 ~ 120 s 内识别出城区工况，此时行车充电和混合驱动模式等效因子分别为 2.75 和 2.79。在 120 ~ 360 s 和 1080 ~ 1200 s 期间，工况识别器则将工况识别为郊区，行车充电和混合驱动模式等效因子分别为 3.50 和 2.77。在其余时间段内，工况识别器将工况识别为高速工况，行车充电和混合驱动模式等效因子分别为 2.58 和 2.84。

图 7-11 所示为 CHTC-LT 工况下发动机和电机转矩分配。基于逻辑规则的能量管理策略下，在 0 ~ 300 s 的时间段内，电机驱动是主要的方式；在 300 ~ 1647 s 的时间段内，发动机的转矩达到了最大值约为 250 N · m。基于 ECMS 的能量管

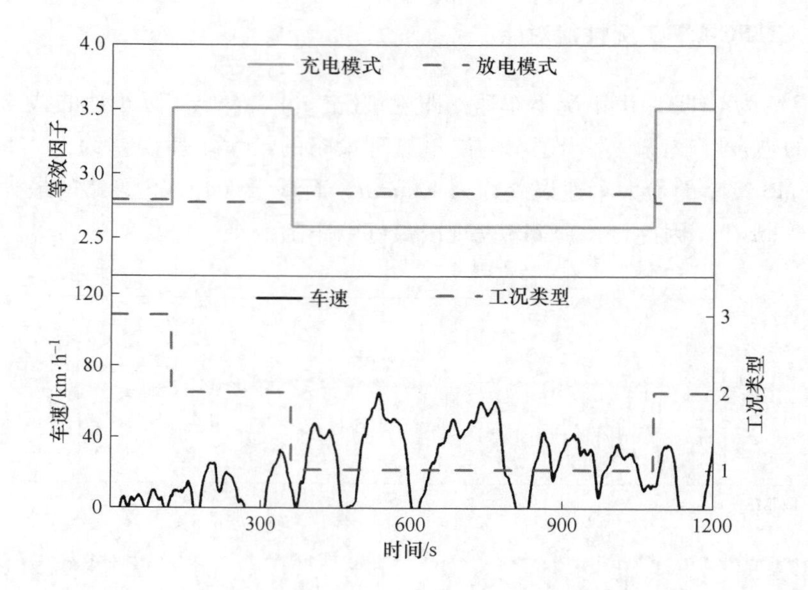

图 7-10　CHTC-LT 工况下工况识别结果

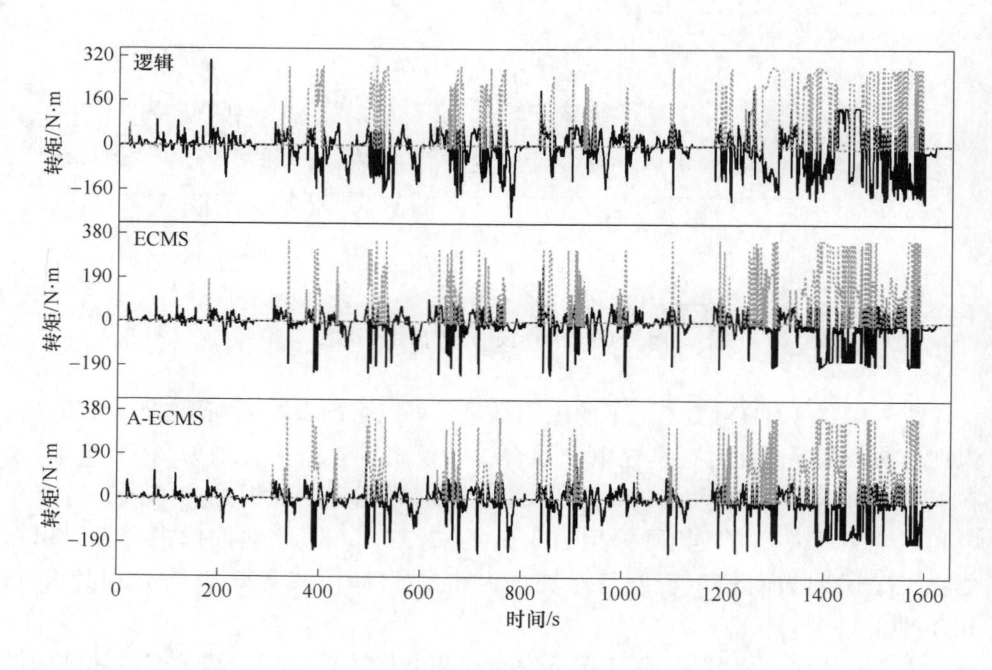

图 7-11　CHTC-LT 工况下发动机和电机转矩分配

理策略下，在 0 ~ 300 s 的时间段内，为混合动力状态，发动机频繁起动；在 300 ~ 1647 s 的时间段内，ECMS 策略使发动机的转矩达到最大值约为 330 N · m。该策略是通过每一刻使分配的转矩更加节油原则分配转矩的，因此发动机的转矩变化很大。在约 160 s 的时间点附近，逻辑规则策略导致电机转矩发生了突变。这是因为经过 PID 修正后，需求转矩较大，在 ECMS 策略下得到了很好的改善。与 ECMS 控制策略相比，A-ECMS 控制策略能够更好地调整发动机和电机的工作区域，从而优化整车的燃油经济性。

图 7-12 为在 CHTC-LT 工况下的 SOC 变化曲线。由图 7-12 可知，0 ~ 300 s 内，车辆在低速状态下主要使用纯电动模式运行，消耗部分电池电能导致 SOC 逐渐减少。而在 300 ~ 1150 s 内，由于车辆在一开始使用纯电动模式消耗了部分电池电能，车辆进入行车充电模式，因此 SOC 整体趋于上升。

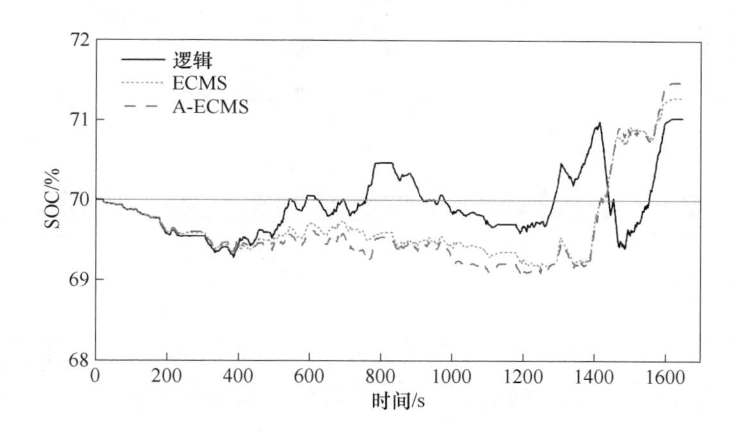

图 7-12 CHTC-L 工况下电池 SOC 变化曲线

但随着需求转矩的增大，车辆转而使用混合驱动模式，导致 SOC 整体趋于下降。在 1150 ~ 1647 s 内，车辆在行车充电模式和混合驱动模式下运行，导致 SOC 整体呈现先上升后下降的变化趋势。当车速降至 0 时，车辆进入制动能量回收模式，电机回收部分能量流向电池，使 SOC 存在上升趋势。总的来说，无论使用哪种策略，SOC 的变化都在合理的范围内。

图 7-13 为在 CHTC-LT 工况下的终点 SOC 和百公里油耗对比图。由图 7-13 可知，SOC 终值分别为 71. 032% 、71. 287% 和 71. 487% ，百公里油耗分别是 7. 040 L、6. 880 L 和 6. 786 L。与逻辑规则能量管理策略相比，A-ECMS 策略的终点 SOC 提高了 0. 6% ，同时百公里油耗降低了 3. 6% ，表明 A-ECMS 可以更好地改善燃油经济性。

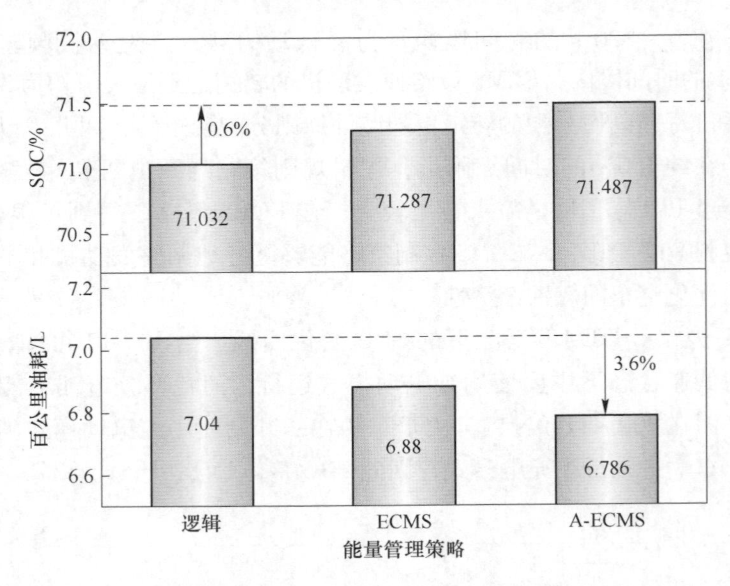

图 7-13 CHTC-LT 工况下百公里油耗和 SOC 对比

7.4 双燃烧模式混合动力系统综合性能

7.4.1 经济性能分析

图 7-14 为原车在 CHTC-LT 工况下的发动机工作点的分布，可以看出原车发动机的工作点分布是比较分散的，分布在发动机的低效率区域。相比原机，双燃料

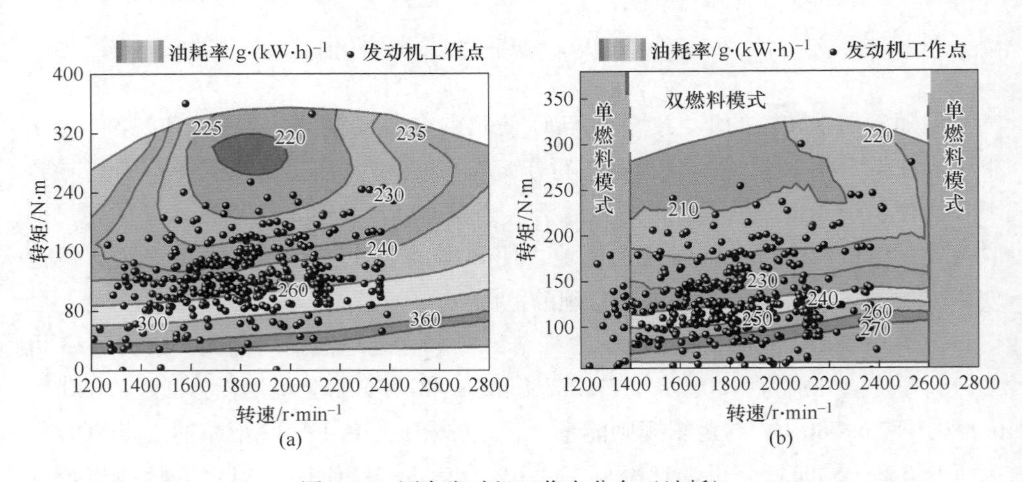

图 7-14 原车发动机工作点分布（油耗）

（a）原机；（b）双燃料发动机

发动机的低油耗高效率区明显增大，原机工作点分布在有效燃油消耗率 220 ~ 360 g/(kW · h)，而双燃料发动机分布在 210 ~ 270 g/(kW · h)，经济性能明显提升，但是油耗率依然处于较高的水平。

图 7-15 为在 CHTC-LT 工况下基于逻辑能量管理策略的混合动力系统的发动机工作点的分布，可以看出，发动机工作点基本运行在各转速下的最佳油耗点附近。原机工作点分布在有效燃油消耗率 220 ~ 260 g/(kW · h)，而双燃料发动机分布在 210 ~ 240 g/(kW · h)，混合动力系统相比原机的油耗大幅下降，经济性改善明显，但是其转速分布较广。

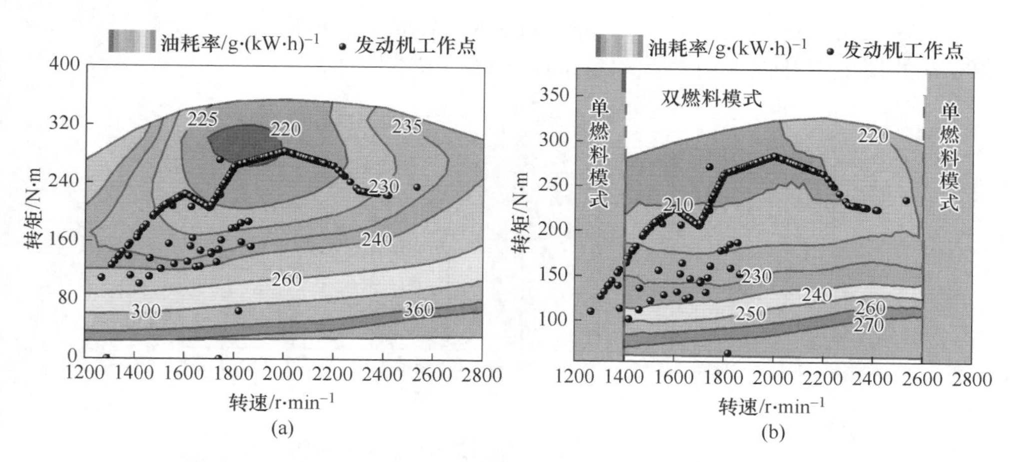

图 7-15 基于逻辑能量管理策略的发动机工作点分布（油耗）

（a）原机；（b）双燃料发动机

图 7-16 为在 CHTC-LT 工况下基于 A-ECMS 能量管理策略的混合动力系统的

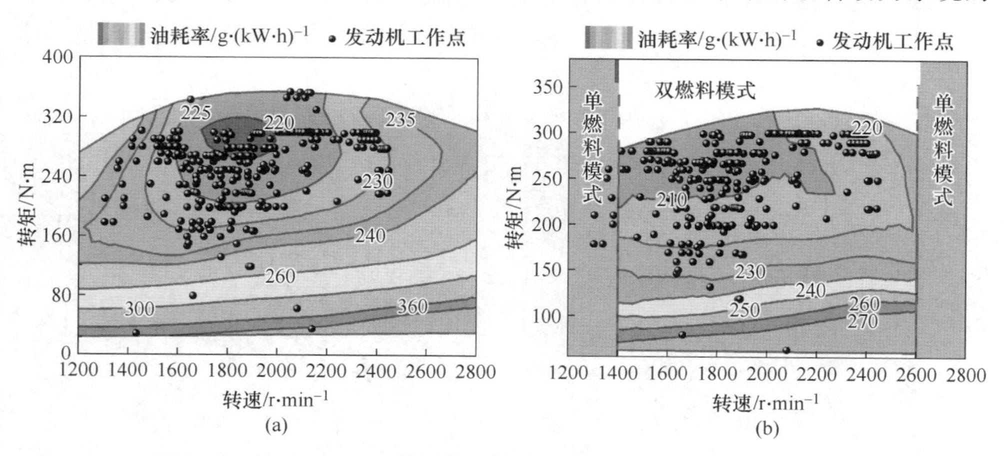

图 7-16 基于 A-ECMS 能量管理策略的发动机工作点分布（油耗）

（a）原机；（b）双燃料发动机

发动机工作点的分布，可以看出，发动机工作点基本运行在低油耗高效率区。原机工作点分布在有效燃油消耗率 240 g/(kW · h) 之内，而双燃料发动机分布在 220 g/(kW · h) 之内，集中在 210 g/(kW · h) 范围内，基于 A-ECMS 的混合动力系统相比基于逻辑规则的混合动力系统的油耗有所下降，经济性能改善。

图 7-17 为不同构型的混合动力系统百公里油耗对比。由图 7-17 可知，原车的百公里油耗为 7.0 kg，柴油混合动力系统的油耗为 6.1 kg，F-T 柴油混合动力系统的油耗为 5.8 kg，F-T 柴油/甲醇双燃料混合动力系统的油耗为 5.6 kg，相比原车构型，F-T 柴油/甲醇双燃烧模式混合动力系统的百公里油耗降低 31%。与传统车辆相比，这大大降低了驱动系统的运行总成本，从而在不考虑燃料类型节省成本的情况下补偿了由于混动系统而导致的成本增加。

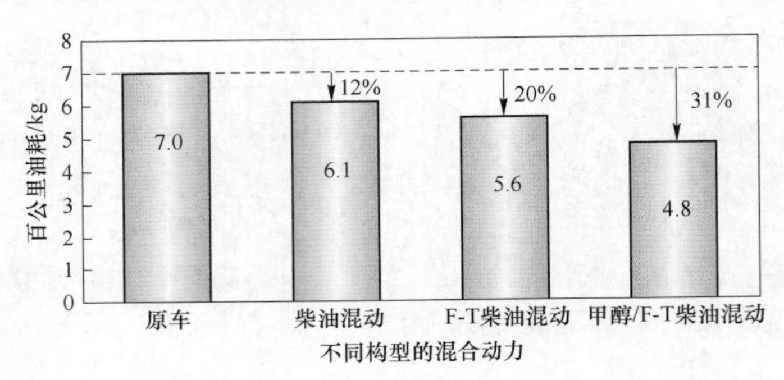

图 7-17　不同构型的混合动力系统百公里油耗对比

7.4.2　排放特性分析

图 7-18 双燃烧模式下混合动力系统发动机工作点分布。由图 7-18 可以看出，双燃料混合动力系统的 CO、CO_2、NO_x、碳烟、甲醇和甲醛排放都处于较低的水

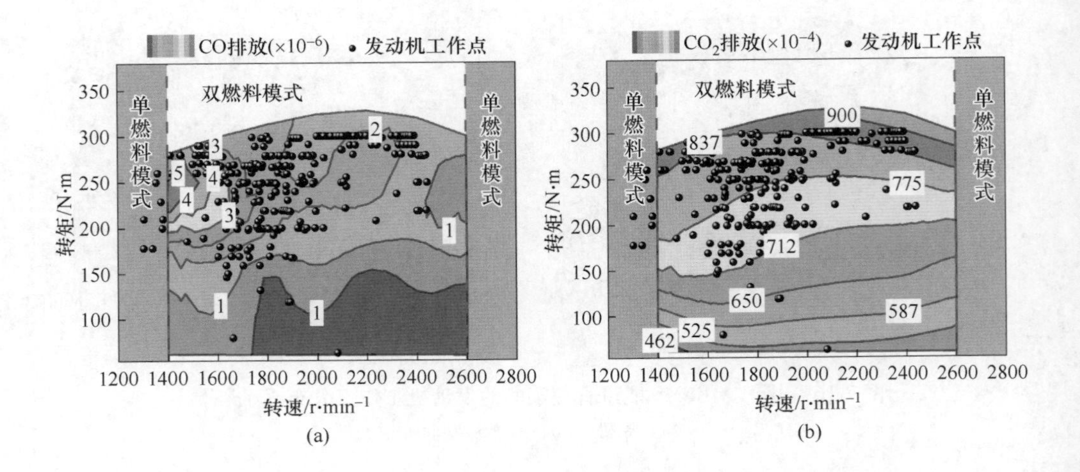

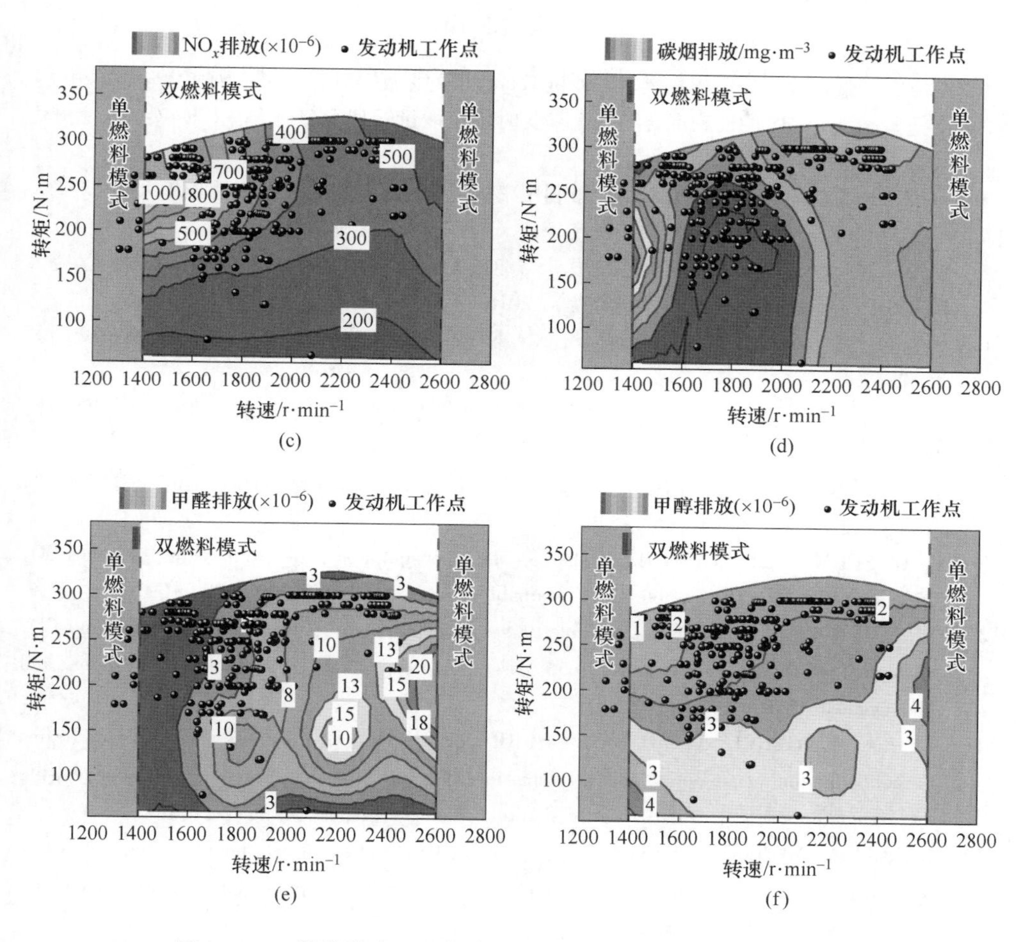

图 7-18 双燃烧模式下混合动力系统发动机工作点分布（排放）

（a）CO 排放；（b）CO_2 排放；（c）NO_x 排放；（d）碳烟排放；（e）甲醛排放；（f）甲醇排放

平。综上，基于 A-ECMS 策略的 F-T 柴油/甲醇混合动力系统是清洁高效低排的驱动系统总成。

参 考 文 献

[1] 王斌．超低排放柴油甲醇双燃料发动机运行边界的拓展［D］．天津：天津大学，2020.

[2] 李扬．基于 ECMS 的通勤混合动力汽车实时优化能量管理策略研究［D］．秦皇岛：燕山大学，2018.

[3] 赵震．燃料电池载货车动力系统能量利用率提高研究［D］．太原：太原理工大学，2021.

[4] 李胜飞．电动汽车远程服务系统研究［D］．合肥：合肥工业大学，2018.

[5] 胡悦．混合动力电动汽车控制系统设计与能量管理策略研究［D］．深圳：中国科学院大学（中国科学院深圳先进技术研究院），2018.

[6] 马传富．基于 SOC 反馈的混合动力汽车 A-ECMS 控制策略研究［D］．重庆：重庆交通大学，2017.

[7] 中国汽车工程学会．节能与新能源汽车技术路线图 2.0［M］．北京：机械工业出版社，2020.

[8] 王金力．基于燃烧闭环控制的灵活燃料发动机燃烧控制研究［D］．北京：清华大学，2015.

[9] XU G, SCHWARZ P, YANG H. Adjusting energy consumption structure to achieve China's CO_2 emissions peak [J]. Renewable and Sustainable Energy Reviews, 2020, 122: 109737.

[10] PENG B B, FAN Y, XU J H. Integrated assessment of energy efficiency technologies and CO_2 abatement cost curves in China's road passenger car sector [J]. Energy Conversion and Management, 2016, 109: 195-212.

[11] LUJÁN J M, GARCÍA A, MONSALVE-SERRANO J, et al. Effectiveness of hybrid powertrains to reduce the fuel consumption and NO_x emissions of a Euro 6d-temp diesel engine under real-life driving conditions [J]. Energy Conversion and Management, 2019, 199: 111987.

[12] GARCÍA A, MONSALVE-SERRANO J, LAGO SARI R, et al. Assessment of a complete truck operating under dual-mode dual-fuel combustion in real life applications: Performance and emissions analysis [J]. Applied Energy, 2020, 279: 115729.

[13] AN Y, JAASIM M, RAMAN V, et al. Homogeneous charge compression ignition (HCCI) and partially premixed combustion (PPC) in compression ignition engine with low octane gasoline [J]. Energy, 2018, 158: 181-191.

[14] CALAM A, SOLMAZ H, YILMAZ E, et al. Investigation of effect of compression ratio on combustion and exhaust emissions in A HCCI engine [J]. Energy, 2019, 168: 1208-1216.

[15] ÇINAR C, UYUMAZ A, POLAT S, et al. Combustion and performance characteristics of an HCCI engine utilizing trapped residual gas via reduced valve lift [J]. Applied Thermal Engineering, 2016, 100: 586-594.

[16] BHURAT S, PANDEY S, CHINTALA V, et al. Effect of novel fuel vaporiser technology on engine characteristics of partially premixed charge compression ignition (PCCI) engine with toroidal combustion chamber [J]. Fuel, 2022, 315: 123197.

[17] LU Y, FAN C, LIU Y, et al. Effects of speed extension on PCCI combustion and emissions in a heavy-duty diesel engine at medium load [J]. Fuel, 2022, 313: 123048.

[18] ZEHNI A, BALAZADEH N, HAJIBABAEI M, et al. Numerical study of the effects of split injection strategy and swirl ratio for biodiesel PCCI combustion and emissions [J]. Propulsion and Power Research, 2020, 9 (4): 355-371.

[19] BENAJES J, GARCIA A, MONSALVE-SERRANO J, et al. An investigation on the particulate number and size distributions over the whole engine map from an optimized combustion strategy combining RCCI and dual-fuel diesel-gasoline [J]. Energy Conversion and Management, 2017, 140: 98-108.

[20] DUAN H, JIA M, LI Y, et al. A comparative study on the performance of partially premixed combustion (PPC), reactivity-controlled compression ignition (RCCI), and RCCI with reverse reactivity stratification (R-RCCI) fueled with gasoline and polyoxymethylene dimethyl ethers (PODEn) [J]. Fuel, 2021, 298: 120838.

[21] AGARWAL A K, SINGH A P, KUMAR V. Particulate characteristics of low-temperature combustion (PCCI and RCCI) strategies in single cylinder research engine for developing sustainable and cleaner transportation solution [J]. Environmental Pollution, 2021, 284: 117375.

[22] 赵昶博. 混合动力专用发动机燃烧优化及其整车匹配 [D]. 长春: 吉林大学, 2020.

[23] ZHANG F, XU H, ZHANG J, et al. Investigation into light duty dieseline fuelled partially-premixed compression ignition engine [J]. SAE International Journal of Engines, 2011, 4 (1): 2124-2134.

[24] 张波. 汽油/柴油混合燃料对压燃式发动机燃烧及排放特性的影响 [D]. 长春: 吉林大学, 2016.

[25] 孙万臣, 杜家坤, 郭亮, 等. 压燃式发动机燃用汽油/柴油混合燃料瞬变工况下燃烧及微粒排放特性分析 [J]. 内燃机学报, 2016, 34 (2): 170-176.

[26] MAGNUS C, BENGT J, PATRICK E. Homogeneous charge compression ignition (HCCI) using isooctane, ethanol and natural gas—A comparison with spark-ignition operation [J]. SAE Transactions, 1997: 1104-1114.

[27] LU X C, CHEN W, JI L B, et al. The effects of external exhaust gas recirculation and cetane number improver on the gasoline homogenous charge compression ignition engines [J]. Combustion Science and Technology, 2006, 178 (7): 1237-1249.

[28] YAO M, ZHENG Z, ZHANG B, et al. The effect of prf fuel octane number on HCCI operation [R]. Warrendale, PA: SAE International, 2004.

[29] SASAKI S. Smokeless rich combustion technique to purify diesel engine exhaust emissions [J]. ATZautotechnology, 2001, 1 (5): 66-67.

[30] HUESTIS E, ERICKSON P A, MUSCULUS M P B. In-cylinder and exhaust soot in low-temperature combustion using a wide-range of EGR in a heavy-duty diesel engine [J]. SAE Transactions, 2007, 116: 860-870.

[31] DIVEKAR P, YANG Z, TING D, et al. Efficiency and emission trade-off in diesel-ethanol low temperature combustion cycles [R]. Warrendale, PA: SAE International, 2015.

[32] ZHENG M, ASAD U, READER G T, et al. Energy efficiency improvement strategies for a

diesel engine in low-temperature combustion [J]. International Journal of Energy Research, 2009, 33 (1): 8-28.

[33] RAMESH N, MALLIKARJUNA J M. Low temperature combustion strategy in an off-highway diesel engine-Experimental and CFD study [J]. Applied Thermal Engineering, 2017, 124: 844-854.

[34] PANDIAN M M, ANAND K. Comparison of different low temperature combustion strategies in a light duty air cooled diesel engine [J]. Applied Thermal Engineering, 2018, 142: 380-390.

[35] HARIHARAN D, YANG R, ZHOU Y, et al. Catalytic partial oxidation reformation of diesel, gasoline, and natural gas for use in low temperature combustion engines [J]. Fuel, 2019, 246: 295-307.

[36] KIMURA S, AOKI O, KITAHARA Y, et al. Ultra-clean combustion technology combining a low-temperature and premixed combustion concept for meeting future emission standards [J]. SAE Transactions, 2001, 110: 239-246.

[37] RAMESH N, MALLIKARJUNA J M. Evaluation of in-cylinder mixture homogeneity in a diesel HCCI engine-a CFD analysis [J]. Engineering Science and Technology, an International Journal, 2016, 19 (2): 917-925.

[38] BOBBA M, MUSCULUS M, NEEL W. Effect of post injections on in-cylinder and exhaust soot for low-temperature combustion in a heavy-duty diesel engine [J]. SAE International Journal of Engines, 2010, 3 (1): 496-516.

[39] HUANG H, ZHOU C, LIU Q, et al. An experimental study on the combustion and emission characteristics of a diesel engine under low temperature combustion of diesel/gasoline/n-butanol blends [J]. Applied Energy, 2016, 170: 219-231.

[40] HUANG H, WANG Q, SHI C, et al. Comparative study of effects of pilot injection and fuel properties on low temperature combustion in diesel engine under a medium EGR rate [J]. Applied Energy, 2016, 179: 1194-1208.

[41] FENG H, WANG X, ZHANG J. Study on the effects of intake conditions on the exergy destruction of low temperature combustion engine for a toluene reference fuel [J]. Energy Conversion and Management, 2019, 188: 241-249.

[42] JUNJUN Z, XINQI Q, ZHEN W, et al. Experimental investigation of low-temperature combustion (LTC) in an engine fueled with dimethyl ether (DME) [J]. Energy & Fuels, 2009, 23 (1/2): 170-174.

[43] SIMESCU S, FIVELAND S B, DODGE L G. An Experimental Investigation of PCCI-DI Combustion and Emissions in a Heavy-Duty Diesel Engine [R]. Warrendale, PA: SAE International, 2003.

[44] AOYAMA T, HATTORI Y, MIZUTA J, et al. An Experimental study on premixed-charge compression ignition gasoline engine [R]. Warrendale, PA: SAE International, 1996.

[45] MANENTE V, JOHANSSON B, TUNESTAL P. Partially premixed combustion at high load using gasoline and ethanol, a comparison with diesel [R]. Warrendale, PA: SAE International, 2009.

[46] DAHL D, ANDERSSON M, BERNTSSON A, et al. Reducing pressure fluctuations at high loads by means of charge stratification in hcci combustion with negative valve overlap [R]. Warrendale, PA: SAE International, 2009.

[47] MASE Y, KAWASHIMA J, SATO T, et al. Nissan's new multivalve di diesel engine series [J]. SAE Transactions, 1998, 107: 1537-1546.

[48] KIMURA S, AOKI O, OGAWA H, et al. New combustion concept for ultra-clean and high-efficiency small di diesel engines [R]. Warrendale, PA: SAE International, 1999.

[49] AKAGAWA H, MIYAMOTO T, HARADA A, et al. Approaches to solve problems of the premixed lean diesel combustion [J]. SAE Transactions, 1999, 108: 120-132.

[50] HASHIZUME T, MIYAMOTO T, AKAGAWA H, et al. Combustion and emission characteristics of multiple stage diesel combustion [J]. SAE Transactions, 1998, 107: 548-557.

[51] SU W, LIN T, PEI Y. A compound technology for HCCI combustion in a DI diesel engine based on the multi-pulse injection and the BUMP combustion chamber [R]. Warrendale, PA: SAE International, 2003.

[52] SU W H, ZHANG X Y, LIN T J, et al. Effects of heat release mode on emissions and efficiencies of a compound diesel homogeneous charge compression ignition combustion engine [J]. Journal of Engineering for Gas Turbines and Power-Transactions of the Asme, 2006, 128 (2): 446-454.

[53] PACHIANNAN T, ZHONG W, RAJKUMAR S, et al. A literature review of fuel effects on performance and emission characteristics of low-temperature combustion strategies [J]. Applied Energy, 2019, 251: 113380.

[54] 于洋. 柴油机分层预混压燃燃烧及多阶段高效清洁燃烧过程研究 [D]. 天津: 天津大学, 2010.

[55] ABEDIN M J, IMRAN A, MASJUKI H H, et al. An overview on comparative engine performance and emission characteristics of different techniques involved in diesel engine as dual-fuel engine operation [J]. Renewable & Sustainable Energy Reviews, 2016, 60: 306-316.

[56] 李瑞娜. 甲醇/生物柴油混合燃料雾化及着火过程的研究 [D]. 镇江: 江苏大学, 2016.

[57] SURESH K, FERNANDES P, RAJU K. Investigation on performance and emission characteristics of diesel engine with cardanol based hybrid bio-diesel blends [C]//Amsterdam: Materials Today-Proceedings, 2021: 378-382.

[58] 刘晋科. 含氧燃料与缸内氧浓度分布对柴油机燃烧与排放的影响 [D]. 长春: 吉林大学, 2019.

[59] CHAUDHARI V D, DESHMUKH D. Diesel and diesel-gasoline fuelled premixed low temperature combustion (LTC) engine mode for clean combustion [J]. Fuel, 2020, 266: 116982.

[60] LI M, WU H, ZHANG T, et al. A comprehensive review of pilot ignited high pressure direct injection natural gas engines: Factors affecting combustion, emissions and performance [J].

Renewable & Sustainable Energy Reviews, 2020, 119: 109653.

[61] ANSARI E, SHAHBAKHTI M, NABER J. Optimization of performance and operational cost for a dual mode diesel-natural gas RCCI and diesel combustion engine [J]. Applied Energy, 2018, 231: 549-561.

[62] 高海洋，张延峰，刘文胜，等. 准均质充气压缩点燃（QHCCI）燃烧系统的模拟研究 [J]. 内燃机学报，2001，19（5）：438-442.

[63] 汪洋，谢辉，苏万华，等. 柴油/汽油双燃料准均质燃烧过程及其降低有害排放物的潜力 [J]. 燃烧科学与技术，2002，8（6）：538-542.

[64] YAO C, CHEUNG C S, CHENG C, et al. Effect of diesel/methanol compound combustion on diesel engine combustion and emissions [J]. Energy Conversion and Management, 2008, 49 (6): 1696-1704.

[65] ZHANG Z H, CHEUNG C S, CHAN T L, et al. Experimental investigation on regulated and unregulated emissions of a diesel/methanol compound combustion engine with and without diesel oxidation catalyst [J]. Science of the Total Environment, 2010, 408 (4): 865-872.

[66] ZHANG Z H, CHEUNG C S, CHAN T L, et al. Experimental investigation of regulated and unregulated emissions from a diesel engine fueled with Euro V diesel fuel and fumigation methanol [J]. Atmospheric Environment, 2010, 44 (8): 1054-1061.

[67] WEI H, YAO C, PAN W, et al. To meet demand of Euro V emission legislation urea free for HD diesel engine with DMCC [J]. Fuel, 2017, 207: 33-46.

[68] WU T, YAO A, YAO C, et al. Effect of diesel late-injection on combustion and emissions characteristics of diesel/methanol dual fuel engine [J]. Fuel, 2018, 233: 317-327.

[69] 于超. 汽油均质混合气柴油引燃低温燃烧的试验研究和模拟计算 [D]. 北京：清华大学，2013.

[70] GAO D, YU C, YU W, et al. Research on gasoline homogeneous charge induced ignition (HCII) by diesel in a light-duty engine [R]. SAE Technical Paper, 2013.

[71] REN S, WANG Z, XIANG S, et al. Numerical study of gasoline homogeneous charge induced ignition (hcii) by diesel with a multi-component chemical kinetic mechanism [R]. Warrendale, PA: SAE International, 2016.

[72] REN S, WANG B, XIAO J, et al. Experimental investigation of improving homogeneous charge induced ignition (HCII) combustion at medium and high load by reducing compression ratio [R]. Warrendale, PA: SAE International, 2017.

[73] LU X, WU T, JI L, et al. Effect of port fuel injection of methanol on the combustion characteristics and emissions of gas-to-liquid-fueled engines [J]. Energy & Fuels, 2009, 23 (1/2): 719-724.

[74] LU X, JI L, MA J, et al. Effects of an in-cylinder active thermo-atmosphere environment on diesel engine combustion characteristics and emissions [J]. Energy & Fuels, 2008, 22 (5): 2991-2996.

[75] LU X, HAN D, HUANG Z. Fuel design and management for the control of advanced compression-ignition combustion modes [J]. Progress in Energy and Combustion Science,

2011, 37 (6): 741-783.

[76] KOKJOHN S L, REITZ R D. Reactivity controlled compression ignition and conventional diesel combustion: A comparison of methods to meet light-duty NO_x and fuel economy targets [J]. International Journal of Engine Research, 2013, 14 (5): 452-468.

[77] REITZ R D, DURAISAMY G. Review of high efficiency and clean reactivity controlled compression ignition (RCCI) combustion in internal combustion engines [J]. Progress in Energy and Combustion Science, 2015, 46: 12-71.

[78] DURAISAMY G, RANGASAMY M, GOVINDAN N. A comparative study on methanol/diesel and methanol/PODE dual fuel RCCI combustion in an automotive diesel engine [J]. Renewable Energy, 2020, 145: 542-556.

[79] LI J, YANG W M, GOH T N, et al. Study on RCCI (reactivity controlled compression ignition) engine by means of statistical experimental design [J]. Energy, 2014, 78: 777-787.

[80] LI Y, JIA M, CHANG Y, et al. Parametric study and optimization of a RCCI (reactivity controlled compression ignition) engine fueled with methanol and diesel [J]. Energy, 2014, 65: 319-332.

[81] LI J, YANG W M, AN H, et al. Numerical investigation on the effect of reactivity gradient in an RCCI engine fueled with gasoline and diesel [J]. Energy Conversion and Management, 2015, 92: 342-352.

[82] NIEMAN D E, DEMPSEY A B, REITZ R D. Heavy-duty RCCI operation using natural gas and diesel [J]. SAE International Journal of Engines, 2012, 5 (2): 270-285.

[83] CURRAN S, HANSON R, WAGNER R. Effect of E85 on RCCI performance and emissions on a multi-cylinder light-duty diesel engine [R]. Warrendale, PA: SAE International, 2012.

[84] WANG Y, ZHU Z, YAO M, et al. An investigation into the RCCI engine operation under low load and its achievable operational range at different engine speeds [J]. Energy Conversion and Management, 2016, 124: 399-413.

[85] 李耀鹏. 甲醇/柴油活性控制压燃式发动机的数值研究及热力学分析 [D]. 大连: 大连理工大学, 2017.

[86] ZHENG Z, XIA M, LIU H, et al. Experimental study on combustion and emissions of n-butanol/biodiesel under both blended fuel mode and dual fuel RCCI mode [J]. Fuel, 2018, 226: 240-251.

[87] LI J, LING X, LIU D, et al. Numerical study on double injection techniques in a gasoline and biodiesel fueled RCCI (reactivity controlled compression ignition) engine [J]. Applied Energy, 2018, 211: 382-392.

[88] YANG B, NING L, CHEN W, et al. Parametric investigation the particle number and mass distributions characteristics in a diesel/natural gas dual-fuel engine [J]. Applied Thermal Engineering, 2017, 127: 402-408.

[89] PAN S, LIU X, CAI K, et al. Experimental study on combustion and emission characteristics of iso-butanol/diesel and gasoline/diesel RCCI in a heavy-duty engine under low loads [J]. Fuel, 2020, 261: 116434.

[90] WEI Z, ZHANG Y, XIA Q, et al. A simulation of ethanol substitution rate and EGR effect on combustion and emissions from a high-loaded diesel/ethanol dual-fuel engine [J]. Fuel, 2022, 310: 122310.

[91] GHAREHGHANI A, HOSSEINI R, MIRSALIM M, et al. An experimental study on reactivity controlled compression ignition engine fueled with biodiesel/natural gas [J]. Energy, 2015, 89: 558-567.

[92] ZHOU D Z, YANG W M, AN H, et al. A numerical study on RCCI engine fueled by biodiesel/methanol [J]. Energy Conversion and Management, 2015, 89: 798-807.

[93] OKCU M, VAROL Y, ALTUN Ş, et al. Effects of isopropanol-butanol-ethanol (IBE) on combustion characteristics of a RCCI engine fueled by biodiesel fuel [J]. Sustainable Energy Technologies and Assessments, 2021, 47: 101443.

[94] 童来会，王浒，贾国瑞，等．PODE/汽油双燃料 RCCI 大负荷扩展的试验研究 [J]．工程热物理学报，2017，38 (9)：2011-2017.

[95] WANG L, LIU J, JI Q, et al. Experimental study on the high load extension of PODE/methanol RCCI combustion mode with optimized injection strategy [J]. Fuel, 2022, 314: 122726.

[96] PARK S H, SHIN D, PARK J. Effect of ethanol fraction on the combustion and emission characteristics of a dimethyl ether-ethanol dual-fuel reactivity controlled compression ignition engine [J]. Applied Energy, 2016, 182: 243-252.

[97] SHI J, WANG T, YUWEN H, et al. Energy-saving and pollution-reduction potential analysis for diesel engines fueled with Fischer-Tropsch fuel [J]. ACS Omega, 2021, 6 (42): 27620-27629.

[98] VAN VLIET O P R, FAAIJ A P C, TURKENBURG W C. Fischer-Tropsch diesel production in a well-to-wheel perspective: A carbon, energy flow and cost analysis [J]. Energy Conversion and Management, 2009, 50 (4): 855-876.

[99] HAO X, DONG G, YANG Y, et al. Coal to liquid (CTL): Commercialization prospects in china [J]. Chemical Engineering & Technology, 2007, 30 (9): 1157-1165.

[100] GENG L, LI S, XIAO Y, et al. Effects of injection timing and rail pressure on combustion characteristics and cyclic variations of a common rail DI engine fuelled with F-T diesel synthesized from coal [J]. Journal of the Energy Institute, 2020, 93 (6): 2148-2162.

[101] SHI J, WANG T, ZHAO Z, et al. Cycle-to-cycle variation of a diesel engine fueled with Fischer-Tropsch fuel synthesized from coal [J]. Applied Sciences, 2019, 9 (10): 2032.

[102] GILL S S, TSOLAKIS A, DEARN K D, et al. Combustion characteristics and emissions of Fischer-Tropsch diesel fuels in IC engines [J]. Progress in Energy and Combustion Science, 2011, 37 (4): 503-523.

[103] CAI P, ZHANG C, JING Z, et al. Effects of Fischer-Tropsch diesel blending in petrochemical diesel on combustion and emissions of a common-rail diesel engine [J]. Fuel, 2021, 305: 121587.

[104] WU Z, WANG T, ZUO P, et al. Impact of Fischer-Tropsch diesel and methanol blended fuel on diesel engine performance [J]. Thermal Science, 2019, 23 (5): 2651-2658.

[105] ZHANG H, SUN W, GUO L, et al. An experimental study of using coal to liquid (CTL) and diesel as pilot fuels for gasoline dual-fuel combustion [J]. Fuel, 2021, 289: 119962.

[106] AHMAD Z, KAARIO O, QIANG C, et al. Effect of negative valve overlap in a heavy-duty methanol-diesel dual-fuel engine: A pathway to improve efficiency [J]. Fuel, 2022, 317: 123522.

[107] WANG Q, WEI L, PAN W, et al. Investigation of operating range in a methanol fumigated diesel engine [J]. Fuel, 2015, 140: 164-170.

[108] WEI L, YAO C, HAN G, et al. Effects of methanol to diesel ratio and diesel injection timing on combustion, performance and emissions of a methanol port premixed diesel engine [J]. Energy, 2016, 95: 223-232.

[109] JIA Z, DENBRATT I. Experimental investigation into the combustion characteristics of a methanol-Diesel heavy duty engine operated in RCCI mode [J]. Fuel, 2018, 226: 745-753.

[110] PAN W, YAO C, HAN G, et al. The impact of intake air temperature on performance and exhaust emissions of a diesel methanol dual fuel engine [J]. Fuel, 2015, 162: 101-110.

[111] WEI J, HE C, LV G, et al. The combustion, performance and emissions investigation of a dual-fuel diesel engine using silicon dioxide nanoparticle additives to methanol [J]. Energy, 2021, 230: 120734.

[112] 宋宇. 喷醇时刻对甲醇/柴油双燃料发动机燃烧与排放特性影响的试验研究 [D]. 西安: 长安大学, 2019.

[113] LI Y, CHEN H, ZHANG C, et al. Effects of diesel pre-injection on the combustion and emission characteristics of a common-rail diesel engine fueled with diesel-methanol dual-fuel [J]. Fuel, 2021, 290: 119824.

[114] HELLIER P, TALIBI M, EVELEIGH A, et al. An overview of the effects of fuel molecular structure on the combustion and emissions characteristics of compression ignition engines [J]. Proceedings of the Institution of Mechanical Engineers, Part D: Journal of Automobile Engineering, 2018, 232 (1): 90-105.

[115] WANG W, XU L, YAN J, et al. Temperature dependence of the fuel mixing effect on soot precursor formation in ethylene-based diffusion flames [J]. Fuel, 2020, 267: 117121.

[116] MA B, YAO A, YAO C, et al. Exergy loss analysis on diesel methanol dual fuel engine under different operating parameters [J]. Applied Energy, 2020, 261: 114483.

[117] 吴涛阳. 无尿素后处理满足国Ⅵ排放柴油甲醇双燃料燃烧技术研究 [D]. 天津: 天津大学, 2020.

[118] 薛亚培. 首批5辆柴油/甲醇双燃料重卡榆林下线 新能源重卡市场推广更进一步 [J]. 商用汽车新闻, 2014 (Z3): 16.

[119] 乔治 A. 奥拉. 跨越油气时代: 甲醇经济 [M]. 2版. 北京: 化学工业出版社, 2011.

[120] SHIH C F, ZHANG T, LI J, et al. Powering the Future with Liquid Sunshine [J]. Joule, 2018, 2 (10): 1925-1949.

[121] 张风奇, 胡晓松, 许康辉, 等. 混合动力汽车模型预测能量管理研究现状与展望 [J]. 机械工程学报, 2019, 55 (10): 86-108.

[122] DOKUYUCU H, CAKMAKCI M. Concurrent design of energy management and vehicle traction supervisory control algorithms for parallel hybrid electric vehicles [J]. IEEE Transactions on Vehicular Technology, 2015, 65 (2): 555-565.

[123] BANVAIT H, ANWAR S, CHEN Y. A rule-based energy management strategy for plug-in hybrid electric vehicle (PHEV) [C]//Proceedings of the American Control Conference. 2009: 3938-3943.

[124] LEE H D, SUL S K. Fuzzy-logic-based torque control strategy for parallel-type hybrid electric vehicle [J]. Industrial Electronics IEEE Transactions on, 1998, 45 (4): 625-632.

[125] 王伟，王庆年，田涌君，等．基于模糊控制功率分流式混合动力客车控制策略 [J]．吉林大学学报（工学版），2017，47（2）：337-343.

[126] 陈瑞增．基于模糊控制并联混合动力汽车能量管理策略的优化研究 [D]．秦皇岛：燕山大学，2019.

[127] VINOT E, REINBOLD V, TRIGUI R. Global optimized design of an electric variable transmission for HEVs [J]. IEEE Transactions on Vehicular Technology, 2016, 65 (8): 6794-6798.

[128] UEBEL S, MURGOVSKI N, TEMPELHAHN C, et al. Optimal energy management and velocity control of hybrid electric vehicles [J]. IEEE Transactions on Vehicular Technology, 2018, 67 (1): 327-337.

[129] 冯坚，韩志玉，高晓杰，等．基于动态规划算法和路况的增程式电动车能耗分析 [J]．同济大学学报（自然科学版），2019，47（A1）：115-119.

[130] ZHANG S, XIONG R, SUN F. Model predictive control for power management in a plug-in hybrid electric vehicle with a hybrid energy storage system [J]. Applied Energy, 2015, 185 (1): 1654-1662.

[131] 孟凡博，黄开胜，曾祥瑞，等．基于马尔可夫链的混合动力汽车模型预测控制 [J]．中国机械工程，2014，25（19）：2692-2697.

[132] YU K, YANG H, TAN X, et al. Model predictive control for hybrid electric vehicle platooning using slope information [J]. IEEE Transactions on Intelligent Transportation Systems, 2016, 17 (7): 1894-1909.

[133] CHEN Z, GUO N, SHEN J, et al. A hierarchical energy management strategy for power-split plug-in hybrid electric vehicles considering velocity prediction [J]. IEEE Access, 2018, 6: 33261-33274.

[134] 唐小林，李珊珊，王红，等．网联环境下基于分层式模型预测控制的车队能量控制策略研究 [J]．机械工程学报，2020，56（14）：119-128.

[135] 余开江，许孝卓，胡治国，等．基于交通信号灯信息的混合动力汽车节能预测控制方法 [J]．河北科技大学学报，2015，36（5）：480-486.

[136] 李家曦，孙友长，庞玉涵，等．基于并行深度强化学习的混合动力汽车能量管理策略优化 [J]．重庆理工大学学报（自然科学版），2020，34（9）：62-72.

[137] 韩少剑，张风奇，任延飞，等．基于深度学习的混合动力汽车预测能量管理 [J]．中国公路学报，2020，33（8）：1-9.

[138] 周哲．基于道路工况识别的混合动力汽车能量管理策略研究［D］．合肥：合肥工业大学，2019.
[139] 郑春花，李卫．强化学习在混合动力汽车能量管理方面的应用［J］．哈尔滨理工大学学报，2020（4）：1-11.
[140] KIM N，CHA S W，PENG H. Optimal control of hybrid electric vehicles based on pontryagin's minimum principle［J］. IEEE Trans. Contr. Sys. Techn.，2011，19：1279-1287.
[141] 解少博，辛宗科，李会灵，等．插电式混合动力公交车电池配置和能量管理策略协同优化的研究［J］．汽车工程，2018，40（6）：625-631，645.
[142] TRIBIOLI L，BARBIERI M，CAPATA R，et al. A real time energy management strategy for plug-in hybrid electric vehicles based on optimal control theory［J］. Energy Procedia，2014，45：949-958.
[143] 叶晓．并联混合动力汽车控制策略研究［D］．北京：清华大学，2013.
[144] HAN L，JIAO X，ZHANG Z. Recurrent neural network-based adaptive energy management control strategy of plug-in hybrid electric vehicles considering battery aging［J］. Energies，2020，13（1）：1-22.
[145] 李萍．行驶工况自适应的插电混合动力汽车能量管理策略研究［D］．秦皇岛：燕山大学，2019.
[146] 邓涛，罗俊林，韩海硕，等．混合动力汽车工况识别自适应能量管理策略［J］．西安交通大学学报，2018，52（1）：77-83.
[147] 赵竞园．车用超级电容建模及在混合动力汽车中的应用［D］．长春：吉林大学，2018.
[148] 贺晓．基于出行特征预测的插电式混合动力汽车控制策略研究［D］．长春：吉林大学，2018.
[149] 巴懋霖．基于多工况优化的插电式混合动力汽车控制策略研究［D］．长春：吉林大学，2018.
[150] ZHANG X，ZHENG L. Intelligent energy control strategy for plug-in hybrid electric vehicle based on driving condition recognition［J］. IPPTA：Quarterly Journal of Indian Pulp and Paper Technical Association，2018，30（5）：682-692.
[151] 欧阳，周舟，唐国强，等．自适应路况的插电式混合动力汽车能量管理策略［J］．中国公路学报，2016，29（9）：152-158.
[152] 韩海硕．基于工况识别的自适应改进型 ECMS 控制策略研究［D］．重庆：重庆交通大学，2017.
[153] 詹森，秦大同，曾育平．基于遗传优化 K 均值聚类算法工况识别的混合动力汽车能量管理策略［J］．中国公路学报，2016，29（4）：130-137，152.
[154] LIN X，FENG Q，MO L，et al. Optimal adaptation equivalent factor of energy management strategy for plug-in CVT HEV［J］. Proceedings of the Institution of Mechanical Engineers，Part D：Journal of Automobile Engineering，2019，233（4）：877-889.
[155] GUO Q，ZHAO Z，SHEN P，et al. Adaptive optimal control based on driving style recognition for plug-in hybrid electric vehicle［J］. Energy，2019，186：115824.
[156] YANG S，WANG W，ZHANG F，et al. Driving-style-oriented adaptive equivalent consumption

minimization strategies for HEVs [J]. IEEE Transactions on Vehicular Technology, 2018, 67 (10): 9249-9261.

[157] LI S, HU M, GONG C, et al. Energy management strategy for hybrid electric vehicle based on driving condition identification using KGA-Means [J]. Energies, 2018, 11 (6): 1531.

[158] HAUßMANN M, BARROSO D, VIDAL C, et al. A Novel multi-mode adaptive energy consumption minimization strategy for P1-P2 hybrid electric vehicle architectures [C]//2019 IEEE Transportation Electrification Conference and Expo (ITEC). Detroit, MI, USA, USA, 2019.

[159] TIAN X, CAI Y, SUN X, et al. An adaptive ECMS with driving style recognition for energy optimization of parallel hybrid electric buses [J]. Energy, 2019, 189: 116151.

[160] ZENG Y, SHENG J, LI M. Adaptive real-time energy management strategy for plug-in hybrid electric vehicle based on simplified-ECMS and a novel driving pattern recognition method [J]. Mathematical Problems in Engineering, 2018, 2018: 1-12.

[161] QI W. Development of real-time optimal control strategy of hybrid transit bus based on predicted driving pattern [D]. Morgantown: West Virginia University, 2016.

[162] 陈东东. 防爆柴油机燃用 F-T 柴油的燃烧排放特性及后处理技术研究 [D]. 太原: 太原理工大学, 2019.

[163] CHEN D, WANG T, YANG T, et al. Effects of EGR combined with DOC on emission characteristics of a two-stage injected Fischer-Tropsch diesel/methanol dual-fuel engine [J]. Fuel, 2022, 329: 125451.

[164] 乔靖. 含氧燃料/F-T 柴油混合燃料对高压共轨柴油机的燃烧和排放性能的研究 [D]. 太原: 太原理工大学, 2018.

[165] 曹贻森. 甲醇/生物柴油/F-T 柴油多元混合燃料对柴油机性能的影响研究 [D]. 太原: 太原理工大学, 2015.

[166] 杨传通. P50/甲醇双燃料发动机燃烧与排放特性研究 [D]. 西安: 长安大学, 2020.

[167] 王忠, 李仁春, 张登攀, 等. 甲醇/柴油双燃料发动机燃烧过程分析 [J]. 农业工程学报, 2013, 29 (8): 78-83.

[168] 张浩. 基于煤基合成柴油与活化热氛围调控的内燃机高效清洁燃烧技术研究 [D]. 长春: 吉林大学, 2021.

[169] 田茂盛. 甲醇/柴油双燃料 RCCI 发动机综合性能研究 [D]. 昆明: 昆明理工大学, 2021.

[170] 黄粉莲, 田茂盛, 万明定, 等. 过量空气系数对柴油/甲醇 RCCI 发动机非常规排放特性的影响 [J]. 农业工程学报, 2021, 37 (8): 52-61.

[171] 陈志方. 甲醇雾化特性及其对柴油甲醇双燃料发动机性能的影响 [D]. 天津: 天津大学, 2017. .

[172] 陈东东, 张翠平, 张瑞亮, 等. DOC/CDPF 对防爆柴油机性能的影响 [J]. 机械设计与制造, 2020 (6): 109-112.

[173] 贾杰锋. CVT 插电式混合动力汽车能量管理优化 [D]. 长沙: 湖南大学, 2016.

[174] 侯振宁, 王铁, 陈东东, 等. 混合动力城郊物流车模糊逻辑能量管理策略研究 [J]. 重

庆理工大学学报（自然科学版），2021，35（12）：10-17.

[175] 范常盛．基于模糊 PI 控制的混联式混合动力汽车能量管理策略的研究［D］．太原：太原理工大学，2021.

[176] 范鲁艳．混合动力商用车发动机高效清洁燃烧与整车匹配技术研究［D］．长春：吉林大学，2022.

[177] 陈东东，王铁，李国兴，等．P1-P4 构型混合动力汽车节油率对比研究［J］．重庆理工大学学报（自然科学版），2022，36（8）：1-10.

[178] CHEN D，WANG T，QIAO T，et al. Driving cycle recognition based adaptive equivalent consumption minimization strategy for hybrid electric vehicles［J］. IEEE Access，2022，10：77732-77743.